周志祥　范　亮　著

钢箱—混凝土组合拱桥

Steel Box-Concrete Composite Arch Bridge

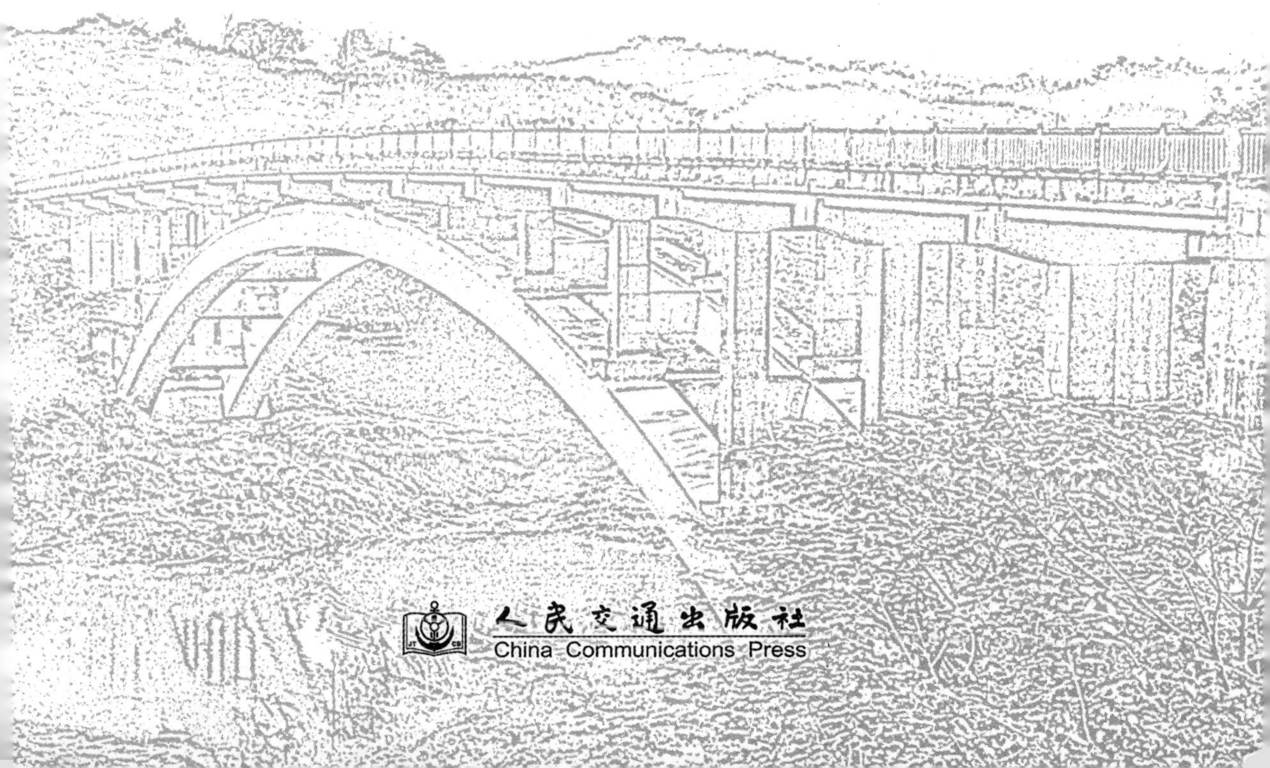

人民交通出版社
China Communications Press

内容提要

本书基于保持传统混凝土拱桥实用、经济、美观、耐久的优势，克服其施工风险大和结构延性差等缺陷的目的，探索了山区条件下拱桥建设的适宜结构体系和施工技术，提出了在适宜条件下具有综合优势的钢箱—混凝土组合拱桥，阐述了其结构原理、施工技术及优缺点；提出钢箱与混凝土结合的PBH剪力联结构造，依据试验研究和理论分析建立了其分析方法和抗剪强度计算公式；开展了钢箱—混凝土组合构件的压弯性能试验研究，论述了从加载到破坏的全过程结构行为，建立了其承载能力计算公式；以图文并茂的方式阐述了钢箱—混凝土组合拱的主要构造细节；给出了钢箱—混凝土组合拱桥在三座桥梁中的应用实例。

本书可供从事桥梁相关工作的工程技术人员、学者参考使用，也可作为相关专业学生的教学参考书。

图书在版编目(CIP)数据

钢箱—混凝土组合拱桥 / 周志祥，范亮著. — 北京 ：人民交通出版社，2014.1

（交通运输行业高层次人才培养项目著作书系）

ISBN 978-7-114-11132-7

Ⅰ. ①钢… Ⅱ. ①周…②范… Ⅲ. ①钢箱梁 - 混凝土结构 - 拱桥 - 研究 Ⅳ. ①U448.21

中国版本图书馆CIP数据核字(2014)第009973号

交通运输行业高层次人才培养项目著作书系

书　　名： 钢箱—混凝土组合拱桥
著 作 者： 周志祥　范　亮
责任编辑： 周　宇　卢俊丽
出版发行： 人民交通出版社
地　　址： (100011)北京市朝阳区安定门外外馆斜街3号
网　　址： http://www.ccpress.com.cn
销售电话： (010)59757973
总 经 销： 人民交通出版社发行部
经　　销： 各地新华书店
印　　刷： 北京盈盛恒通印刷有限公司
开　　本： 787×1092　1/16
印　　张： 12.5
字　　数： 288千
版　　次： 2014年1月　第1版
印　　次： 2014年1月　第1次印刷
书　　号： ISBN 978-7-114-11132-7
定　　价： 42.00元

交通运输行业高层次人才培养项目著作书系
编审委员会

书系前言

Preface of Series

进入21世纪以来,党中央、国务院高度重视人才工作,提出人才资源是第一资源的战略思想,先后两次召开全国人才工作会议,围绕人才强国战略实施做出一系列重大决策部署。党的十八大着眼于全面建成小康社会的奋斗目标,提出要进一步深入实践人才强国战略,加快推动我国由人才大国迈向人才强国,将人才工作作为"全面提高党的建设科学化水平"八项任务之一。十八届三中全会强调指出,全面深化改革,需要有力的组织保证和人才支撑。要建立集聚人才体制机制,择天下英才而用之。这些都充分体现了党中央、国务院对人才工作的高度重视,为人才成长发展进一步营造出良好的政策和舆论环境,极大激发了人才干事创业的积极性。

国以才立,业以才兴。面对风云变幻的国际形势,综合国力竞争日趋激烈,我国在全面建成社会主义小康社会的历史进程中机遇和挑战并存,人才作为第一资源的特征和作用日益凸显。只有深入实施人才强国战略,确立国家人才竞争优势,充分发挥人才对国民经济和社会发展的重要支撑作用,才能在国际形势、国内条件深刻变化中赢得主动、赢得优势、赢得未来。

近年来,交通运输行业深入贯彻落实人才强交战略,围绕建设综合交通、智慧交通、绿色交通、平安交通的战略部署和中心任务,加大人才发展体制机制改革与政策创新力度,行业人才工作不断取得新进展,逐步形成了一支专业结构日趋合理、整体素质基本适应的人才队伍,为交通运输事业全面、协调、可持续发展提供了有力的人才保障与智力支持。

"交通青年科技英才"是交通运输行业优秀青年科技人才的代表群体,培养选拔"交通青年科技英才"是交通运输行业实施人才强交战略的"品牌工程"之一,1999年至今已培养选拔282人。他们活跃在科研、生产、教学一线,奋发有为、锐意进取,取得了突出业绩,创造了显著效益,形成了一系列较高水平的科研成果。为加大行业高层次人才培养力度,"十二五"期间,交通运输部设立人才培养专项经费,重点资助包含"交通青年科技英才"在内的高层次人才。

人民交通出版社以服务交通运输行业改革创新、促进交通科技成果推广应用、支持交通行业高端人才发展为目的，配合人才强交战略设立“交通运输行业高层次人才培养项目著作书系”（以下简称“著作书系”）。该书系面向包括“交通青年科技英才”在内的交通运输行业高层次人才，旨在为行业人才培养搭建一个学术交流、成果展示和技术积累的平台，是推动加强交通运输人才队伍建设的重要载体，在推动科技创新、技术交流、加强高层次人才培养力度等方面均将起到积极作用。凡在“交通青年科技英才培养项目”和“交通运输部新世纪十百千人才培养项目”申请中获得资助的出版项目，均可列入“著作书系”。对于虽然未列入培养项目，但同样能代表行业水平的著作，经申请、评审后，也可酌情纳入“著作书系”。

高层次人才是创新驱动的核心要素，创新驱动是推动科学发展的不懈动力。希望“著作书系”能够充分发挥服务行业、服务社会、服务国家的积极作用，助力科技创新步伐，促进行业高层次人才特别是中青年人才健康快速成长，为建设综合交通、智慧交通、绿色交通、平安交通作出不懈努力和突出贡献。

交通运输行业高层次人才培养项目
著作书系编审委员会
2014 年 3 月

作者简介

Author Introduction

周志祥，男，1958 年生，教授，博士生导师，首批新世纪百千万人才工程国家级人选，国务院政府特殊津贴获得者，交通运输部新世纪百千万人才第一层次人选，重庆市桥梁与隧道学科学术带头人，山区桥梁与隧道国家重点实验室培育基地主任，重庆交通大学土木建筑学院党总支书记，任全国土木工程学科教学指导委员会委员，中国土木工程学会桥梁及结构工程学会理事等多种社会兼职。承担国家和省部级以上科技项目 20 余项，发表论文 100 余篇，出版专著和教材 5 部，获得授权发明专利 23 项，省部级科技成果奖 15 项。首创“钢箱—混凝土组合拱桥”，成功应用于重庆万盛区藻渡大桥等四座桥梁，完成“山区拱桥建设维护新技术研发及应用”，获得 2009 年度国家科技进步二等奖(排名第 2)；提出并主持研究成功“混凝土桥梁裂缝仿生监测系统”，完成“公路在用桥梁检测评定与维修加固成套技术”，获得 2009 年度国家科技进步二等奖(排名第 9)；首创“横张预应力混凝土梁施工方法”，成功应用于红槽房大桥等七座桥梁，获得重庆市科技进步一等奖；提出并主持完成“适于陡峻山区的整体式悬挑结构复合道路的修筑方法”，成功应用于西藏、云南、四川等地道路改造工程；主研“重庆朝天门长江大桥工程建设关键技术研究”，获得重庆市科技进步一等奖。

作者简介

Author Introduction

范亮，女，1979 年生，博士，重庆交通大学土木建筑学院副教授。主持国家自然科学青年基金项目"钢箱—混凝土组合结构 PBH 剪力连接件的传力机制与疲劳性能研究"，主研国家及省部级以上科技项目 10 余项，发表论文 20 余篇，出版专著 2 部，获省部级科技奖 2 项。现主要从事钢—混凝土组合结构性能及其在桥梁工程中的应用研究。

前　言

Foreword

拱桥起源于人们模仿石灰岩溶洞中天然形成的“天生桥”，是人类历史上最先发展的桥型之一。拱桥在我国具有悠久的历史，从古代不足10m跨径的石拱桥发展到目前超过500m跨径的特大跨拱桥，是历代匠人、技工、专家和学者们智慧和勤劳的结晶。混凝土拱桥具有实用、经济、美观、耐久的突出优势，尤其适宜于山区地形，曾于20世纪后半叶在西部山区的大中跨径桥梁建设中占居主导地位。在2000年前后，混凝土拱桥的实际应用逐渐减少，以致目前已趋于不用。而与此同时，混凝土连续刚构桥的实际应用却得到迅猛发展。事实上，混凝土拱桥较同跨径混凝土连续刚构桥的工程造价通常约低30%，而混凝土连续刚构桥还普遍存在纵、横、斜向开裂和后期挠度过大的病害。那么，混凝土拱桥为什么会落到“趋于不用”的境地？笔者带着这一问题进行了调研和思考，主要认识有两点：一是混凝土主拱结构无论是采用搭架现浇还是采用预制节段吊装成拱，施工安全风险均较大且风险期长；二是受压混凝土主拱结构的破坏具有明显的脆性，对结构缺陷和意外作用相对敏感；相反，混凝土连续刚构桥无论在施工阶段还是使用阶段发生垮塌事故的安全风险均较小，对结构缺陷和意外作用的敏感度较低，如至今尚无存在严重裂缝和过大挠度的混凝土连续刚构桥发生垮塌导致重大人员伤亡的案例。

在目前国内对安全、质量及民生问题空前重视的政策环境下，混凝土拱桥存在的上述问题严重妨碍了其在大、中跨径桥梁中的应用和发展，设计方往往被迫选择高墩多跨简支梁桥、连续刚构桥或斜拉桥等桥型，虽然会明显增加桥梁建设和维护成本，但却相对安全。为此，笔者及其研究团队进行了多年不懈的努力，希望探索出既保持传统混凝土拱桥主要优点，又能克服其主要缺点的新型拱桥结构体系和施工技术。

本书共分为八章。第1章针对传统混凝土拱桥施工安全风险大和结构延性差的问题，探索并实践了混凝土八字形刚架拱桥，提出并研究了中段微弯八字形组合结构拱桥；第2章针对八字形拱桥的力学性能和施工工艺问题，提出外形与常规拱桥一致的钢箱—混凝土组合拱桥，阐述了其结构原理、施工技术及优缺点;第3章在已有PBL剪力键的基础上,针对钢箱—混凝土组合拱的构造特点,提出了钢箱与混凝土结合的PBH剪力联结构造,开展了PBH剪力键关于荷载—滑移曲线及抗剪刚度,屈服抗剪承载力和极限抗剪承载力的试验研究;第4章研究建立了钢板—混凝土滑移的本构关系,分析讨论了PBH剪力联结构造的破坏模式,初步建立了PBH剪力联结构造的荷载—滑移本构关系和承载力计算公式;第5章开展了钢箱—混凝土偏压构件受载性能试验研究,研究了钢箱—混凝土组合压弯构件中约束混凝土的本构模型,探讨了考虑界面滑移的钢箱—混凝土组合压弯构件全过程分析方法;第6章分析了影响钢箱—混凝土偏压构件承载力的主要因素,提出了大偏压破坏与小偏压破坏的判据,推导了其正截面承载力计算公式;第7章分别讨论了钢箱拱肋截面形式、节段划分、纵向加劲肋和横隔板的构造,钢箱拱肋变高度的位置选择、强化加劲肋的设置、区域内钢筋构造及混凝土的过渡方式,钢箱节段对接构造、拱肋合龙段构造、钢箱与混凝土的联结钢筋构造,拱上立柱、横系梁与钢箱拱肋的联结构造,转动铰构造及其力学性能分析;第8章分别从桥梁总体情况、设计概要、施工技术、监测与控制、效益比较几方面介绍了钢箱—混凝土组合拱桥在工程中的应用情况。

本书中的项目研究得到国家自然科学基金项目(51078373)“钢箱—混凝土组合拱结构性能与分析方法研究”、国家自然科学基金项目(51308571)“钢箱—混凝土组合结构PBH剪力连接件的传力机制与疲劳性能研究”和交通运输部西部交通建设项目(2006 318 814 48)“钢—混凝土组合拱桥竖转设计与施工关键技术研究”的支持,还先后得到交通运输部、重庆市交通委员会、重庆市公路局、江津区交通委员会、万盛区交通委员会、遂宁市交通运输局等单位相关专家和领导的支持和帮助,尤其是郑皆连院士、范文理教授对本书编写给予了悉心指导和帮助,重庆市交通委员会乔墩研究员及重庆交通大学的周建庭、高燕梅、吴海军、张江涛、徐勇等老师和王邵锐、李永久、丁小戈、周胜怡、许华东、贺鹏等研究生参与了其中的一些研究工作。在此谨向所有参与本书工作及给予支持、指导、关心和帮助的单位领导、专家和个人致以真诚的感谢,同时感谢人民交通出版社对本书撰写和出版给予的大力支持。

本书是笔者及课题组师生针对传统混凝土拱桥所遇到的实际问题,在国内外大量已有研究成果的基础上开展的一些探索工作,谬误之处在所难免,恳请同行读者们批评指正。

周志祥

2013年9月于重庆交通大学

目　录

Contents

第1章 山区拱桥结构体系与施工技术探索

1.1 拱桥研究背景

我国西南地区(重庆、云南、贵州、四川、广西、西藏等)多属山岭重丘区,大江大河、高山深谷众多,地形复杂险峻,仅重庆市内就有长江、嘉陵江、涪江、乌江、沱江等十余条大河。随着西部地区高等级公路的大量修建,必将遇到为数众多的跨越深山峡谷的大、中跨径桥梁,这些桥梁往往成为控制整个工程工期及投资的关键因素。目前,国内外可用于上述地区的桥型有悬索桥、斜拉桥、拱桥、连续刚构桥和连续梁桥。其中,混凝土拱桥由于跨越能力大、承载能力高、经济实用、造型美观而成为我国西部山岭重丘区跨越深谷河流常用的桥型之一。由于以下因素,混凝土拱桥更有其独特的优势。

(1)地形及地质条件优越。我国西南地区属多山深谷地形,U形及V形河谷众多,岩层埋深浅、岩石整体性比较好,适宜于大、中跨径拱桥的修建。

(2)经济实用。与斜拉桥、悬索桥等其他桥型相比,大跨径拱桥避免了高墩、高塔的修建,节约了下部结构的建设费用,且其建筑材料以混凝土和普通钢材等单价较低的材料为主。一般认为,在跨径为40~200m时,混凝土拱桥的造价较其他桥型低。对于西部经济欠发达地区,混凝土拱桥无疑具有明显的经济优势。

(3)后期养护费用低。一般情况下,整体性强、施工质量好的混凝土拱桥具有经久耐用的优势,通常无需大型养护,这是针对跨越山区深谷条件下桥梁建设的一大优势。

多年的工程实践表明,混凝土拱桥具有经济、实用、美观、耐久的优点,尤其适用于山区地形,在20世纪90年代以前得到十分广泛的应用。但在此之后,混凝土拱桥的应用逐渐减少甚至趋于不用。人们不禁要问:具有如此突出优势的桥型为什么会落到“趋于不用”的境地?事实上,即便在类似西南山区这种自然地理条件下修建大、中跨径的混凝土拱桥,也确实存在一些难以避免的问题。

(1)主拱施工工艺复杂、工期长、安全风险大。分节段预制拱肋、缆索吊装就位、空中悬臂拼装、跨中合龙成拱是混凝土拱桥最常用的施工方式(图1.1-1)。主拱形成的施工过程中,空中结构多为非稳定体系,依靠施加扣索、浪风等施工临时措施保持该结构体系的面内外稳定性。由于不确定因素多,主拱施工阶段是拱桥历史上发生垮塌风险最高的施工阶段。为避免此风险,也有采用在拱架上浇筑主拱圈混凝土的方法,但对大中跨径拱桥,高安全度的拱架施工措施费用较高,经济性与整体稳定性成为混凝土拱桥施工的突出矛盾。如2005年11月在某省发生了钢拱架垮塌的重大事故,造成严重的群死群伤及重大经济损失和不良社会影响。

(2)自重大,施工场地及设备要求高。采用缆索吊装施工法的常规混凝土拱桥需要庞大的拱箱节段预制场地,由于预制节段的自重大,对运输吊装设备的要求也较高,混凝土拱桥的跨径也因此受到制约。

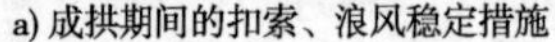
a) 成拱期间的扣索、浪风稳定措施

b) 庞大的预制场地

图 1.1-1　混凝土拱桥的缆索吊装施工方法

(3)主拱结构接缝多,延性抗震能力较弱。分节段预制,缆索吊装合龙成拱的主拱结构不可避免地存在众多的纵、横向接缝,极易使主拱实际状态与设计理想状态间存在明显的偏差而产生病害;混凝土主拱结构的延性抗震能力通常较差,随着拱桥跨径的增加,地震波效应作用下的不良地震响应尤其显著。如 20 世纪 70 年代的唐山大地震导致 30 多座拱桥不同程度的破坏。

鉴于同条件下混凝土拱桥的施工安全性和结构对同样缺陷的敏感性问题通常较梁桥(含简支梁、连续梁、连续刚构桥等)更为突出,在目前国内对安全、质量及民生问题空前重视的政策环境下,上述问题的存在严重妨碍了大、中跨径混凝土拱桥在西部山岭重丘地区的应用及发展,设计方往往被迫选择高墩多跨简支梁桥、连续刚构桥或斜拉桥等使用其他施工方法的桥型,明显增加了桥梁建设成本。例如,在云南元江—磨黑高速公路建设中,许多适合修建大跨径拱桥的桥位,均采用了其他结构体系的桥型。因此,探索保持传统混凝土拱桥的上述优点,克服其主要缺点的拱桥新的结构体系和施工技术,对于加快山区交通基础设施的建设具有重要的现实意义和深远的历史意义。为此,作者及其研究团队进行了多年不懈的努力探索,在历经八字形刚架拱桥及八字形组合结构拱桥的尝试和研究后,最终提出在适宜条件下具有综合优势的钢箱—混凝土组合拱桥,并初步构建了其设计计算方法和施工成套技术。

1.2　八字形混凝土拱桥的探索

1.2.1　八字形刚架拱桥的提出

针对常规混凝土拱桥施工安全风险大、风险期长的问题,作者基于简化施工工艺,优化结构体系,保证施工安全,缩短风险工期的考虑,提出了一种由立柱竖转形成的预应力混凝土八字形刚构拱桥(图 1.2-1)。其主要施工步骤(图 1.2-2)为:①在桥位的设定位置完成基础施工。②在基础上以立柱施工的方式完成斜腿刚架拱肋的斜腿部分施工,其下端与基础作临时固结。③安装作为斜腿刚架拱肋水平撑的钢管混凝土劲性骨架并与立柱上端刚结。④用钢缆绳系住立柱的顶端,拆除立柱与基础的临时固结形成转动铰,控制钢缆绳的放松速度,使两岸的立柱及劲性骨架在竖直平面内绕立柱下端缓慢转动直至合龙,并联结成斜腿刚架拱肋。⑤拆除钢缆绳，对钢管混凝土劲性骨架区段外包混凝土形成完整的拱圈；⑥按设计要求对拱肋的斜腿及横撑施加预应力。⑦完成拱上建筑的施工，适时封闭拱脚的临时铰使其成为固结。

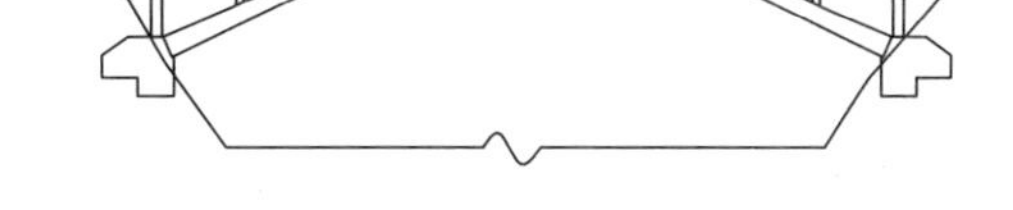

图 1.2-1　由立柱竖转形成的预应力混凝土八字形刚架拱桥的结构形式

与常规混凝土拱桥相比，八字形刚架拱桥的构思途径如下：

(1)优化结构体系、增强抗震能力。常规大跨度混凝土拱桥的拱轴线为连续曲线，主拱结构以承受轴向压力为主，用材经济，但结构延性抗震能力较差；在施工过程中拱肋的受力状况会不断发生变化，与成桥后的受力相比，施工过程中拱肋的受力存在明显差异。如为了方便预制吊装，拱肋通常会被分为若干段，其施工过程包括预制、吊运、搁置、悬挂、安装等，所以在吊运过程中，每一段拱肋的受力相当于双悬臂曲梁，以受弯为主；在悬挂阶段，拱肋又以受压弯为主，与成桥阶段的受力均有较大差异。

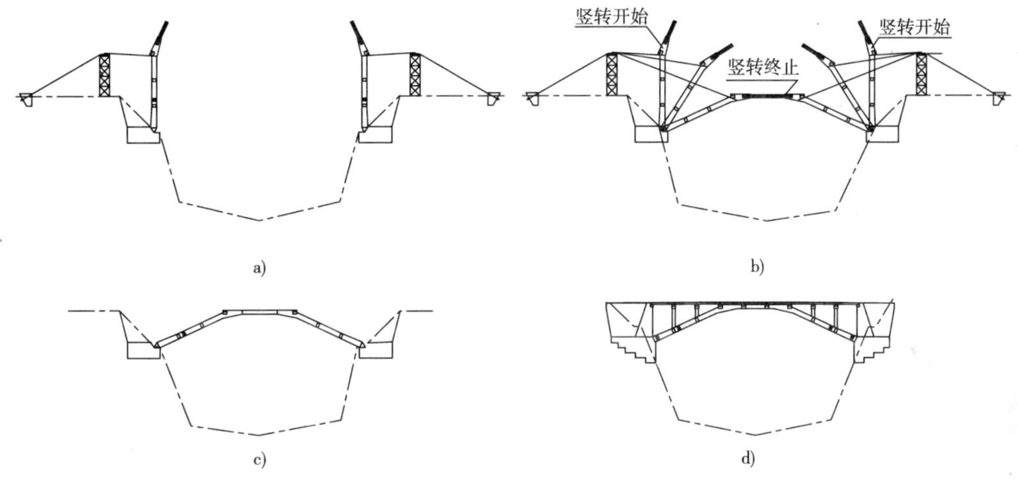

图 1.2-2　预应力混凝土八字形刚架拱桥主要施工工序

八字形刚架拱桥采用分段直线形拱肋，可简化结构构造，减少拱肋施工分段，方便施工。八字形主拱结构从施工到使用各阶段的受力特点均为压弯构件，可以通过施加预应力来调节主拱截面压力作用位置，使其仍满足常规混凝土拱桥要求的压力线与拱轴线基本吻合的条件，以避免产生明显拉应力的设计理念。这种分段直线形的主拱结构也为施加预应力提供了方便。压弯构件用材的经济性不及轴压构件，但压弯结构的延性抗震能力相对较强。

(2)减小施工风险和工期、简化施工工艺。常规大跨径混凝土拱桥对施工技术要求较高：拱圈为曲线结构，施工精度要求较高；主拱沿纵横向划分为多节段预制，接头构造复杂，质量不易保证；节段自重大、运输吊装设备要求高，控制难度大。预应力混凝土八字形刚架拱桥采取的方案为：将常规的曲线形拱圈改为分段直线形拱圈，以直代曲，可明显简化主拱施工；拱肋采用立柱方式浇筑，工艺成熟且无垮塌风险；拱肋采用竖向转体合龙成拱施工方法，将常规预制吊装形成混凝土主拱需数十天高风险工期缩短为仅需几小时的竖向转体风险工期，且风险程度明显降低。

1.2.2 八字形刚架拱桥的受力特点

1)主拱受力特点

从立柱竖转直至全桥施工完毕,主拱结构承受弯矩、轴向压力、剪力的联合作用。

(1)立柱施工阶段:拱肋斜腿段截面受力与普通桥墩立柱受力相同,主要承受自重和施工荷载引起的压力。此时拱肋具有普通钢筋混凝土柱的受力特征。

(2)竖转阶段:斜腿段跨中此时会承受较大的正弯矩,而因为水平段的劲性骨架已在上一阶段安装完毕,所以水平段的劲性骨架会对主拱圈转折段产生负弯矩(因扣索扣挂在主拱圈转折段),为了使拱肋截面应力合理,拟在拱肋内布置预应力钢束。

(3)拱上加载及成桥阶段:拱顶劲性骨架合龙段外包混凝土,以及拱上立柱和桥面板、桥面系施工及成桥后,主拱结构为压弯构件,且部分区段弯矩较大,尤以斜腿段与水平段之间的转折截面负弯矩最大(因为转折段刚度较大,且封铰时间较晚,所以使得负弯矩大部分集中于转折段,而拱脚负弯矩较小),为使拱肋截面应力合理,需在拱肋内布置预应力钢束。

2)合理拱轴线

八字形刚架拱桥为分段直线形的拱结构,由左右两段斜拱腿及拱顶水平段组成,各段均为等截面直线构件。因此从竖转开始到成桥后运营阶段,斜腿段中部会承受较大正弯矩,转折区段存在较大负弯矩,拱肋跨中区段存在较大正弯矩,为使拱肋截面应力合理,应在拱肋内布置预应力钢束。

八字形刚架拱桥属于预应力混凝土结构,可以通过引入预加力的作用,使其压力线与拱轴线吻合。如此可使结构的受力合理,拱圈各个截面内力分布均匀,以受压为主;同时拱圈采用分段直线形,大大减小了施工难度,并与新的施工工艺协调配合,施工所需机具少、工艺简单,施工速度显著提高,造价可望明显降低。

压力线的控制原则仍然是通过适时分批施加预应力,使八字形刚架拱桥的上、下缘混凝土都不出现拉应力。由此确定出拱圈各个截面压力线与拱轴线偏离的极限值 K_s 和 K_x,然后绘出压力线包络图。只要各个施工阶段及运营阶段压力线的位置都落在 K_s 和 K_x 所围成的区域内,就能保证八字形刚架拱桥在最小外荷载和最不利荷载作用下,其上、下缘混凝土均不会出现拉应力。所以分段直线形的拱轴线只要通过适时施加预加力,也可以成为合理拱轴线。

预应力混凝土八字形刚架拱桥的压力线包络图,如图 1.2-3 所示。

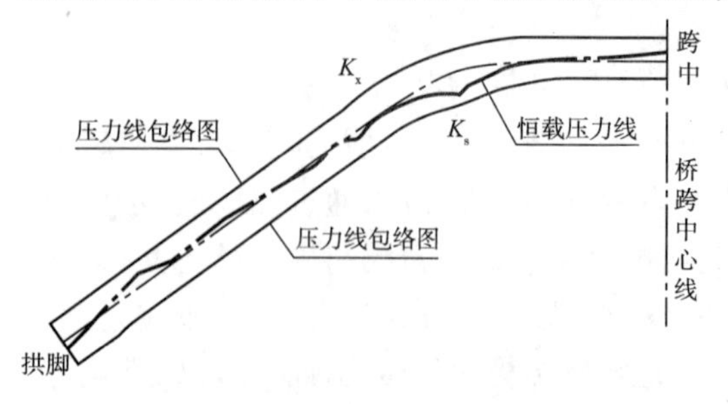

图 1.2-3 预应力混凝土八字形刚架拱桥压力线包络图

用公式表示即为:

$$-K_s \leqslant E \leqslant K_x \tag{1.2-1}$$

3)八字拱矢跨比

八字形混凝土拱桥的主拱肋由三段直线构成,分为两个斜腿和一个水平撑。它的总体构思可归纳为“以直代曲、立柱施工、竖转成拱”,即以立柱方式完成刚架拱肋斜腿部分的施工,再由上而下竖转合龙成拱,形成“八”字结构。

图 1.2-4 为两种不同的斜腿与水平撑按桥跨方向的分配方式。图 1.2-4a)为竖转预应

力混凝土八字形刚架拱，斜腿较短，水平段较长，这样斜腿的受力行为趋向于拱，但水平段的受力行为趋向于梁，跨中弯矩较大，不能较好地发挥混凝土材料抗压性能好的特性，从而减弱了八字形混凝土拱桥的跨越能力。假设把水平段缩短些，斜腿适当加长，使得三段依桥跨方向大致按 1∶1∶1 分配，如图 1.2-4b）所示，那么跨中弯矩减小，而且基本与斜腿中部弯矩相等，结构受力趋于合理。大量的结构计算也验证了这一设想。对于在水平段与斜腿中部由弯矩引起的拉应力，可以通过设置较少的预应力钢束抵消。从拱桥压力线的角度来讲，就是通过适当的预应力来调整拱桥的压力线，使其逼近拱轴线，使拱全截面以受压为主，这样就可充分发挥混凝土材料的特性，增强八字形混凝土拱桥的跨越能力。

图 1.2-5 为两种不同矢跨比的八字形混凝土拱桥。图 1.2-5a）所示的较坦，即矢跨比较小。我们知道，拱桥之所以在恒载作用下没有弯矩只受压力，是由于拱脚产生的水平力与矢高的乘积能够抵消恒载产生的弯矩。如果矢高较小，如图 1.2-5a）所示，那么水平力与矢高的乘积就小，抵消恒载产生的弯矩也小，此时结构的受力行为趋向于梁。研究表明：拱桥的矢跨比小于 1/10 时，它的受力将与梁相似；当矢跨比在 1/10 ~ 1/5 时才表现为拱的受力特性。因而，将八字形混凝土拱桥的矢跨比适当增大，如图 1.2-5b）所示，其受力才较合理。作者研究分析得出，八字形混凝土拱桥的矢跨比范围为 1/6 ~ 1/5，斜腿的倾角范围为 25° ~ 32°。

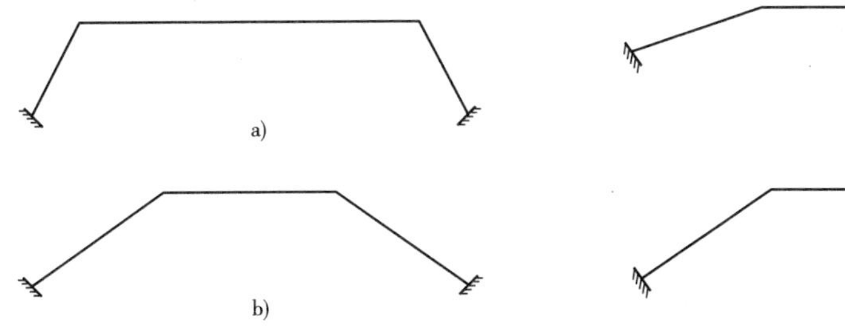

图 1.2-4　八字形刚架桥线形比较（一）　　图 1.2-5　八字形刚架桥线形比较（二）

1.2.3　八字形刚架拱桥的工程示例

下面以渝邻高速公路古路中学立交桥为背景，简要介绍由立柱竖转形成的八字形刚架拱桥的初步设计。

1）工程概况

古路中学立交桥为跨越渝邻高速公路的一座立交桥，如图 1.2-6 所示，要求的净跨径为 40m，桥梁宽度为净 7m（行车道）+ 2 × 0.75m（人行道）+ 2 × 0.25m（栏杆）= 9m，设计荷载为汽车—20 级，挂车—100 级，人群荷载为 3.5kN/m^2。

2）结构设计与构造特点

（1）立面布置：净跨径 L_0 = 40m，刚架拱的两斜腿和水平段各占跨径的 1/3，斜腿倾角为 25°。矢跨比为 1/6，净矢高为 6.67m。

（2）横断面布置：刚架拱肋采用 100cm × 75cm 的实心矩形截面，考虑到拱脚截面弯矩很大，故将该截面增高到 1.2m，至第一根立柱位置肋高变为 1.0m，水平段部分肋高 0.8m，肋宽 0.75m。拱肋之间用 75cm × 50cm 的矩形横系梁连接。

（3）拱上建筑布置：拱上立柱采用双柱形式，桥面板采用标准跨径为 4.64m 的钢筋混凝土预制实心板。水平段盖梁直接与拱肋连接，既作为系梁，又作为盖梁。

(4)预应力钢束布置:根据受力分析,并考虑到施工便利,拱肋预应力钢束布置,如图 1.2-7所示。N1 在斜腿段,在立柱施工时张拉,N2 和 N3 待刚架拱完成后张拉。

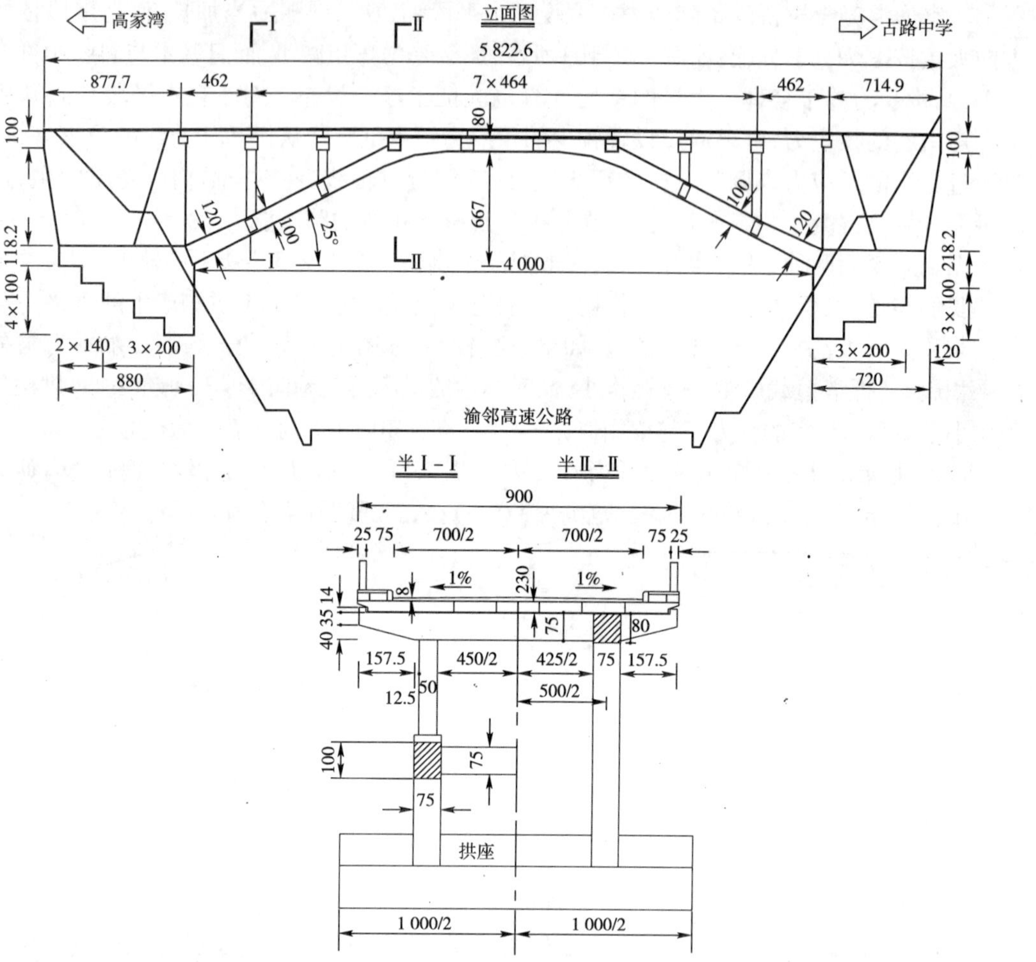

图 1.2-6　古路中学立交桥布置图(尺寸单位:cm)

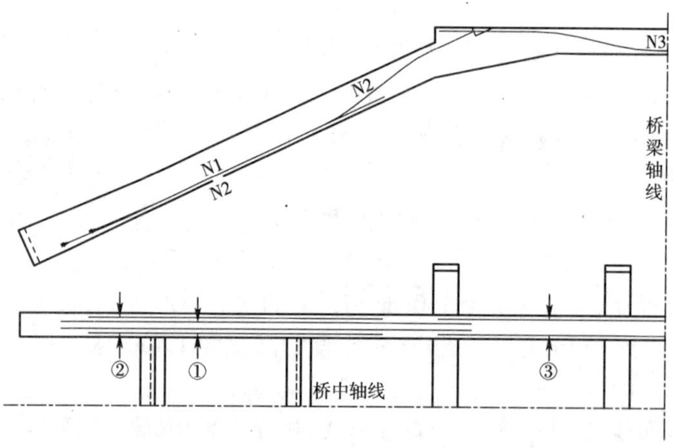

图 1.2-7　拱肋预应力钢束布置

(5)拱脚转动铰。为实施刚架拱形成过程中的转体施工,在拱脚与拱座之间设置转动铰。转动铰由上座、下座和转动轴三部分组成。上座与型钢劲性骨架焊接,下座通过锚固钢筋锚固在混凝土拱座中,上下座间通过转动轴相连,如图 1.2-8 所示,转动轴为直径 80mm 的 45 号钢实心圆钢轴。

(6)水平段钢管混凝土劲性骨架。为减轻转体质量,并便于转体合龙后刚架拱的及时受力,拱肋水平段采用钢管混凝土劲性骨架合龙,每条劲性骨架由两根直径为 219mm 的钢管通过连接缀板连成整体,与斜腿顶端刚性联结。

(7)合龙构造。合龙构造如图 1.2-9 所示,竖转到位后,两端劲性骨架钢管之间的合龙间隙用直径为 25mm 的短钢筋(焊接)作内撑,然后在钢管表面焊接连接角钢或弧形钢板,再在接头内灌注快硬早强混凝土,3h 后混凝土达到强度即可松扣索。

图 1.2-8　拱脚转动铰

图 1.2-9　合龙构造处理

(8)拱脚封铰。拱脚在合龙前为转动铰,为确保施工过程中主拱结构的安全性,竖转合龙形成刚架拱后,即对拱脚作封铰处理:首先将拱脚顶面的主钢筋与拱座内的预埋钢筋焊接,然后再用微膨胀混凝土浇筑。

因本桥跨径较小,拱脚截面虽然负弯矩较大,但在 5m 长的范围内即变为 0,无需布置预应力束,所以拱脚截面按钢筋混凝土结构设计,一方面将拱脚截面尺寸加大,钢筋加强;另一方面封铰时在拱脚上缘预留 20cm 宽的槽口,待全桥恒载加载完毕以后再用环氧混凝土封闭。

(9)试验模型验证。为证实该斜腿刚架拱桥在各施工和使用阶段的力学性能,探索竖转合龙误差时的处理对策,以确保实施过程的安全性,使桥梁结构最终达到设计预期目标,我们针对该桥进行了 1 : 10 比例的有机玻璃模型试验,如图 1.2-10 所示。主要模拟了预应力混凝土八字形刚架拱桥从转体施工、合龙成拱、拱上建筑加载至运营阶段的全过程受力状态,为本桥的成功实施提供了可靠的技术保障。

图 1.2-10　模型试验

3)转体施工

竖转合龙是本桥施工的关键技术。为此,研究人员与施工单位进行了多次磋商,最后确定竖转系统采用滑轮组系统。滑轮组系统由扣点、缆索、滑轮组、转向塔、卷扬机、背索以及地锚等部分组成，如图 1.2-11 所示。该系统有两个优点：一是省力，可减小卷扬机控制拉力的吨位；二是转体速度易于控制。本桥采用 24 线 12 对滑轮组，卷扬机所需理论控制拉力仅为总拉力的 1/12，待转体的半刚架拱扣点位移速度仅为卷扬机放索速度的 1/24。

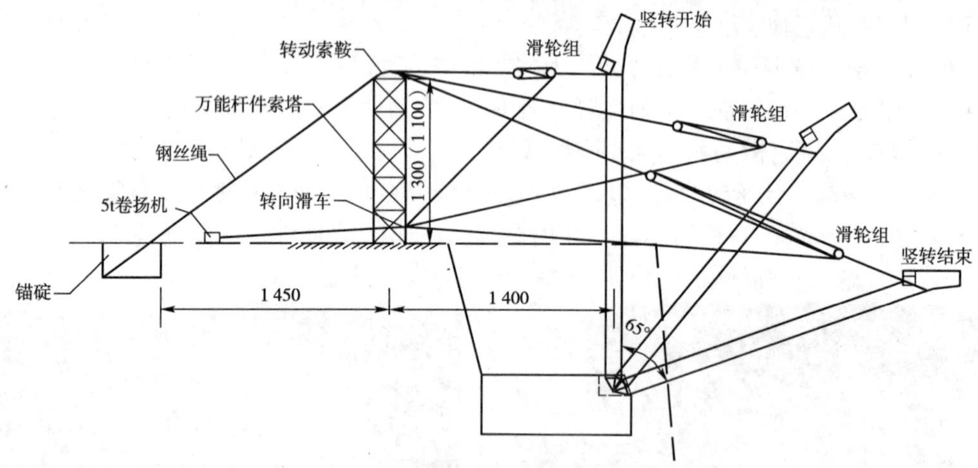

图 1.2-11　竖转体系组成(尺寸单位:cm)

竖转前拆除立柱下端与拱座的临时固结，变为铰接，并对整个竖转体系进行检查，保证每个部位都处于正常状态。

为了便于竖转过程中的监控，在竖转前先确定每条拱肋的轴线位置，在转体过程中随时用精密经纬仪观测轴线偏位，并对卷扬机、钢丝绳、滑轮组、转向塔、背索、地锚及其连接部分的安全性进行了实时监测和观察。为确保安全，先就一侧的半刚架拱进行转体，证实顺利可行后再开始另一半刚架拱的转体。转体施工的过程如图 1.2-12 所示。

a) 拱肋竖转前

b) 拱肋竖转中

c) 竖转到位

图 1.2-12　八字形拱桥的竖转施工

本桥竖转施工历时约 3h，转体合龙到位时，实际轴向偏差小于 5mm，竖向高差 ±10mm，表明转动铰的安装精度达到设计要求，钢管骨架的安装精度略差，但合龙偏差都在设计允许范围内。并没有出现预先估计的轴向偏差和竖向偏差较大的情况。拱肋竖转合龙到位后，用角钢（对误差的适应性较强）搭接焊接两边的钢筋混凝土骨架，实现跨中区段钢管混凝土骨架的合龙，再外包钢筋混凝土形成八字形混凝土刚架拱。

4）荷载试验情况（图 1.2-13）

该桥建成后进行了荷载试验，主要对拱脚的弯矩 M_{max}、M_{min}，斜腿段跨中的弯矩 M_{max}、M_{min}，斜腿段与水平段交接处的弯矩 M_{max}、M_{min} 以及跨中的弯矩 M_{max} 进行了全部设计荷载下的检测，测试结果显示结构承载力均满足设计荷载标准要求。

图 1.2-13　建成后的桥梁及荷载试验情况

1.3　中段微弯八字形组合结构拱桥的探索

1.3.1　八字形刚架拱桥结构体系的改进

预应力混凝土八字形刚架拱桥，首次在重庆市渝邻高速公路古路中学立交桥（净跨径 40m）成功应用的实践表明，预应力混凝土八字形刚架拱桥在结构形式和施工工艺上是可行的，具有自身的特点，能够在确保施工安全、使用可靠的前提下，较常规混凝土拱桥明显地简化工艺，提高工效，降低措施费用，减少施工用地，具有明显的技术经济效益，为山区深谷河流条件下的桥型选择提供了一条新途径。

但这种结构仍然存在一些不足，主要是跨中水平段施工比较麻烦。预应力混凝土八字形刚架拱桥为了保证跨中快速安全地合龙，跨中区段采用劲性骨架合龙后外包混凝土的措施，其劲性骨架与混凝土接头构造、施工以及高空外包混凝土都比较麻烦；另外，三段折线形拱肋的跨中区段正弯矩最大，为防止下缘出现拉应力，需要在跨中区段布置预应力钢束，这样跨中区段的施工就更加麻烦。

本书对预应力混凝土八字形刚架拱桥存在的问题进行优化，提出了中段微弯混凝土八字形刚架拱桥。设想，将跨中水平段做成向上微弯的曲线形式，如图 1.3-1 所示，这样拱顶区段就成为以受压为主的拱，即无需施加预应力，可进一步降低工程造价。

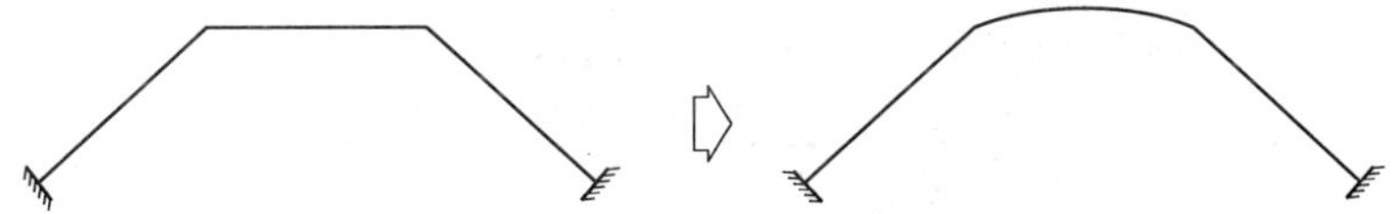

图 1.3-1　预应力混凝土八字形刚架拱桥线形演变

1.3.2　主拱构造与受力特点

跨中区段微弯的八字形刚架拱桥的主拱圈构造及拱上建筑构造,如图1.3-2所示。为进一步简化施工,减轻拱顶段质量,使结构受力合理,拱顶段采用钢箱的结构形式,并在混凝土斜腿顶端设置钢箱—混凝土接头。钢箱可以工厂化制作,然后运到现场吊装,既可以保证工程质量,同时也可加快施工速度。采用钢箱做拱顶段,顶板、底板和腹板的厚度可较方便地根据受力和构造需要选择,箱内设置加劲肋和横隔板,在盖梁下的箱内填充混凝土,以便较好地将盖梁处的集中力传给钢箱,增强钢箱的局部稳定性。结构刚度大,质量轻,抗压与抗弯性能均得到改善。

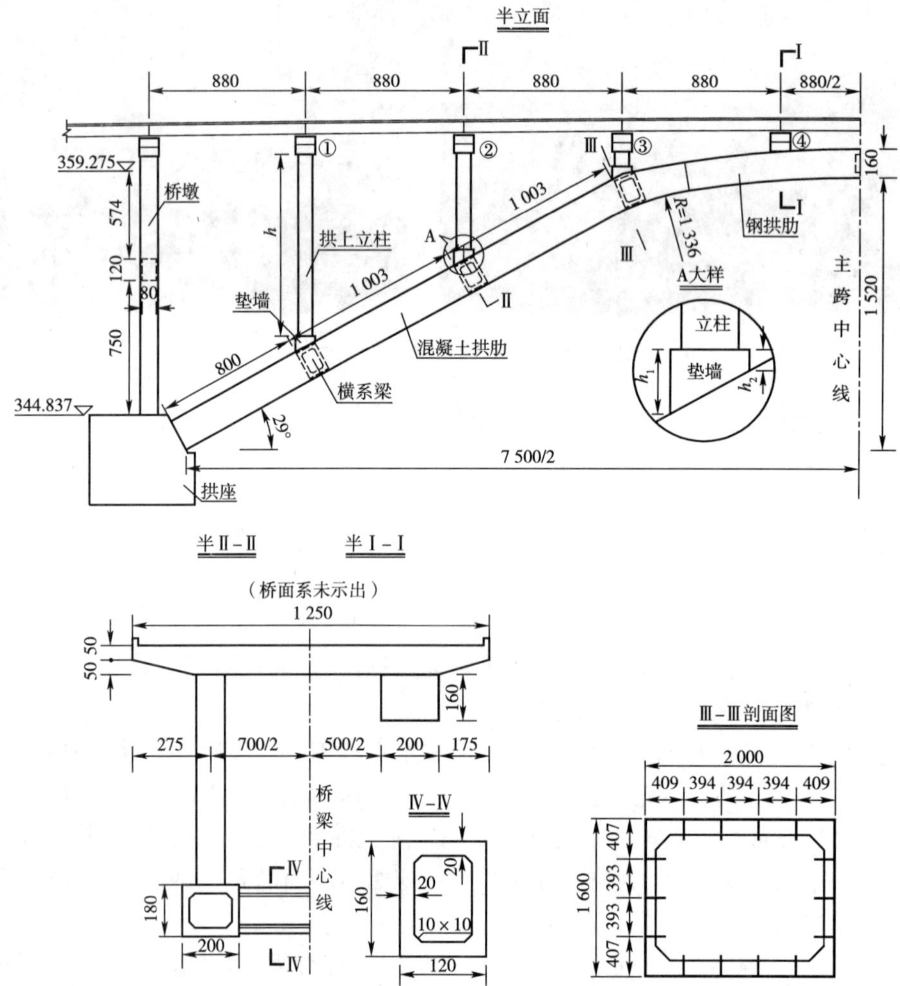

图1.3-2　跨中区段微弯的八字形刚架拱桥一般构造(尺寸单位:cm;高程单位:m)

1)立柱施工阶段和竖转阶段

因立柱施工阶段和竖转阶段的受力与三段折线形的预应力混凝土八字形刚架拱桥的相似,所以八字形拱肋的斜腿内配置的普通钢筋和预应力钢束基本相同,拱顶区段的微弯钢箱结构可以承受拉压应力,无需施加预应力。

2)拱上加载及成桥阶段

拱肋合龙后,拱上加载以及成桥阶段,由于跨中拱顶区段为微弯线形,随着水平段线形由直线形式变化到曲线形式,微弯曲线的上拱值不断增大,斜腿倾角逐渐减小,拱脚的负弯矩与斜腿中部的正弯矩逐渐增大;而转折处的负弯矩与跨中的正弯矩却逐渐减小。比较它们变化的相对值发现,跨中正弯矩减小的幅度最大,其次是转折处的负弯矩;而拱脚的负弯矩与斜腿中部的正弯矩增大得并不明显。

1.3.3　工程应用设计示例

1)桥梁总体布置

桥梁跨径:75m。

桥梁宽度:净 -9m(行车道) +2×1.15m(人行道) +2×0.35m(防撞护栏) +2×0.25m(人行道栏杆) =12.50m。

设计荷载:汽车荷载为公路—Ⅰ级,人群荷载为3.5kN/m^2。

桥梁总体布置如图1.3-3所示。

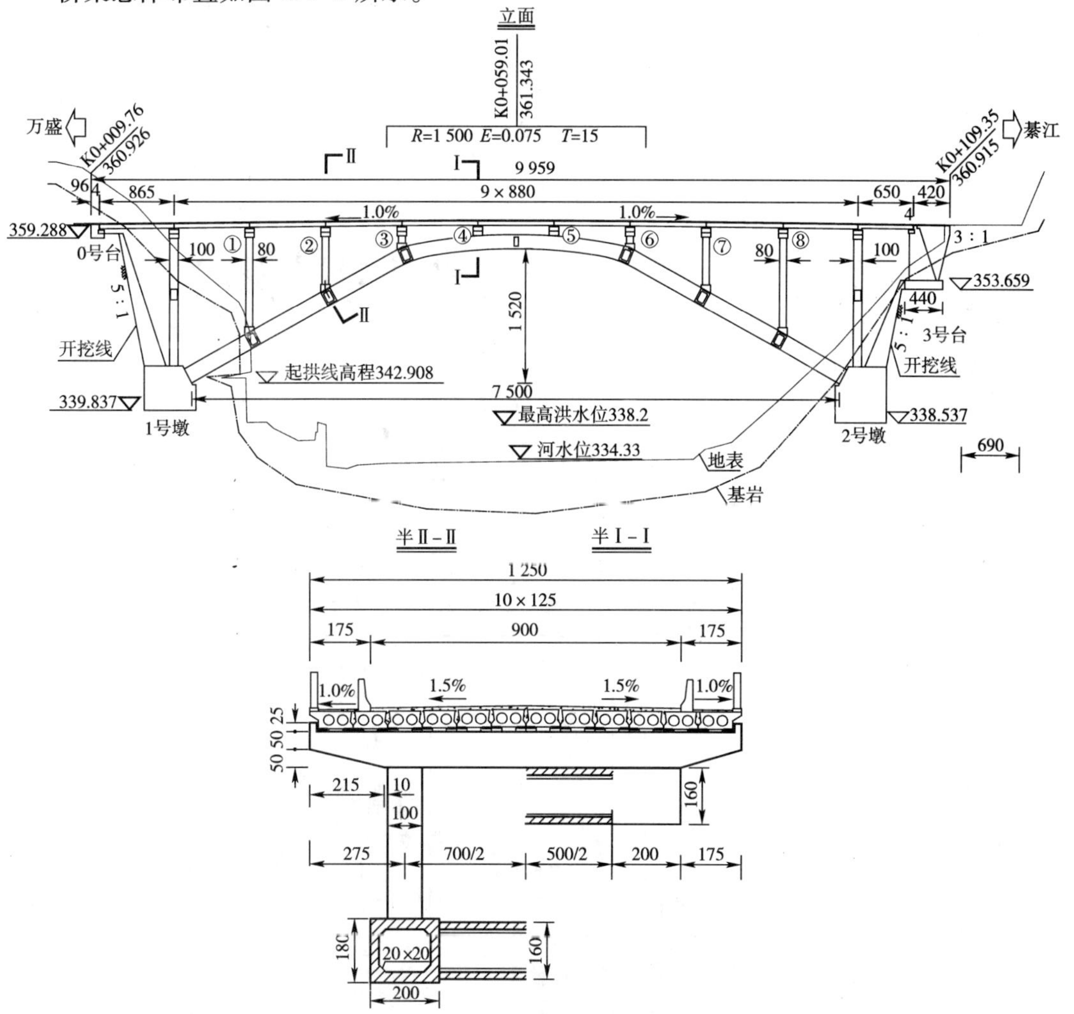

图1.3-3　桥梁总体布置(尺寸单位:cm;高程单位:m)

2)跨中微弯区段结构方案

方案1(图1.3-4):在设计的过程中发现跨径增大后,拱脚的负弯矩与轴力较大,导致下缘的压应力与上缘的拉应力稍微超标,拱脚受力不利。为了使拱脚受力趋于合理,本方案试着减轻拱顶段的质量,为此仅浇筑了拱顶段顶板与底板的混凝土,未浇筑腹板混凝土。此方案中,顶底板的混凝土除了配合劲性骨架抗压以外,同时也充分发挥顶底板混凝土的抗弯性能。在盖梁下的拱肋全截面浇筑混凝土,并做适当的过渡构造,使得截面刚度有个渐变,传力明确合理。但是该方案拱顶段混凝土浇筑困难。

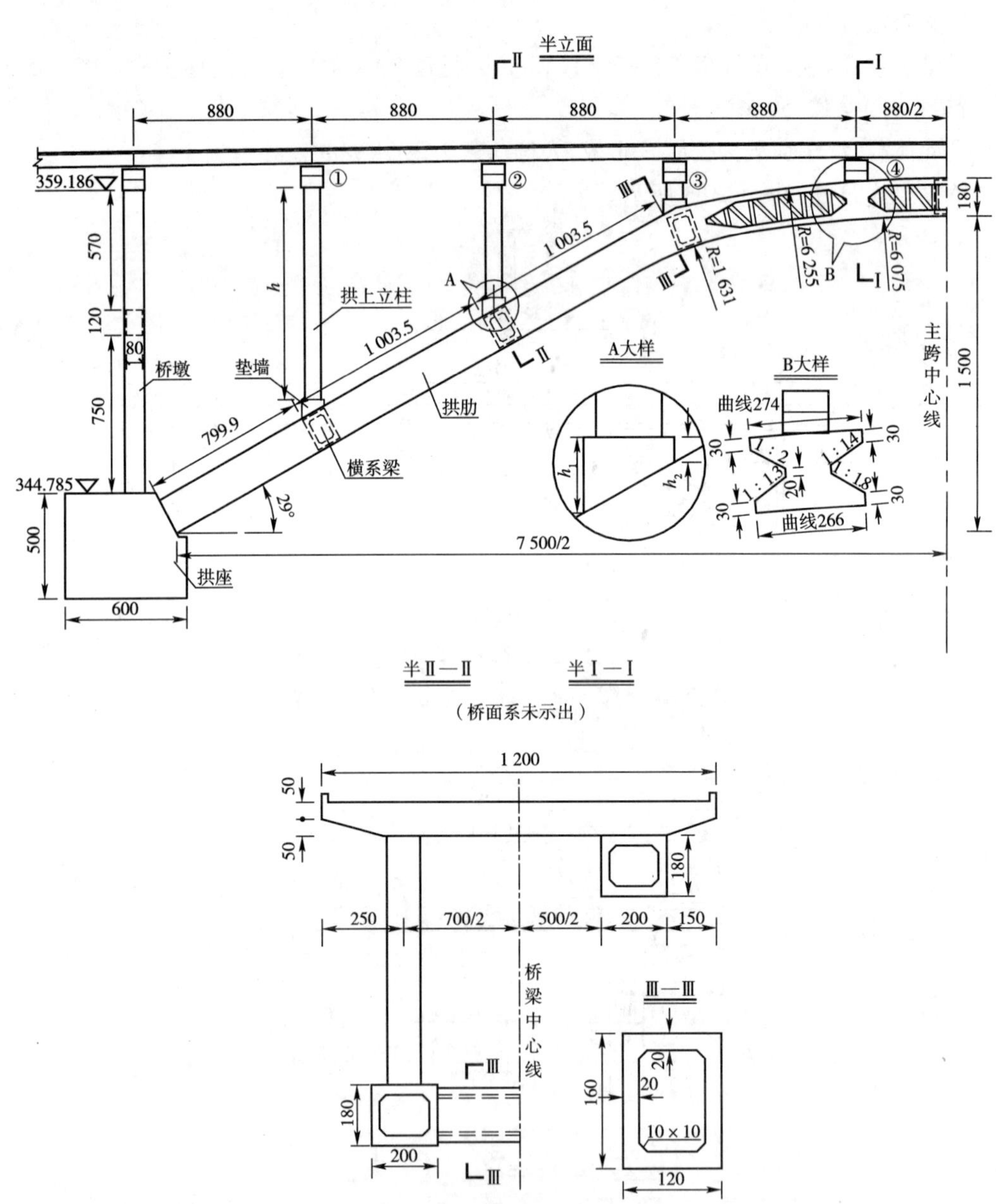

图1.3-4 成桥后主拱圈一般构造方案1(尺寸单位:cm;高程单位:m)

方案 2(图 1.3-5):为了简化施工,减轻拱顶段质量,使结构受力合理,本方案中拱顶段采用钢箱的结构形式,并设置钢箱—混凝土接头。钢箱可以工厂化制作,然后运到现场吊装,既可以保证工程质量,同时也加快了施工速度。

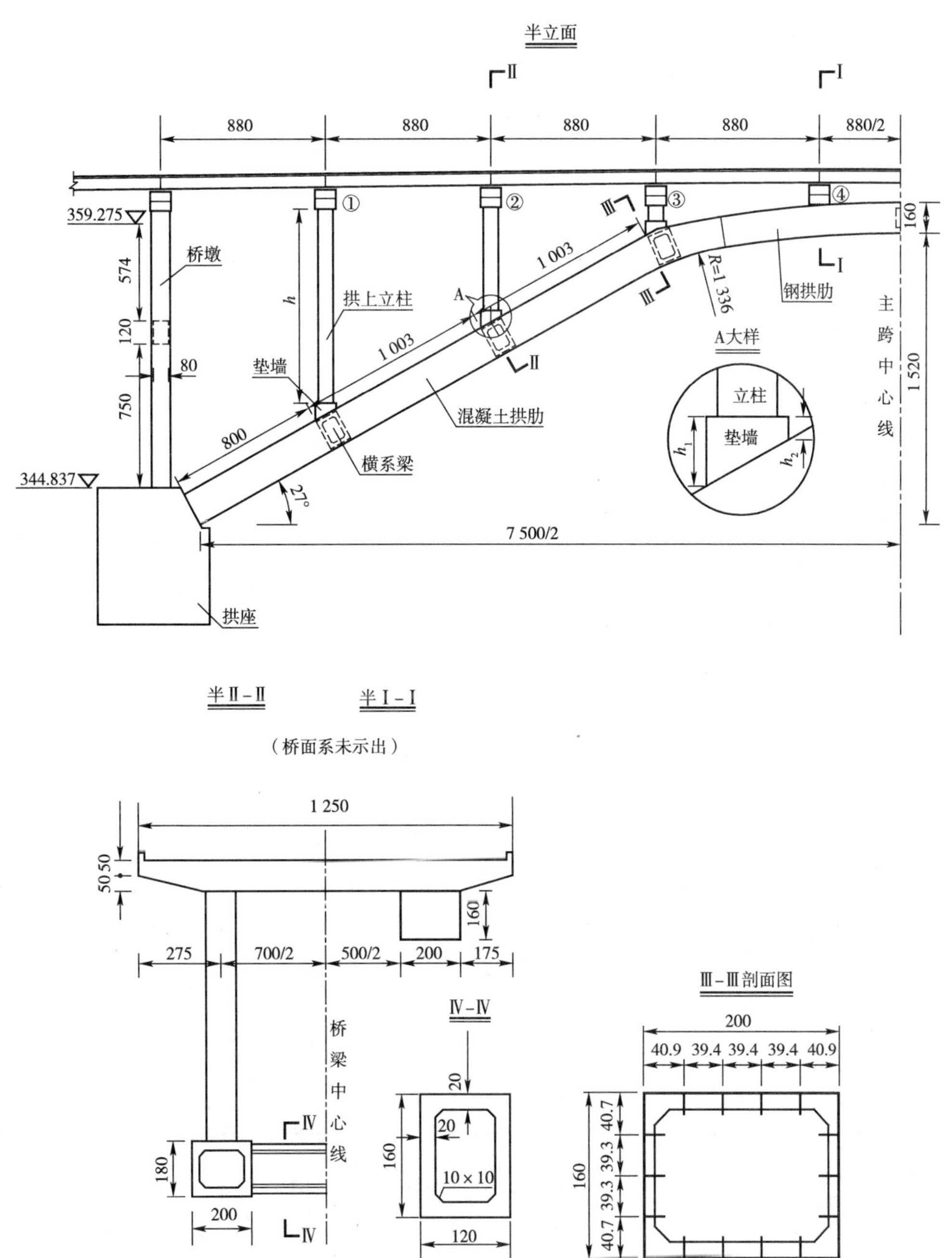

图 1.3-5　成桥后主拱圈一般构造方案 2(尺寸单位:cm;高程单位:m)

3)上部结构构造及特点

本桥上部结构为净跨径为75m,净矢高为15.2m,矢跨比为1/4.9的双肋拱,肋间净距为5m。斜腿段拱肋高为1.8m,肋宽为2.0m;拱顶段钢箱高为1.6m,肋宽为2.0m,钢箱壁厚为14mm。拱肋斜腿与水平线倾角为28.7°,斜腿水平投影长度为25m,拱顶微弯区段水平投影长度为25m,微弯段的拱背曲线半径为62.55m,微弯段的拱腹曲线半径为60.95m。

在拱上立柱对应的斜腿位置,均设有横系梁以加强两拱肋间的横向联系,横系梁均采用高1.60m、宽1.20m的箱形截面(顶、底板和腹板厚均为20cm);拱顶微弯区段的盖梁与拱肋固结,两拱肋间的跨中位置增设一道横系梁,跨中横系梁采用高1.0m、宽0.5m的矩形截面。

拱上立柱和盖梁均为矩形截面,立柱横桥向宽1.0m,纵桥向宽0.8m,盖梁宽1.1m,高1.0m。桥道板(除綦江岸引跨)采用跨径为8.8m的预制钢筋混凝土空心板,板高0.5m;綦江岸引跨为与顺岸道路呈丁字形衔接的异形桥道板,采用高0.35m的现浇钢筋混凝土实心板。

本桥主拱为由两段倾斜拱腿和拱顶微弯段构成的八字形双肋拱,主拱肋为压弯构件;通过施加预应力来调整斜腿在正弯矩作用下的截面应力至期望程度,采用钢箱—混凝土组合截面来承受拱脚区段负弯矩作用,拱顶微弯段为钢箱截面;拱上建筑与常规拱桥类似。

4)主拱结构各阶段的应力分析(表1.3-1、表1.3-2)

主拱结构控制截面在主要施工阶段的应力计算结果表(单位:MPa)　　表1.3-1

位置 / 工况	斜腿中部		转折处		钢箱—混凝土结合处(钢箱)		跨中(钢箱)	
	上缘	下缘	上缘	下缘	上缘	下缘	上缘	下缘
斜腿按立柱施工,张拉斜腿底板束	1.74	7.18	1.52	5.5				
竖转到位,钢箱合龙	3.11	4.60	-1.55	1.64				
释放扣索	4.98	3.88	1.66	0.42	22.0	17.8	7.72	32.1
4号、3号立柱加载完毕	5.28	4.47	1.73	1.21	26.5	29.4	22.1	33.5
封铰	5.28	4.47	1.73	1.21	26.5	29.4	22.1	33.5
全部拱上建筑(含桥面铺装)加载	11.2	2.00	2.06	3.74	33.6	77.1	39.0	70.5
恒载+收缩徐变	12.7	1.66	2.11	4.69	36.1	93.7	47.0	81.2

注:1.拱脚上缘的应力为钢板的应力,下缘的应力为混凝土的应力(应力以受拉为负,受压为正)。

2.斜腿按立柱施工,张拉斜腿底板钢束时,斜腿中部的水平位移为8.5mm。

主拱结构控制截面在主要组合下的应力计算结果表（单位：MPa）　　表1.3-2

工况＼位置	拱脚		斜腿中部				转折处				结合处（钢箱）		跨中（钢箱）			
	上缘	下缘	上缘		下缘		上缘		下缘		上缘	下缘	上缘		下缘	
	最小	最大	最大	最小	最大	最小	最大	最小	最大	最小	最小	最大	最大	最小	最大	最小
持久状况的长期效应（恒载＋收缩徐变＋预加力＋0.4×汽车荷载＋0.4×人群荷载＋整体降温18℃）	−9.25	10.50	14.20	12.20	0.90	2.86	3.78	1.48	5.74	3.11	26.9	110	66.8	47.8	85.5	66.0
持久状况的短期效应（恒载＋收缩徐变＋预加力＋0.7×汽车荷载＋1.0×人群荷载＋整体降温18℃）	−28.03	12.62	15.50	12.10	−0.07	3.32	4.78	0.84	6.74	2.31	19.1	124	74.8	46.8	91.1	64.3

注：1. 拱脚上缘的应力为钢板的应力，下缘的应力为混凝土的应力（应力以受拉为负，受压为正）。

2. 拱脚在上述组合下截面上缘混凝土的名义拉应力分别为−1.60MPa和−4.83MPa。

第2章　钢箱—混凝土组合拱桥的基本概念

2.1　钢箱—混凝土组合拱桥的提出

带水平微弯段的预应力混凝土八字形刚架拱桥，将跨中水平段做成向上微弯的曲线形式，这样拱顶区段以受压为主的拱，无需施加预应力，既简化了结构构造和施工工艺，又保持了八字形刚架拱桥节省施工场地，降低措施费用，缩短工期，安全高效的优点。但它仍然存在一些不足：(1)带水平微弯段的预应力混凝土八字形刚架拱桥的拱轴线总体为三折线形状，导致部分主拱区段截面弯矩很大，与常规连续曲线拱以承受轴压为主的结构设计理念不符。(2)主拱仍然采用以混凝土为主的材料修建，施工难度和风险均随拱桥跨径的增大而明显增大。(3)主拱由预应力混凝土、钢箱结构以及钢箱—混凝土组成三类不同结构，尽管结构构造复杂，也不能完全避免混凝土出现受拉开裂的病害。

针对上述问题，在郑皆连院士的启迪下，作者在保持八字形刚架拱桥主要优势的条件下进行了如下改进探索：将八字形刚架拱回归到常规的连续曲线拱轴线形，以保持主拱几何构形简洁、传力平顺的优势；采用变截面钢箱拱作为施工阶段主拱形成的过渡结构，可明显简化结构构造，降低施工难度和风险；在钢箱拱形成后，可方便地通过在主拱不同区段的钢箱内浇筑底板混凝土或在钢箱上浇筑顶板混凝土获得与该区段受力相适应的钢箱—混凝土组合截面，以此保证主拱结构具有足够的强度和刚度，尽力发挥钢箱和混凝土两种材料特性的优势，并克服主拱结构受拉开裂问题。由此形成了竖转施工钢箱—混凝土组合拱桥的初步构想。

如图2.1-1所示，根据主拱不同区段受力需要，通过在钢箱内浇筑底板混凝土或在钢箱上浇筑顶板混凝土获得与该区段受力相适应的钢箱—混凝土组合截面的钢箱—混凝土组合拱桥施工工序如下：

第一道主要工序：竖向施工完成钢箱拱肋的分段吊装与焊接（钢箱拱肋分段在工厂内制作完成），其下端与拱座临时固结[图2.1-2a)]。这样可大大减少施工现场焊接工作量，工程质量更易得到保证。

第二道主要工序：拆除立柱与基础间的临时固结形成拱脚铰接，使两岸的钢拱肋在竖直平面内由上而下转动到设计高程至合龙成拱，然后浇筑拱脚封铰混凝土完成拱脚固结[图2.1-2b)]。在竖转时是空钢箱转体，转体质量非常轻，因此转体所需的力非常小，转体设备简单，转体施工的可靠性更容易保证；另外在转体中为钢箱受力，钢箱的抗拉强度和抗压强度都非常高，转体中不必像竖转钢筋混凝土拱桥那样设置预应力钢筋。

第三道主要工序：松去扣索，完成体系转换，并对称、均衡地浇筑拱脚区段箱内混凝土和拱顶区段顶板混凝土[图2.1-2c)]。浇筑拱桥区段箱内混凝土不需要模板，而浇筑拱顶区段顶板混凝土时仅需两侧的模板，浇筑工艺简单。

第四道主要工序:完成拱上建筑的施工,成桥运营[图2.1-2d)]。拱上建筑的施工与常规拱桥基本相同。

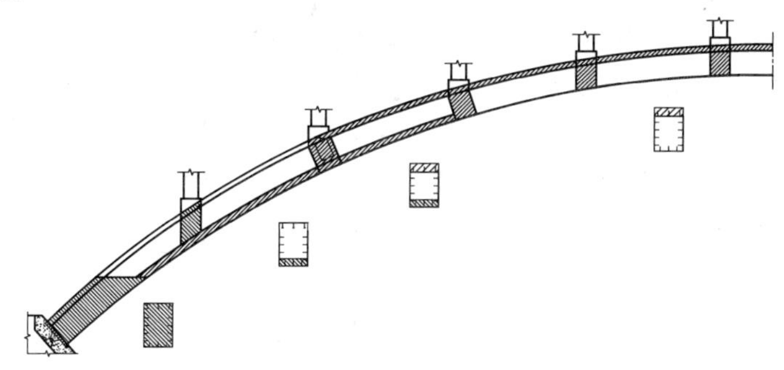

图2.1-1　钢箱—混凝土组合拱结构图

为减少合龙时间,研究采用一种新的合龙方式——阴阳接头的合龙方式。这种合龙方式是在两岸的钢箱拱肋竖转至设计位置时,可多肋(肋数≥2)同时合龙,由原来的“跨中预留合龙段”方式演变成“阴、阳接头导入式直接合龙”方式。该合龙方式大大减少了合龙时所需的时间,确保合龙精度,提高了转体过程的安全性。实践证明,该方法大大提高了合龙速度及合龙精度。

与常规混凝土箱形拱桥比较,钢箱—混凝土组合拱桥的主要优点如下:

(1)钢箱—混凝土组合拱可以较方便地根据结构不同区段受力需要采用相适宜的组合截面,能充分发挥钢和混凝土两材料的强度优势,减轻结构自重。

(2)钢箱拱肋节段可采用工厂化制作,制作精度及质量均易于保证。

(3)钢箱的竖向拼装及竖转合龙施工简易、安全、快捷。空钢箱拱肋自重小、转体合龙过程易于控制,对设备要求较低;施工过程中的结构整体性、稳定性及可靠性显著提高。

(4)钢箱—混凝土组合拱易于实现量化的质量检查,基本避免了混凝土拱桥因混凝土受拉开裂及预制拱箱节段间纵横向混凝土接缝质量问题引起桥梁结构的后期病害。

(5)钢箱—混凝土组合拱桥比钢拱桥明显节省钢材并具有较大的整体刚度;比混凝土拱桥明显降低了施工风险,缩短了施工周期,并具有较强的延性抗震能力。

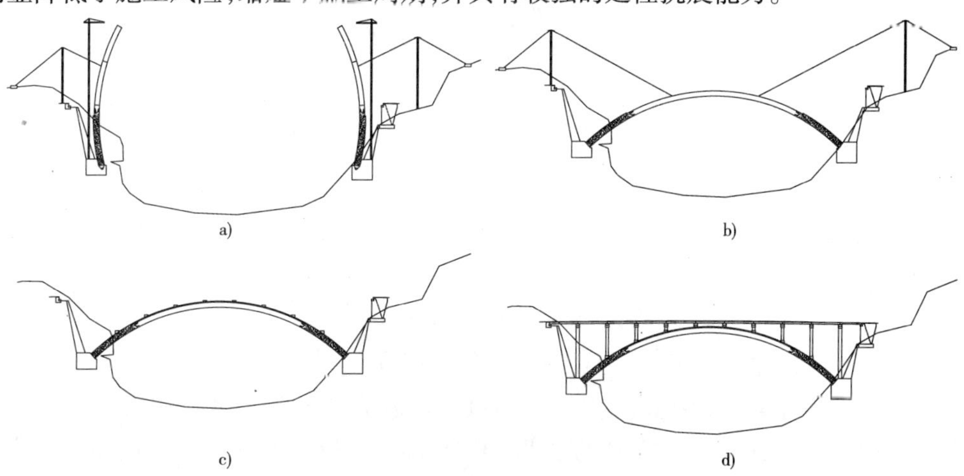

图2.1-2　竖转钢箱—混凝土组合拱桥总体施工工艺图

2.2 钢箱—混凝土组合拱桥的构造特点

钢箱—混凝土组合拱桥的主拱结构，为根据不同区段受力需要采用与之相适应的钢箱与混凝土组合截面的钢箱—混凝土组合结构，其设计理念为：主拱结构可能受拉的部位为钢结构，明确的受压部位为以混凝土为主体的钢箱—混凝土组合结构，用料经济并克服了常规混凝土结构的受拉开裂问题；与钢拱桥相比，节省钢材并具有较大的整体刚度，与混凝土拱桥相比，施工简易、安全、快捷并具有更好的延性抗震性能。

拱的弯矩和轴力包络图见图 2.2-1 和图 2.2-2。根据拱的内力包络图，在拱脚区段和拱顶区段选用的截面形式见图 2.2-3。根据整个主拱各区段的受力和刚度过渡需要，钢箱—混凝土组合拱肋有四种不同的组合截面供选择：

(1)在靠近拱座基础的拱脚局部区段需足够大的抗弯、抗扭刚度，故采用钢箱内满填混凝土[图 2.2-3a)]。

(2)次拱脚区段通常承受较大轴力和负弯矩，压力作用点位于截面下方，最不利荷载下截面上缘可能受拉，故采用钢箱内浇筑底板混凝土[图 2.2-3b)]，同时可采用在顶板上设置强化加劲肋的方式作为主拱结构从钢箱内满填混凝土到仅在钢箱内浇筑底板混凝土区段的截面刚度过渡。

(3)跨中区段与次拱脚区段之间为压力和双向弯矩作用，考虑到截面刚度的逐渐过渡，故采用在钢箱内浇筑底板混凝土的同时，也在钢箱顶板上浇筑混凝土的组合截面[图 2.2-3c)]。

(4)跨中区段通常承受压力和较大的正弯矩，压力作用点位于截面上方，最不利荷载下截面下缘可能受拉，故采用钢箱顶板上浇筑混凝土的组合截面[图 2.2-3d)]。

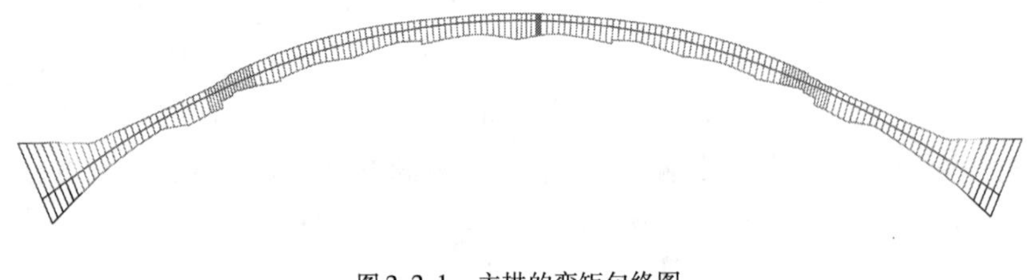

图 2.2-1 主拱的弯矩包络图

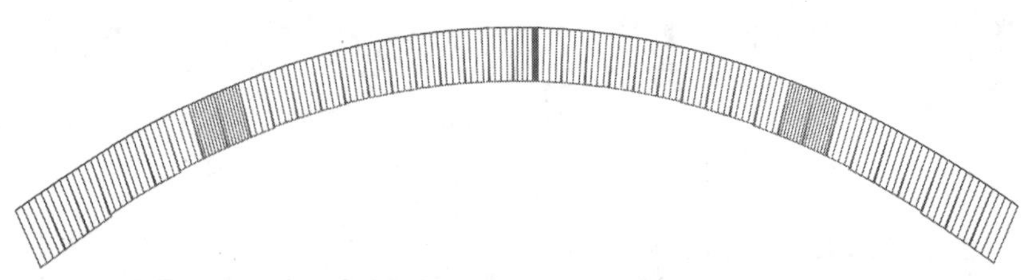

图 2.2-2 主拱的轴力包络图

根据拱桥跨径和受力的不同，主拱结构可选择性地采用上述 2～4 种组合截面。如已实施的遂宁市界福路人行桥($L=40$m)的主拱结构即由图 2.2-3 中 a)、d) 两种组合截面构成；万盛藻渡大桥($L=75$m)的主拱结构即由图 2.2-3 中 a)、c)、d) 三种组合截面构成；江津笋溪河大桥($L=100$m)的主拱结构即由图 2.2-3 中 a)、b)、c)、d)四种组合截面构成。

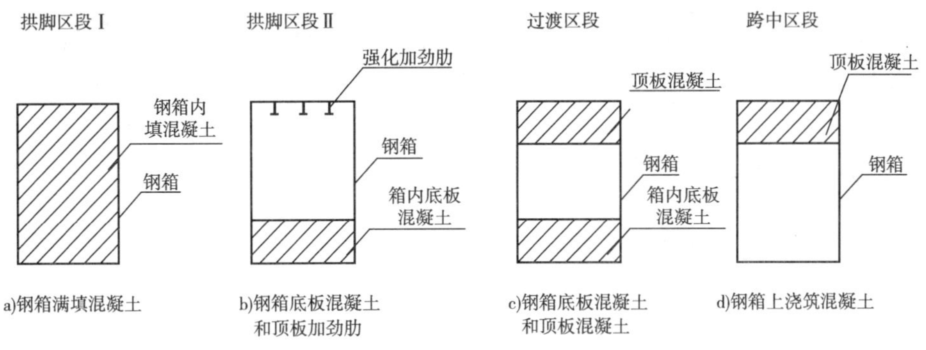

图 2.2-3　钢箱—混凝土组合拱桥截面形式

钢箱—混凝土组合拱桥的截面组合可进行灵活设计。图 2.2-3d)结构由钢箱和箱顶混凝土组成,根据设计思路,上部混凝土主要作用为受压,具有提高结构刚度的作用。下方钢箱的作用为受拉,提供足够的有效高度及混凝土支撑作用。截面灵活组合设计是指根据拱桥不同位置截面上轴力和弯矩的组合来设计钢箱与混凝土的组合,钢箱上方混凝土的高度及钢箱内填混凝土的高度均可根据需要进行组合,充分发挥材料优势。当截面以受压为主时,可以在钢箱内填充部分或全部混凝土,截面得到较大刚度且得用混凝土的良好受压性能[图 2.2-3a)]。当截面承受较大正弯矩时,可以在钢箱上设计一定高度的混凝土,由混凝土受压钢箱受拉[图 2.2-3b)]。如若该截面在可变荷载作用下同时承受正负弯矩,则可以在钢箱顶部及钢箱内部分别浇筑混凝土[图 2.2-3c)]。跨中与拱脚区段在截面过渡区段需要采用专门的过渡截面形式,在过渡区段的截面中,截面构造和刚度通过截面钢箱和混凝土的渐变逐渐变化过渡,其中钢箱顶部的加劲肋通过加厚加马蹄,下方浇筑部分高强混凝土,使截面刚度逐渐过渡。图 2.2-4 为推荐的钢箱—混凝土组合肋拱桥典型截面形式。钢箱—混凝土组合拱桥已成功应用于重庆万盛藻渡大桥(图 2.2-5)等三座桥梁中。该截面由混凝土梁和钢箱共同工作,因此称该截面为钢箱—混凝土组合拱。该构件即为本书的主要研究目标。

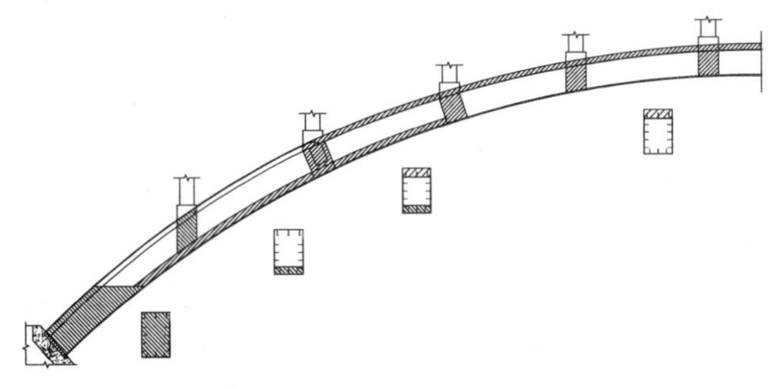

图 2.2-4　钢箱—混凝土组合肋拱桥典型截面形式

图 2.2-5　重庆万盛藻渡大桥(钢箱—混凝土组合拱桥)

钢箱—混凝土组合拱桥克服了钢筋混凝土拱桥及钢管混凝土拱桥中截面组合僵硬、焊缝多、工艺复杂、力学性能差、节点多等缺点，钢箱—混凝土组合拱桥将根据截面内力组合对钢箱和混凝土进行灵活组合，由混凝土抗压及提供刚度，而钢箱受拉及提供足够梁高保证抗弯刚度，因此可以以较少的混凝土和钢材承受荷载，减少材料和自重；此外，钢箱的焊缝均为直线形焊缝，且没有钢管桁架拱或多管钢管混凝土拱桥的众多节点，减少施工难度及工程隐患。

2.3 钢箱—混凝土组合拱桥的结构方案

根据钢箱—混凝土组合拱桥主拱结构跨径的不同，作者及其项目组进行了多种形式的结构构造方案研究。各结构方案的主要差别在各节段的截面形式及过渡方式上。除第四种外，其他三种均在实际桥梁结构中进行了应用，以下就各种形式逐一介绍。

2.3.1 主拱结构方案一

(1)主拱肋构造方案一。如图 2.3-1 所示，拱肋全部采用钢箱制作，根据计算结果，拱脚附近区段箱内填充混凝土，其他区段仅在上缘浇筑混凝土，且钢与混凝土通过 PBH 剪力键联结；在箱内填充混凝土，与箱顶浇筑混凝土交接范围内设过渡区段，箱内混凝土由中心向四周逐渐减少。

在立柱状态填充箱内混凝土(亦可钢箱成拱后填充)，待混凝土达到设计强度后，由上而下竖转成拱，再浇筑钢箱上缘的混凝土。整个拱肋合理地将钢与混凝土组合在一起参与受力，最大限度地发挥了这两种材料的特性，与常规混凝土拱桥或者钢拱桥相比，施工方便快捷，风险期短，安全性高。

(2)主拱肋构造方案二。如图 2.3-2 所示，主拱结构的拱脚区段为矩形截面钢箱拱肋内满填混凝土；跨中区段在钢箱拱肋顶面浇筑混凝土；拱脚区段与跨中区段之间设过渡区段，钢箱拱肋内由满填混凝土逐渐变化为空箱，钢箱顶部混凝土的宽度与钢箱同宽；除拱脚区段外的钢箱底板和腹板的加劲肋板设于钢箱内侧，钢箱顶板的加劲肋板设于钢箱顶面上，该加劲肋板为开孔加劲钢板，以便后浇顶部混凝土内的钢筋穿过开孔加劲肋板成为混凝土与钢箱顶板联结的 PBH 剪力键；钢箱拱肋内设置钢横隔板，在立柱下方的拱肋处设置钢筋混凝土横系梁；立柱下方的拱肋局部钢箱内满填混凝土，以便混凝土横系梁的钢筋伸入钢箱混凝土内锚固，同时作为钢箱的劲性横隔板。

图 2.3-3 为钢箱—混凝土组合拱桥拱肋的施工过程。该结构方案在实际桥梁结构中的应用见图 2.3-4。

2.3.2 主拱结构方案二

当拱桥跨径不大时，钢箱—混凝土组合拱桥的主拱肋如图 2.3-5 所示，主拱结构的拱脚区段为矩形截面钢箱拱肋内满填混凝土，跨中区段在钢箱拱肋顶面整体浇筑混凝土板，拱脚区段与跨中区段之间为过渡区段，钢箱拱肋内由满填混凝土逐渐变化为空箱，钢箱顶部混凝土的宽度与两拱肋距离同宽；除拱脚区段外的钢箱底板和腹板的加劲肋板设于钢箱内侧，钢箱顶板的加劲肋板设于钢箱顶面上，该加劲肋板为开孔加劲钢板，以便后浇顶部混凝土内的钢筋穿过开孔加劲肋板成为混凝土与钢箱顶板联结的 PBH 剪力键；钢箱拱肋内设置钢横隔板。

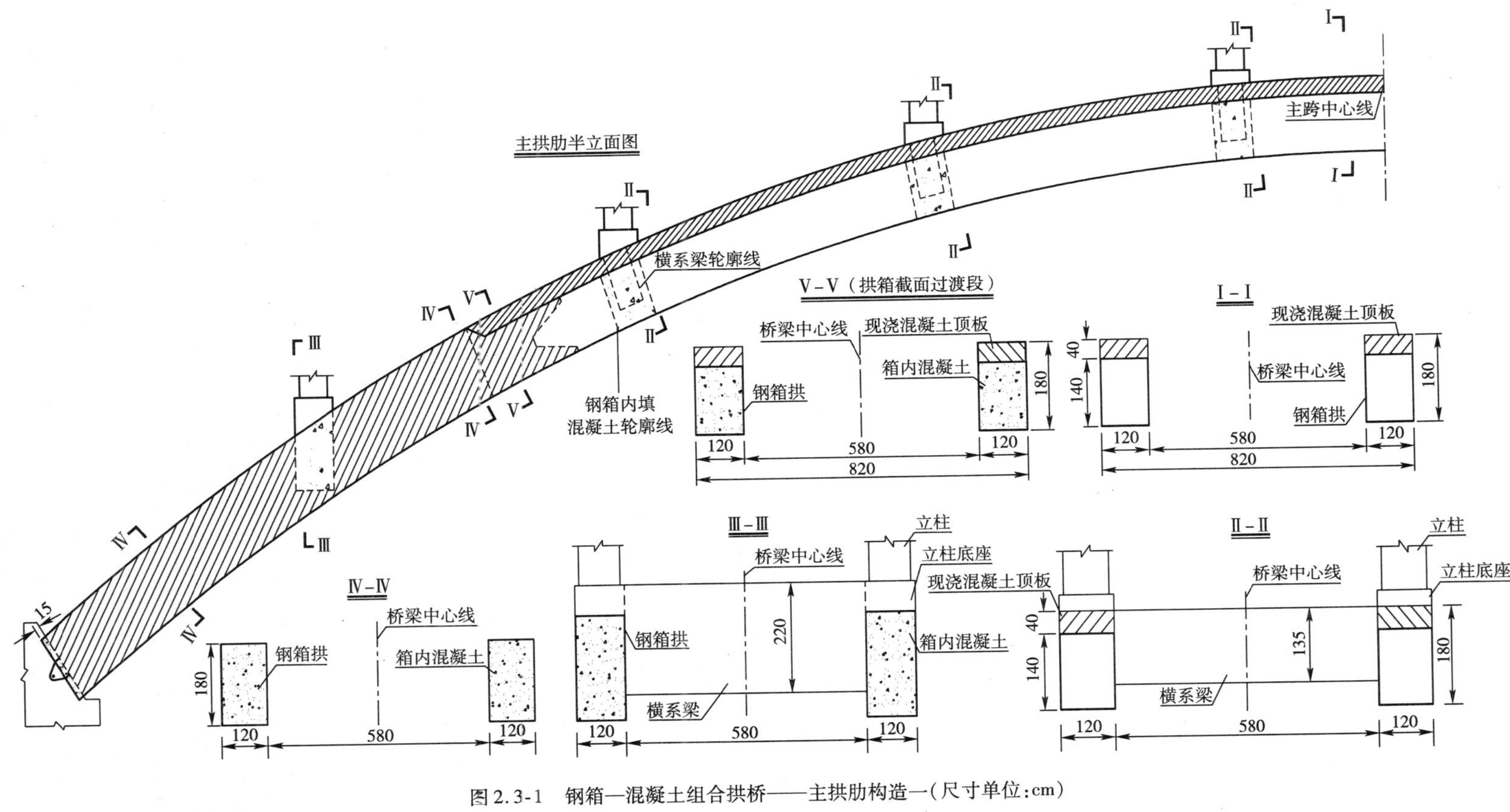

图 2.3-1　钢箱—混凝土组合拱桥——主拱肋构造一（尺寸单位:cm）

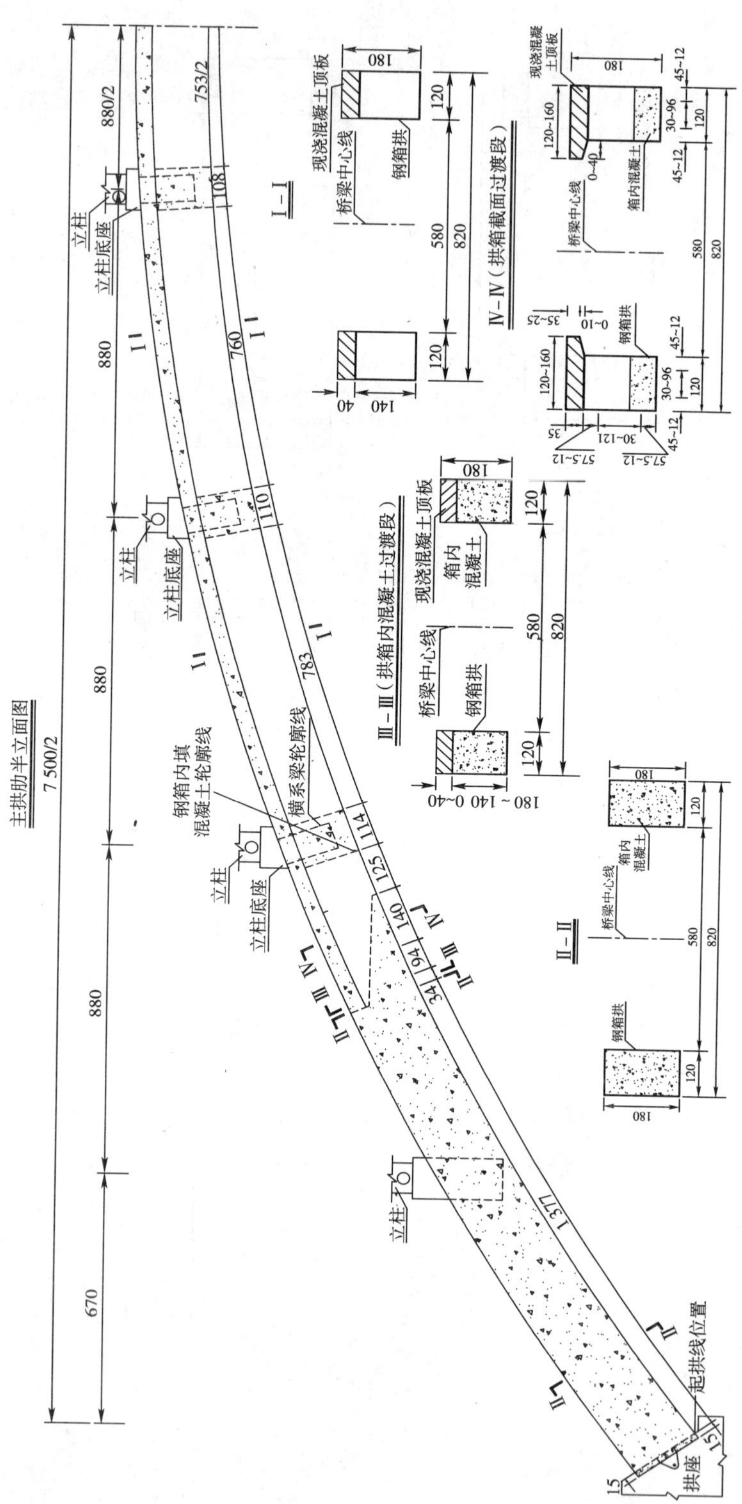

图 2.3-2　钢箱—混凝土组合拱桥——主拱肋构造二（尺寸单位:cm）

a)竖向拼装

b)转体合龙

c)钢箱顶部混凝土施工

图2.3-3 钢箱—混凝土组合拱桥拱肋施工

该结构方案在实际桥梁中的应用见图2.3-6。

2.3.3 主拱结构方案三

图2.3-4 钢箱—混凝土组合拱桥方案一的实桥

采用缆索吊装施工跨径较大的钢箱—混凝土组合拱桥时,为减小洪水位时浮力的影响,主拱结构拱脚区段的下部采用钢箱内满填混凝土;拱脚区段的上部为满足负弯矩和压力作用的需要,采用钢箱内浇筑底板(混凝土厚40cm),同时强化了钢箱顶板的加劲肋以使该区段拱肋具有足够大的刚度;跨中区段考虑满足正弯矩和压力作用的需要,在钢箱拱肋顶面浇筑40cm高的混凝土,拱钢箱顶部混凝土的宽度与钢箱同宽;除拱脚区段外的钢箱底板和腹板的加劲肋板设于钢箱内侧,跨中区段钢箱顶板的加劲肋板设于钢箱顶面上,该加劲肋板为开孔加劲钢板,以便后浇顶部混凝土内的钢筋穿过开孔加劲肋板成为混凝土与钢箱顶板联结的PBH剪力键;钢箱拱肋内设置钢横隔板,在立柱下方的拱肋处设置钢筋混凝土横系梁,立柱下方的拱肋局部钢箱内满填混凝土(图2.3-7、图2.3-8)。

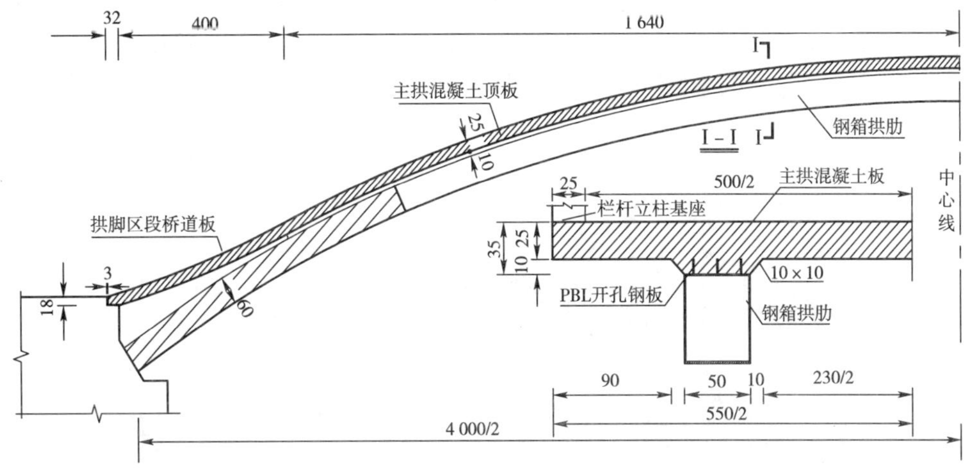

图2.3-5 钢箱—混凝土组合拱桥——主拱钢箱与混凝土现浇层构造图(尺寸单位:cm)

图 2.3-6　钢箱—混凝土组合拱桥方案二

主拱肋半立面图

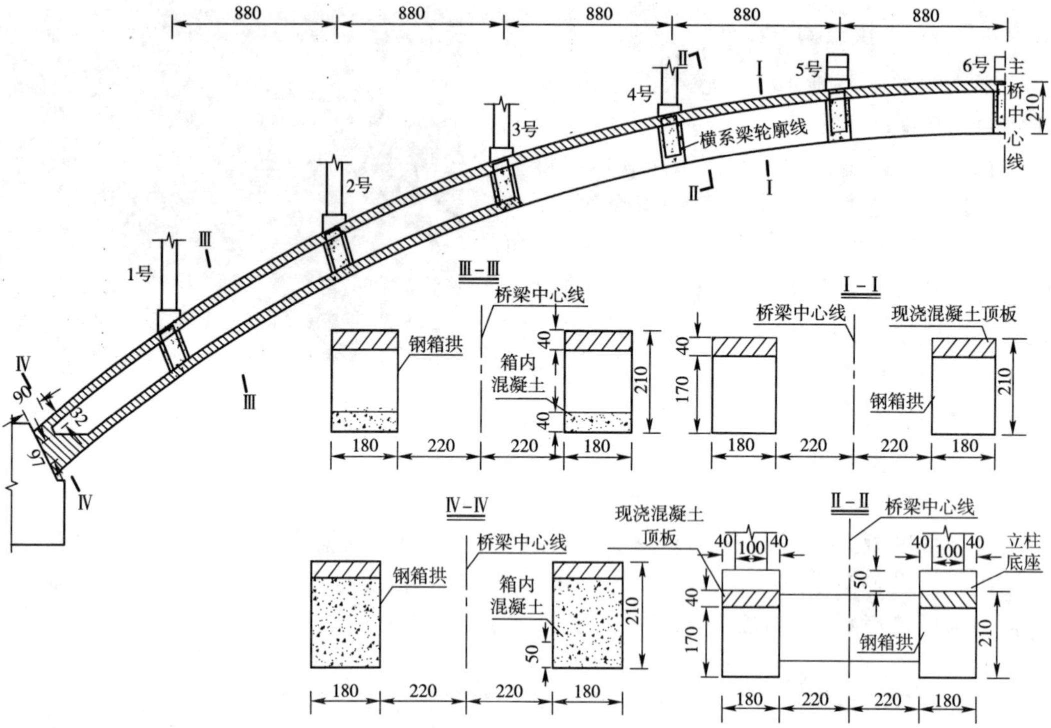

图 2.3-7　连续曲线形钢箱—混凝土组合拱桥主拱构造一(尺寸单位:cm)

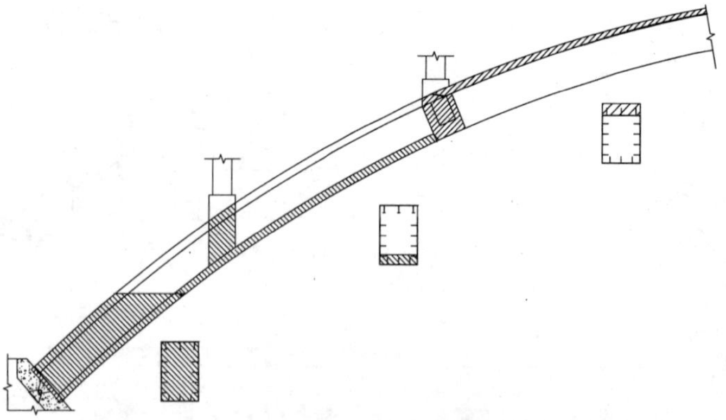

图 2.3-8　连续曲线形钢箱—混凝土组合拱桥主拱构造二

该结构方案中钢箱的施工情况见图2.3-9。

图2.3-9　连续曲线形钢箱—混凝土组合拱桥钢箱施工中

2.3.4　主拱结构方案四

当跨径较大，桥面宽度较宽时，钢箱—混凝土组合拱桥主拱截面可以采用两边钢箱，中间为混凝土箱的单箱三室钢箱—混凝土组合箱板拱。钢箱拱肋可以采用由拱顶到拱脚逐渐加厚的截面形式，再在钢箱顶面浇筑混凝土层。

钢箱—混凝土组合箱板拱一般构造如图2.3-10所示，钢箱—混凝土组合箱板拱结构，包括平行设置的钢箱拱Ⅰ和钢箱拱Ⅱ，钢箱拱Ⅰ的底板和钢箱拱Ⅱ的底板之间沿纵向并列布置底部预制板，钢箱拱Ⅰ的顶板和钢箱拱Ⅱ的顶板之间沿纵向并列布置顶部预制板，钢箱拱Ⅰ的底板和钢箱拱Ⅱ的底板分别横向向内侧延伸，底部预制板两端分别放在钢箱拱Ⅰ和钢箱拱Ⅱ底板的延伸部；所述顶部预制板两端和底部预制板两端与钢箱拱Ⅰ和钢箱拱Ⅱ之间、相邻底部预制板之间以及相邻顶部预制板之间通过现浇混凝土形成中间为混凝土箱结构的钢箱—混凝土组合箱板拱结构。该结构的施工方法如图2.3-11所示。

钢箱拱Ⅰ和钢箱拱Ⅱ内侧腹板外表面分别设置腹板加劲肋板，腹板加劲肋板上纵向布置横向通孔，横向通孔内穿入混凝土箱结构的腹板箍筋，在现浇混凝土后形成钢箱拱Ⅰ和钢箱拱Ⅱ与混凝土箱结构腹板联结的PBH剪力键。

钢箱拱Ⅰ和钢箱拱Ⅱ底板的延伸部与混凝土箱结构腹板内的箍筋底边焊接。

在钢箱拱Ⅰ和钢箱拱Ⅱ的跨中区段的顶板上部分别现浇顶部混凝土，顶部混凝土与顶部预制板通过现浇混凝土联结为一体。

钢箱拱Ⅰ和钢箱拱Ⅱ顶板外表面分别设置顶板加劲肋板，顶板加劲肋板上纵向布置横向通孔，横向通孔内穿入顶部混凝土箍筋，在现浇混凝土后形成钢箱拱Ⅰ和钢箱拱Ⅱ与顶部混凝土联结的PBH剪力键。

钢箱拱Ⅰ和钢箱拱Ⅱ的拱脚区段顶板和底板钢板厚度大于跨中区段顶板和底板钢板厚度。

钢箱—混凝土组合箱板拱结构的施工方法，包括以下步骤：

(1)预制钢箱拱Ⅰ和钢箱拱Ⅱ，钢箱拱Ⅰ和钢箱拱Ⅱ的底板分别设置横向延伸部，在桥位现场进行钢箱拱Ⅰ和钢箱拱Ⅱ的安装合龙施工。安装施工时，钢箱拱Ⅰ和钢箱拱Ⅱ的底板延伸部相对。

(2)沿拱纵向在钢箱拱Ⅰ和钢箱拱Ⅱ的底板延伸部上布置底部预制板，相邻底部预制板之间以及底部预制板与钢箱之间的接缝通过现浇混凝土联结为一体，沿钢箱拱Ⅰ和钢箱拱

Ⅱ内侧腹板外表面现浇混凝土，形成混凝土箱结构腹板，并在现浇过程中，使混凝土箱结构腹板与钢箱拱Ⅰ和钢箱拱Ⅱ内侧腹板联结为整体。

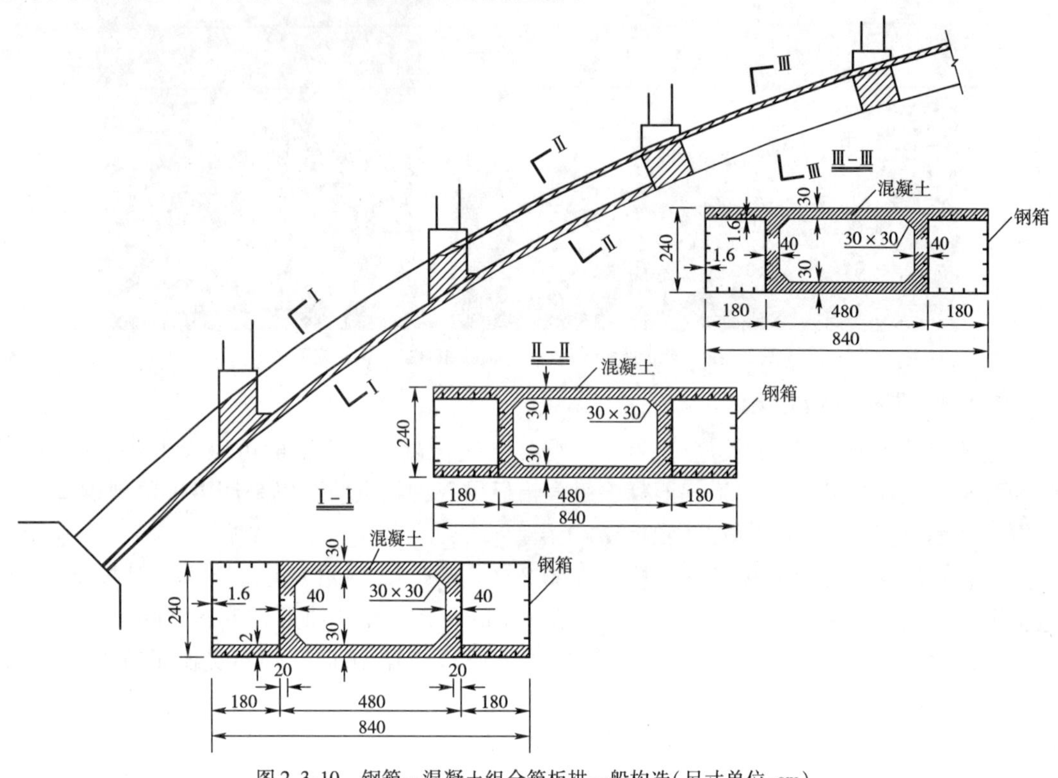

图 2.3-10　钢箱—混凝土组合箱板拱一般构造(尺寸单位:cm)

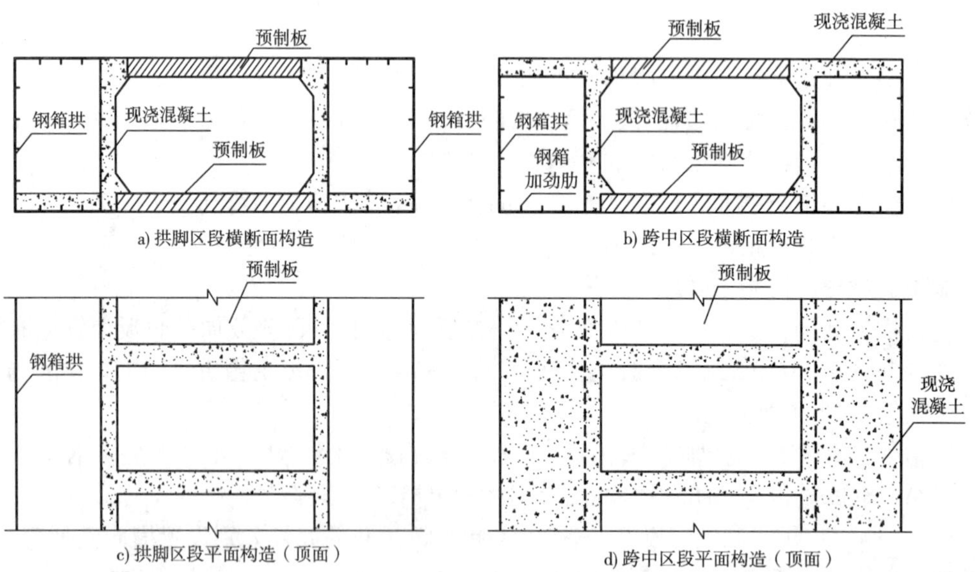

图 2.3-11　钢箱—混凝土组合箱板拱混凝土施工方法

(3)混凝土箱结构腹板达到设定强度后，沿拱纵向在混凝土箱结构腹板上布置混凝土箱结构顶部预制板，相邻顶部预制板之间通过现浇混凝土联结为一体，将顶部预制板两端与钢箱拱Ⅰ和钢箱拱Ⅱ腹板通过现浇混凝土联结为整体。

步骤(2)中,在现浇混凝土箱结构腹板前,在钢箱拱Ⅰ和钢箱拱Ⅱ内侧腹板外表面分别设置腹板加劲肋板,腹板加劲肋板上纵向布置横向通孔,横向通孔内穿入骨架钢筋兼作钢箱拱Ⅰ和钢箱拱Ⅱ腹板与混凝土箱结构腹板联结的PBH剪力键。

步骤(3)中,在钢箱拱Ⅰ和钢箱拱Ⅱ的跨中区段的顶板上表面分别现浇顶部混凝土,顶部混凝土与顶部预制板通过现浇混凝土联结为一体,浇筑前,钢箱拱Ⅰ和钢箱拱Ⅱ顶板外表面分别设置顶板加劲肋板,顶板加劲肋板上纵向布置横向通孔,横向通孔内穿入骨架钢筋兼作钢箱拱Ⅰ和钢箱拱Ⅱ顶板与顶部混凝土联结的PBH剪力键。

步骤(2)中,在现浇混凝土箱结构腹板前,将箍筋底部与钢箱拱Ⅰ和钢箱拱Ⅱ底板的延伸部焊接。

钢箱—混凝土组合箱板拱结构采用先制作安装两平行钢箱拱及其横向联系,并以此为支撑布置混凝土箱结构底部预制板和顶部预制板,通过现浇混凝土使两侧钢箱与混凝土箱结构底部预制板和顶部预制板联结成为整体的钢箱—混凝土组合箱板拱结构,由于采用空钢箱成拱,自重轻、设备简单、易控制、安全快捷、无开裂优患、无需大型预制场地及吊运设备,有利于向大跨径桥梁结构方向发展;在已形成的钢箱拱空间结构上布置中箱混凝土预制底板和顶板,通过现浇混凝土形成整体的钢箱—混凝土组合箱板拱结构,具有良好的强度和抗变形能力,克服了现有技术中支架现浇混凝土拱箱、预制安装混凝土拱箱或劲性骨架拱外包混凝土的施工复杂、设备要求高、风险大、工期长的弱点,具有很好的综合技术和经济效益;对钢箱的加劲肋板开孔并穿入相应的钢筋兼作联结钢箱与混凝土的PBH剪力键,不另增加因钢箱与混凝土结合所需的专用剪力键,既节省材料,又简化施工,且联结性能可靠,具有较强的抵抗冲击、疲劳和反复荷载作用的能力。

2.4 钢箱—混凝土组合拱桥的施工技术

由于钢箱—混凝土组合拱桥的主拱结构的主体部分为钢箱,在钢箱合龙后浇筑混凝土,因此相比较于常规混凝土拱桥及钢拱桥而言,钢箱—混凝土组合拱桥的施工技术有其特有的技术特点。

2.4.1 钢箱拱肋吊装施工法

普通钢筋混凝土拱桥采用分段缆索吊装时,施工节段较多,制作精度要求高,吊装设备较多,而且当每段拱肋吊装扣挂后,段与段之间的接头多采用钢筋焊接接头或者角钢顶接接头,接头混凝土一般要等到跨中合龙后方可进行,所以在计算时,段与段之间的接头只能按照铰接计算进行(图2.4-1)。因此,在施工过程中,普通钢筋混凝土拱桥的稳定性是比较差的。

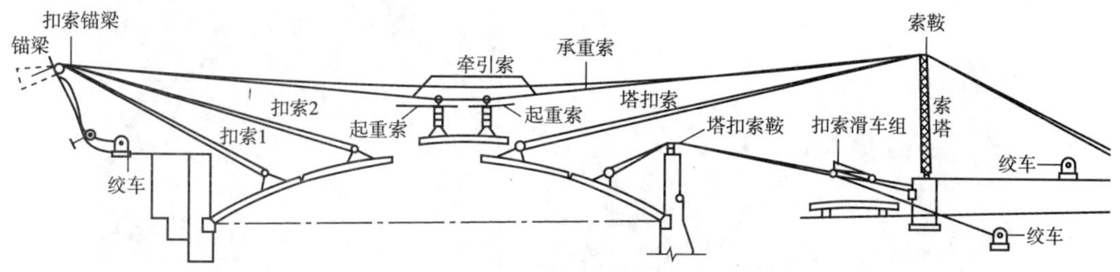

图2.4-1 普通钢筋混凝土拱桥吊装示意图

钢箱—混凝土组合拱桥采用缆索吊装施工时,其施工稳定性优于普通钢筋混凝土拱桥:吊装施工时,吊装的是空钢箱,重量轻,分段少;由于其采用的是钢箱截面,所以当吊装扣挂之后,段与段之间采用的是全截面焊接,结构为整体曲线钢箱梁,在计算时,段与段之间的接头可按照固结计算,这样施工过程中的稳定性大大提高(图 2.4-2)。

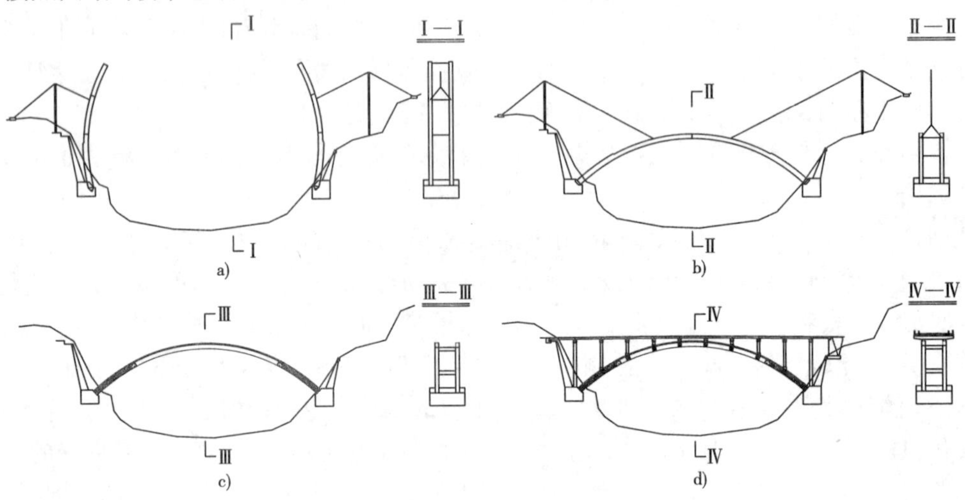

图 2.4-2　钢箱—混凝土组合拱桥吊装示意图

2.4.2　竖转施工法

钢箱—混凝土组合拱桥按竖转施工时(图 2.4-3),将主拱划分成左右两个半拱,在扣索的帮助下由上至下竖转合龙,半拱表现为静定的曲线钢梁结构,拱肋截面可能受拉压,钢箱结构有足够承受拉压的能力,截面没有开裂问题;而且钢箱拱肋自重轻,自重内力小,所需要的转体设备较少。

图 2.4-3　钢箱—混凝土组合拱桥竖转施工

普通钢筋混凝土拱肋与之相比,因为采用的是普通钢筋混凝土材料,在竖转过程中,当截面弯矩较大时,拱箱易出现裂缝,欲使钢筋混凝土拱肋在竖转过程中整体处于受压状态,需采取增加临时预应力束等系列措施,施工工艺繁琐复杂,结构行为较难控制;另一方面,钢筋混凝土拱肋自重很大,如转体的话,需要的转动铰及转体设备庞大复杂,费用高昂。

2.5　钢箱—混凝土组合拱桥与混凝土拱桥的比较

2.5.1　构造特点比较

截面形式:一般常规拱桥在受力差异较大的主拱各区段均采用矩形或者箱形截面的等截面混凝土拱肋,钢箱—混凝土组合拱桥根据其设计理念及受力的需要,在拱脚附近和跨中附近采用完全不同的截面组合形式,如在拱脚附近采用刚度和强度较大的方钢箱混凝土截面,而在下缘可能受拉的跨中区段可以采用箱顶浇筑混凝土、箱底无混凝土的截面形式。

外观线形:常规拱桥具有连续光滑的外观线形,其拱轴线也相应连续光滑。钢箱—混凝土组合拱桥虽然也具有连续光滑的外观线形,但是由于拱顶和拱脚区段拱肋截面的不一致性,钢箱—混凝土组合拱桥实际是线形分段连续且有转折的拱轴线。

2.5.2　受力特点比较

施工阶段受力:常规拱桥由于难以实现主拱的一次性到位,需要通过施工过程中不断的体系转换完成主拱修建,这必然导致了拱肋在各体系转换过程中的受力差异。以缆索吊装法为例,在拱肋预制后,分段拱肋吊装至桥位处时,拱肋受到扣索的多点约束,约束后的拱肋类似于带外伸臂的悬臂曲梁,以受正弯矩和负弯矩为主。成桥合龙后,拱肋一般以受压控制,这使得拱肋在施工和设计过程中需要分别进行设计;对于钢箱—混凝土组合拱桥而言,若采用竖向转体施工法的话,拱肋在未合龙前主要以竖向受压为主,与成桥后的设计受力大致相同,避免了多种受力导致的成桥后赘余。

2.5.3　延性抗震能力比较

从材料上来说,混凝土由于受压破坏时的明显脆性和薄弱的受拉能力,被公认为延性较差的工程材料。钢筋混凝土中由于钢筋的存在,改善了材料的延性,合理的配筋可以实现钢筋混凝土塑性铰。钢材由于其有良好的抗拉抗压性能,理想的弹—塑—强化材料本构关系使其从材料层面上表现出非常优越的延性。

研究表明,从桥梁结构形式上看,震区最适合的桥梁形式为梁式体系,因为梁式桥不仅具有一般施工上的优点,还具有体系简单、地震荷载作用下受力明确、加固简便及震后抢修容易等优势。其中简支梁桥表现得最为突出。而仅从抗震避能而言,因为连续梁跨内可以形成多处塑性铰以卸载地震作用产生的突发能量,甚至比简支梁桥更为优越。无推力的下承式拱桥与组合式上部结构拱式桥,其抗震能力与梁桥可以等量齐观,但如果考虑到其内部各杆件间竖向和水平的地震效应以及杆件间的联合作用,则受力明显复杂,且有较多的不确定因素。

钢箱—混凝土组合拱桥与常规混凝土拱桥不同,其主拱圈采用了较多的钢材,从材料性能上看,采用较多钢材的主拱结构的延性及抗震能力要优于常规混凝土拱桥。而比较受力机理,泊松效应作用下的混凝土侧向膨胀直接引发地震作用下的混凝土拱肋压碎,拱脚区段的钢箱内填混凝土的截面形式中钢箱能够阻止混凝土的侧向膨胀，在轴力的作用下抵抗泊松效应维持核心混凝土的完整性，而套箍效应则进一步提高混凝土的极限压应力和极限压应变能力，从而改善主拱延性；拱顶区段拱肋变化的截面形式调整了拱轴线的允许压力线的关系，使拱顶区段的正弯矩承载能力提高，受力接近于梁式桥。综上所述，钢箱—混凝土组合拱桥与常规混凝土拱桥相比，其延性及抗震性能明显得到了改善。

2.5.4 施工工艺的比较

施工工期与安全性：常规混凝土拱桥不论是支架法施工或是缆索吊装法施工，一般而言其工期均较长，且合龙前施工风险较大，已发生的多起混凝土拱桥施工事故均发生在合龙前的施工过程中。因此，钢箱—混凝土组合拱桥通过工厂或现场制作分段拱肋、竖转或吊装钢箱拱、双肋同时合龙的方式以在尽量短的时间内完成该高风险施工阶段。钢箱由于材料强度高、重量轻，其分段长度可以尽量加长。已有工程实践证明，均可将该高风险转体合龙的过程控制在数小时内完成，施工工期和工程风险期的缩短显著提高了钢箱—混凝土组合拱桥的安全性。

结构的整体性：混凝土拱桥中由于混凝土自重较大，主拱分段多，接缝也多，一般而言该接缝通过高空现浇加以连接，混凝土的质量难以保证，常规混凝土拱桥上的多道上述接缝事实上会造成拱桥设计状态与实际状态的偏差，结构的整体性较差。钢箱—混凝土组合拱桥中的接缝主要为钢箱接缝，该接缝可以通过焊接连接，其质量有现成的质量保证体系加以控制，因此钢箱—混凝土组合拱桥在结构的整体性上明显优于常规混凝土拱桥。

2.5.5 钢箱—混凝土组合拱桥的弱点

钢箱—混凝土组合拱桥主拱结构采用了先钢箱成拱，后按要求施工混凝土形成的组合结构，其主要施工环节基本可实现量化的质量检验，这是其一大优点。但与此同时，主拱钢箱结构的施工是技术含量很高的工作，需要专业化的施工队伍和专门的机具设备，致使其造价相对混凝土拱桥偏高；另一方面，钢箱—混凝土组合拱桥存在显性的定期涂漆维护问题，使其名义维护费用相对较高。但混凝土拱桥尚存在质量不稳定问题，由此需支付的后期维护费用具有不确定性，不利情况下可能远高于钢箱—混凝土组合拱桥。

钢箱—混凝土组合拱桥克服了钢筋混凝土及钢管混凝土中截面组合僵硬、焊缝多、工艺复杂、力学性能差、节点多等缺点，根据截面内力组合对钢箱和混凝土进行灵活组合，由混凝土抗压及提供刚度，而钢箱受拉及提供足够梁高保证抗弯刚度，因此可以以较少的混凝土和钢材承受荷载，减少材料和自重；此外，钢箱的焊缝均为直线形焊缝，且没有钢管桁架拱或多管钢管混凝土拱桥的众多节点，减少了施工难度及工程隐患。

第3章　PBH 剪力联结构造力学性能试验研究

剪力键是保证主拱结构中钢箱与混凝土共同工作的关键受力部件，其主要功能包括两点：一是抵抗钢箱和混凝土界面处的水平力，避免两者间沿界面的相互滑移；二是抵抗混凝土与钢箱之间的掀起效应。最早的组合结构剪力联结构造是铆钉、焊接角钢、突出的螺杆等机械连接件，使钢和混凝土这两种弹性模量有很大差别的材料在这些剪力键的帮助下共同工作。

3.1　常用剪力联结构件分类

经过各国学者的研究和实践，通过研究剪力件的传力机理和功能后，许多简单、经济、可靠的剪力联结构件形式被开发出来，其中常用的剪力连接件有栓钉连接件、钢筋连接件、高强螺栓连接件、PBL 剪力连接件和型钢连接件等多种形式。

按照剪力键在结构中的工作原理和破坏形态的不同，可以将剪力连接件划分为柔性剪力件和刚性剪力件。柔性剪力件刚度较小，在接触面上的剪切力的作用下会变形。栓钉、高强螺栓连接件以及各种形式的钢筋连接件均属柔性剪力件。

刚性剪力件在工作形态和破坏形态上与柔性剪力件有明显区别。刚性剪力件以 PBL 和 T 形刚性剪力键最为典型，而栓钉为典型的柔性剪力连接件。典型的刚性剪力键和柔性剪力键如图 3.1-1 所示。

图 3.1-1　常用剪力键形式

3.2 PBH 剪力联结构造的基本概念

3.2.1 PBH 剪力联结构造的构造原理

1)PBL 剪力键构造

PBL 剪力键(图 3.2-1)由带孔钢板和混凝土构成,钢板孔内分为有钢筋和无钢筋两种,工作原理是以穿孔的钢筋混凝土榫或素混凝土榫抵抗界面剪力。PBL 剪力键具有施工简单可靠的优点。研究表明,在剪切力的作用下,钢板受力前方混凝土将受到钢板的冲切力,该力将可能在钢板前端混凝土处产生微裂缝并最终发展成纵向劈裂缝。PBL 剪力键已被大量用于国内外多座桥梁中。

2)PBH 剪力联结构造

针对钢箱—混凝土组合拱结构特点,作者提出了一种带孔加劲肋套箍剪力联结构造(Perfobond Hoop, 以下简写为 PBH 剪力联结构造)。PBH 剪力联结构造将设置于钢箱与混凝土的接触面处的钢箱顶板的加劲肋按一定间距挖孔,圆孔内穿入箍筋,浇筑混凝土后,混凝土和钢箱界面间的剪力通过加劲肋圆孔内的混凝土柱共同抵抗。PBH 剪力联结构造不需要增加专门剪力联结构造,能够确保钢箱顶板其上与混凝土的联结可靠性(图 3.2-2)。

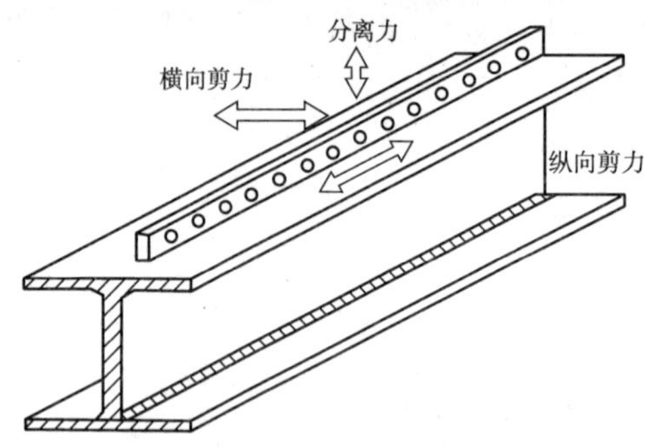

图 3.2-1 PBL 剪力键构造

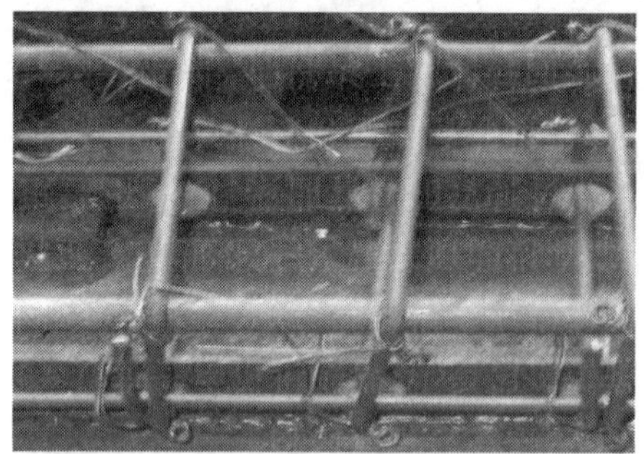
图 3.2-2 PBH 剪力联结构造局部构造

PBH 剪力联结构造由加劲肋与钢筋骨架中的箍筋共同构成,在构造上没有单独增加任何新构件,实现了混凝土与钢箱的协同受力,明显简化了构造、方便了施工。同时,混凝土内的箍筋穿过 PBH 剪力联结构造内的圆孔,将箍筋同时用作于 PBH 剪力联结构造中的销栓钢筋(图 3.2-3)。作者研究表明,PBH 联结构造可以有效地连接钢箱和混凝土,在达到承载力破坏前,钢箱与混凝土之间几乎没有滑移变形。同时,PBH 剪力联结构造亦增强了钢箱顶板的加劲肋,提高了钢箱顶板的纵向稳定性。因此,PBH 剪力联结构造是钢箱—混凝土组合构件剪力连接件的合适选择。作者提出的钢箱—混凝土组合压弯构件的截面形式见图 3.2-3,钢箱与混凝土之间采用 PBH 剪力联结构造相连。

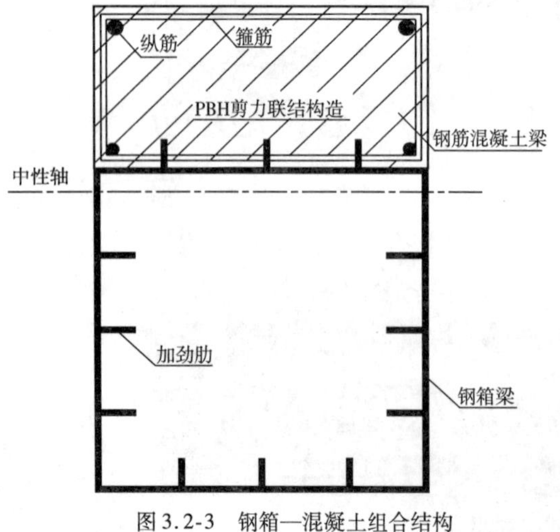

图 3.2-3 钢箱—混凝土组合结构

PBH剪力联结构造是在PBL剪力键的研究基础上发展而来，与PBL剪力键类似，PBH剪力联结构造的抗剪力主要由孔内钢筋混凝土榫构成。此外，PBH剪力联结构造一个重要的特点是其穿过带孔加劲肋的钢筋是钢箱上方混凝土中钢筋骨架的一部分。由于混凝土受到箍筋套箍作用的影响，钢筋混凝土榫的抗压和抗剪性能均得到了改善，贯穿钢筋作为钢筋骨架中箍筋的一部分，变形受到了纵筋和混凝土的约束。PBL剪力键由圆孔混凝土、销栓钢筋共同参与抗剪，除圆孔内混凝土外，参与抗剪的混凝土还包括PBL剪力键开孔钢板附近1～2倍销栓钢筋直径范围内的钢筋混凝土包裹层。PBH剪力联结构造由于抗剪钢筋与箍筋合为一体，且与架立钢筋及纵向受压钢筋形成钢筋骨架，因此，该钢筋骨架内的混凝土将不同程度地参与到界面抗剪中。

与PBL剪力键相比，PBH剪力联结构造中的钢筋骨架通过与加劲肋的连接，与钢箱成为整体。因此箍筋包裹的混凝土与钢箱顶板通过PBH剪力联结构造成为一个组合的结构层，该结构层的混凝土在受力时将会受到箍筋、钢箱顶板及顶板加劲肋的共同约束，这种约束与PBL剪力键里只受到加劲肋高范围内的混凝土约束情况有明显不同。约束混凝土的钢材具有高弹性模量、高变形能力和高强度的材料优势，可以有效地改善约束区混凝土的抗拉、抗压等受力性能。因此对PBH剪力联结构造而言，钢筋骨架的刚度越大，其对钢箱上方混凝土的约束越强，则钢箱—混凝土组合构件的界面受力性能得到越大的改善。

如图3.2-4所示，PBH剪力联结构造和PBL剪力键中的Ⅰ层混凝土均受到了钢箱顶板和加劲肋的约束，但PBH剪力联结构造中混凝土还受到了箍筋的约束(图3.2-4)，因此，在同等条件下，PBH剪力联结构造中的Ⅰ层混凝土约束效应强于PBL剪力键；同样，PBL剪力键中的第Ⅱ层混凝土几乎没有受到约束，基本上是单轴受力，而PBH剪力联结构造中的Ⅱ层混凝土受到了箍筋和钢筋骨架的约束，因此Ⅱ层混凝土的受约束效果更好，可与方箍筋混凝土相比。由于PBH剪力联结构造中的混凝土受到较强套箍作用的影响，钢筋混凝土榫的抗剪作用提高，混凝土的受压性能亦得到提高。

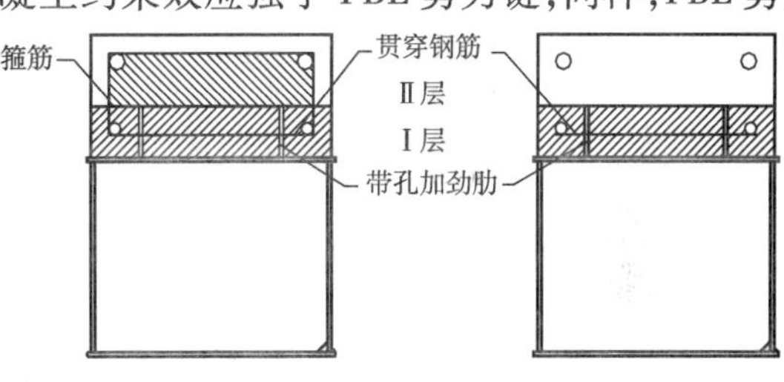

图3.2-4　PBH剪力联结构造和PBL剪力键中混凝土受约束情况比较

3.2.2　PBH剪力联结构造的传力机理

图3.2-5为PBH剪力联结构造与PBL剪力键受力比较图示，由图可知，PBL剪力键主要依靠单一钢筋混凝土榫的销栓力孤立抵抗界面剪力，而PBH剪力联结构造采用了与纵筋构成钢筋骨架中的箍筋作为贯穿钢筋，因此钢筋混凝土榫可以与纵筋及整个箍筋一起协同抵抗界面剪力。图3.2-5中单独示出了钢筋混凝土榫的受力简图：PBL剪力键中的钢筋混凝土榫只在与加劲肋相交的位置受到加劲肋的约束，界面剪力作用在榫上时，相当于带悬臂的简支梁的受力模式；而PBH剪力联结构造中的钢筋混凝土榫由于在受到包括纵筋及箍筋其他部分在内的整个钢筋骨架的共同约束，其受力模型相当于三跨连续梁。由于PBH剪力联结构造和PBL剪力键均通过销栓力抵抗界面剪力，因此，从受力图式可以看出，在相同剪力作用下，PBH剪力联结构造中的销栓力小于PBL剪力键，当钢筋直径及混凝土强度等因素相同的情况下，PBH剪力联结构造显然具有更大的抗剪能力。

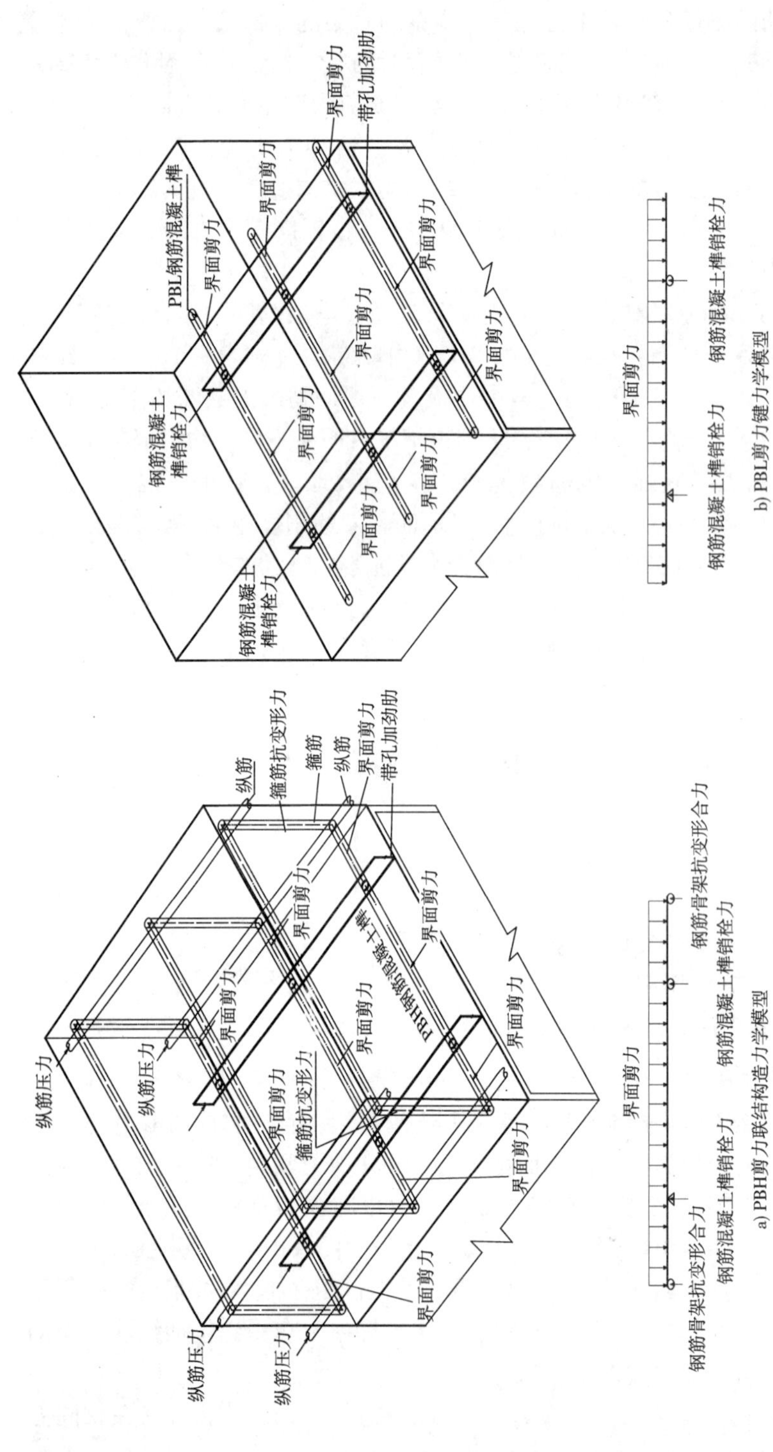

图 3.2-5　PBH 剪力联结构造和 PBL 剪力键力学模型图

钢筋混凝土榫后方的混凝土压碎亦是类似 PBL 剪力键和 PBH 剪力联结构造型剪力件破坏的一种形式,因此,下面将分析 PBH 剪力联结构造和 PBL 剪力键两种剪力键中榫后混凝土的受力情况。

同样由图 3.2-5 的钢筋混凝土榫的受力模型得出,由于连续梁和带悬臂简支梁在界面剪力作用下的抵抗变形能力的不同,其变形的值的大小不同(图 3.2-6)。因此,可以得出,PBH 剪力联结构造和 PBL 剪力键中的钢筋混凝土榫对榫后混凝土的压应力大小亦不相同。PBH 剪力联结构造中混凝土的压应力明显小于 PBL 剪力键。

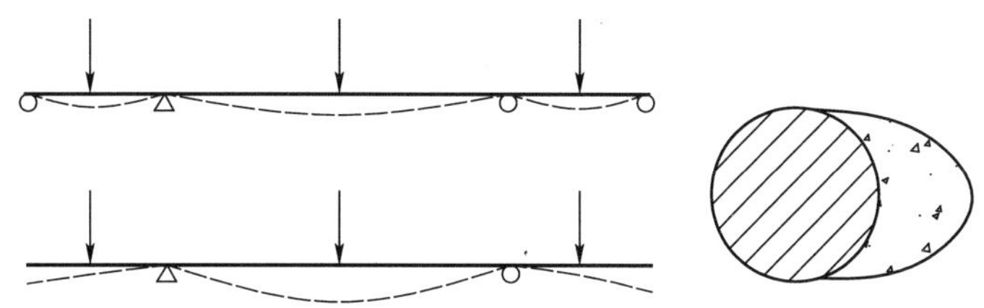

图 3.2-6　PBH 剪力联结构造和 PBL 剪力键榫后混凝土变形比较

PBH 剪力联结构造另一个重要特点是相邻孔间的钢筋混凝土榫由于受到钢筋骨架的连接,相互间可以协同受力变形。剪力连接件所抵抗的界面剪力大小与其在构件中的位置弯矩有关,发生的变形也不同。PBH 剪力联结构造通过钢筋骨架,可以传递相邻的剪力和变形,从而使得相邻 PBH 剪力联结构造的钢筋混凝土榫受力更均匀。

由此可以得出 4 个重要结论:

(1)在相同界面剪力作用下,钢筋骨架混凝土包裹中的 PBH 剪力联结构造箍筋混凝土榫强度大于 PBL 剪力键,从而在孔径和钢筋直径相同时,PBH 剪力联结构造的钢筋混凝土榫抗剪承载力大于 PBL 剪力键。

(2)由连续梁和简支梁的受力特点可以得出,在相同界面剪力的作用下,PBH 剪力联结构造中钢筋混凝土榫的最大变形值小于相应 PBL 剪力键,从而 PBH 钢筋混凝土榫后受压区混凝土所受的压力小于 PBL 剪力键。

(3)相邻 PBH 剪力联结构造之间所受剪力更为均匀。

(4)约束混凝土与钢筋的互为增强作用强化了 PBH 剪力联结构造的抗剪作用。

由于 PBL 剪力键和 PBH 剪力联结构造的最大抗剪承载力是由钢筋混凝土榫和榫后混凝土的承载力和实际受力决定,因此综合上述结论,PBH 剪力联结构造的抗剪承载力大于 PBL 剪力键。

3.3　PBH 剪力联结构造力学性能试验模型设计

3.3.1　试验目的

为了更直观地研究钢箱—混凝土组合结构中 PBH 剪力联结构造的工作性能,了解 PBH 剪力联结构造全过程力学行为,研究贯穿钢筋直径、开孔间距等参数变化下 PBH 剪力联结构造抗剪性能影响,比较 PBH 剪力联结构造、PBL 剪力键和刚性鞍形剪力键的抗剪性能指标,开展了 PBH 剪力联结构造抗剪推出试验。试验中对 PBH 剪力联结构造影响参数进行分析,提出供设计参考使用的 PBH 剪力联结构造抗剪承载力公式,并提供试验依据。

3.3.2 试件的设计

本次试验根据欧洲结构协会 ECSS 推荐的受剪试件推出试验的建议尺寸及配筋要求，同时考虑试验室具体条件，设计了三种剪力连接件，共 9 个试件。试件中的混凝土构件大小为 180mm×220mm×240mm，钢箱的大小为 100mm×220mm×240mm，钢板厚 6mm。钢箱顶板外侧设置了两个加劲肋，肋板厚 6mm。试件情况见表 3.3-1，图 3.3-1～图 3.3-3 为试件的构造图。

剪力键试件分类(单位:mm)　　表 3.3-1

序　号	试 件 型 号	钢板开孔间距 D	钢 筋 直 径	开孔孔径 d
1	标准型 PBH 剪力联结构造	120	8	30
2	箍筋减细型 PBH 剪力联结构造	120	6	30
3	箍筋加粗型 PBH 剪力联结构造	120	10	30
4	间距减小型 PBH 剪力联结构造	90	8	30
5	有贯穿钢筋 PBL 剪力键	120	8	30
6	无贯穿钢筋型 PBL 剪力键	120	—	30
7	鞍形剪力键	120	8	30
8	钢筋减细型鞍形剪力键	120	6	30
9	钢筋加粗型鞍形剪力键	120	10	20

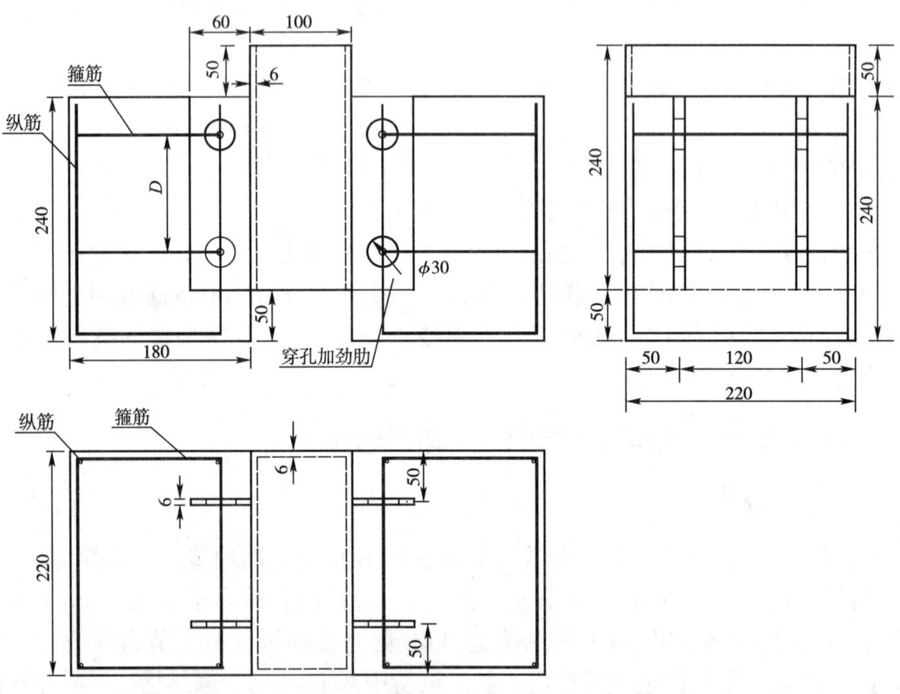

图 3.3-1　PBH 剪力联结构造试件设计图(尺寸单位:mm)

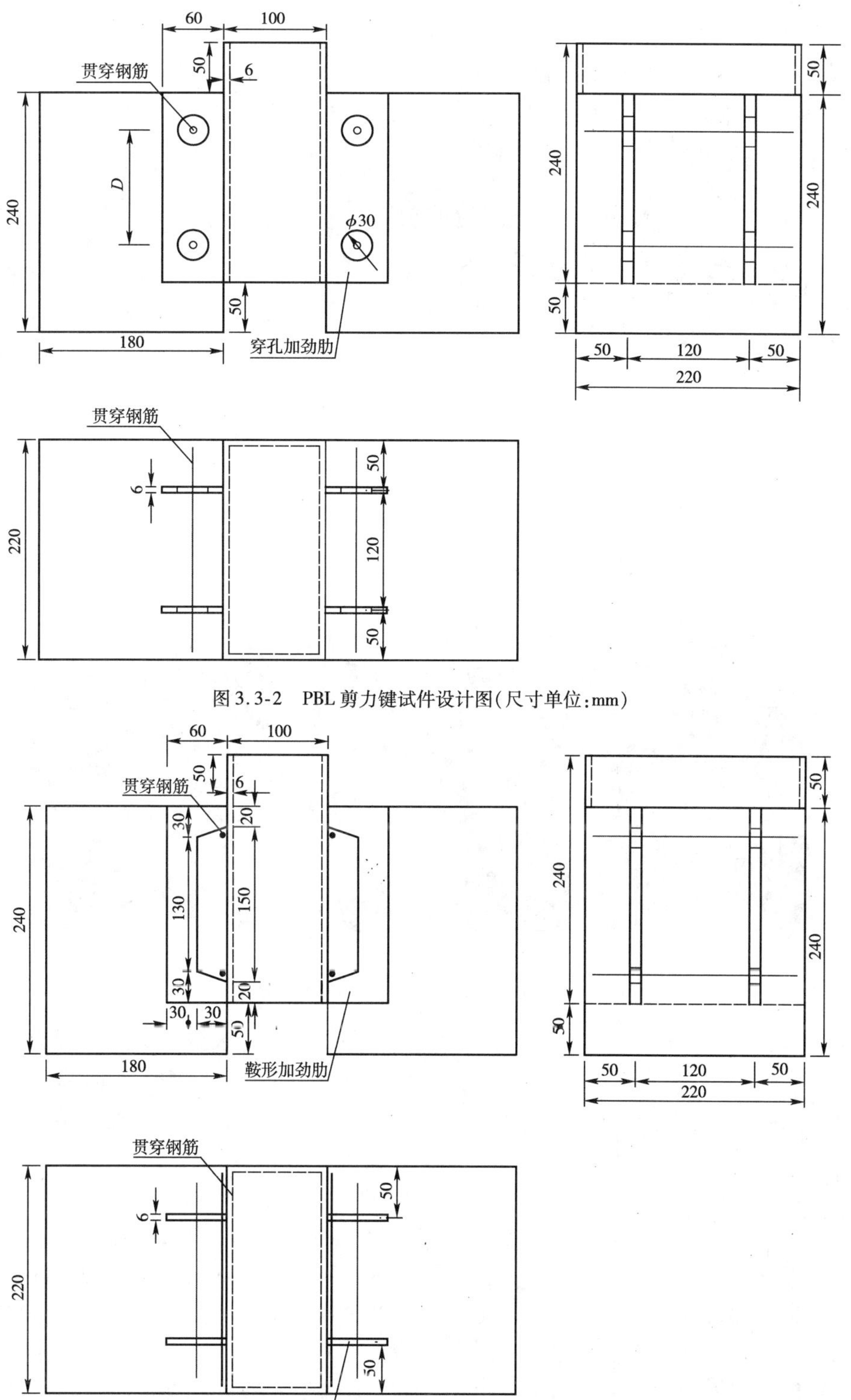

图 3.3-2　PBL 剪力键试件设计图(尺寸单位:mm)

图 3.3-3　鞍形剪力键试件设计图(尺寸单位:mm)

3.3.3 试件制作

三类剪力键的钢箱及钢板采用的材料均为 Q235 钢，各试件尺寸见图 3.3-4。试件 28d 混凝土标准立方体抗压强度为 47.4MPa，实测弹性模量 3.35×10^4MPa。

图 3.3-4 试件钢箱通过钢筋的联结构造

3.3.4 试验加载方式及测试方法

本次试验在重庆交通大学结构试验室进行，试件在万能试验机上直接加载，如图 3.3-5 所示。图 3.3-5 和图 3.3-6 为试验的具体加载方式、加载位置和百分表安装位置。其中百分表用来测试钢箱测点和混凝土测点间的相对滑移量。

a)

b)

图 3.3-5 加载方式、加载位置和百分表安装位置

在加载前先根据 PBL 剪力键的设计理论预估剪力键的设计荷载 F。加载中首先预压 2 次 $0.2F$，每次持荷 5min，通过预载消除非弹性变形等的影响；预载完成后开始正式加载测试工况。加载顺序依次为：$0F\to0.04F\to0.1F\to0.14F\to0.2F$，加卸载三次；$0F\to0.04F\to0.1F\to0.14F\to0.2F\to0.26F\to0.32F\to0.38F\to0.44F\to0.5F$，加卸载三次；最后以 $0.1F$ 为步长加载至试件破坏。试验过程中需要记录加卸载过程中的每级荷载对应的位移及相应的试验现象，捕捉试验的开裂荷载和破坏荷载。

图 3.3-6 剪力键试验测点布置

3.4　PBH剪力联结构造的抗剪刚度及承载力

本次试验中对剪力键的抗剪刚度、承载力及延性等进行了相应的研究，由于迄今为止，国内外对于剪力键的以上概念没有达成共识，因此，有必要在介绍本次试验结果之前，对作者使用到的以上概念进行定义。

3.4.1　荷载—滑移曲线及抗剪刚度

钢与混凝土连接剪力键的荷载—滑移曲线是表征试验力与变形的广义本构关系的曲线，其竖坐标为钢箱上方加载值，横坐标为钢箱—混凝土界面相对位移值。如果将竖坐标换算为界面处的剪应力值，则该曲线为剪应力—滑移曲线，这样的曲线更适用于不同类型构件间的比较。

剪力键百分表测试的是试件钢箱测点和混凝土表面测点之间的相对滑移变形值。在此需要强调，由于试验测试条件所限，实测滑移量为位于钢箱中部的钢箱测点与位于界面外侧混凝土处的混凝土测点之间的相对变形值，无法测得界面两侧钢箱与混凝土紧邻位置的真实滑移值，试验测试值中包含了测点间由于弯曲变形产生的挠曲。

如图3.4-1所示，以试件顶部测点为例。试件钢箱中部测点为测点1，混凝土界面外侧混凝土处的测点为测点2，界面真实滑移值应为测点2和测点3间的滑移相对值。测点1和测点2之间存在的距离及它们之间包含弯曲变形导致实测结果明显大于真实滑移值。实测滑移=点2和点3之间界面滑移+点1和点3之间弯曲变形。测点1和测点3之间由于前述加载方式产生的弯矩作用下，产生弯曲变形，如图3.4-1所示，该变形的产生放大了测试滑移，因此，滑移测试值明显大于界面滑移值。同样，各试件中部和底部的测试点也存在以上问题。

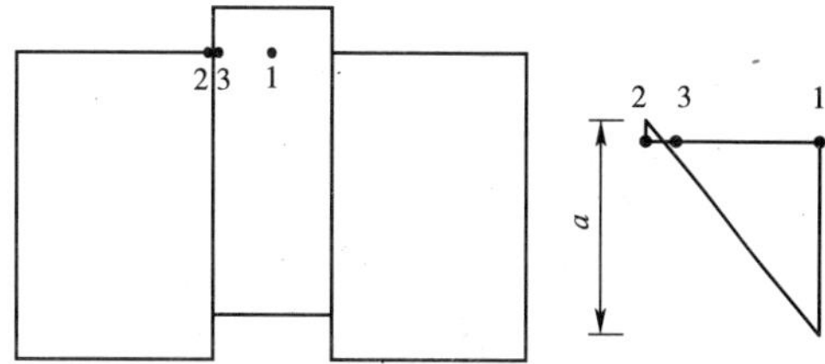

图3.4-1　实测滑移值与真实滑移值对比示意图

但是，考虑到各试件的测点位置相对固定，该滑移测试值仍可用于分析比较各试件的滑移情况。实测荷载—滑移曲线代表了百分表测试结果的平均值，反映了试件在荷载作用下的荷载—滑移全过程，其中横坐标表示钢箱相对混凝土的滑移量，纵坐标表示试件承受的外荷载大小。

剪力键的抗剪刚度是指剪力键所受剪力与界面滑移量之比，工程应用时主要关注刚度变化不大的弹性工作阶段抗剪刚度。由于一般的剪力键剪力—滑移曲线没有明显的直线段，在研究中提出了多种方法用于确定抗剪刚度。

1996年由日本钢结构协会（JSSC）制定的推出试验方法中明确定义其抗剪刚度为根据每个剪力连接件的剪力与滑移量的关系曲线，设定通过1/3最大抗剪承载力处的割线斜度为抗剪刚度。理由是通过大量试验发现此处的刚度基本可以反映剪力键的弹性刚度。

文献[24]是根据屈服荷载及其对应屈服滑移量来定义。理由是认为由于部分工程师认为工作荷载可以取至屈服荷载，因此按屈服荷载取抗剪刚度更保守。

作者根据试件初始弹性加载阶段的荷载值及其对应荷载滑移量进行抗剪刚度定义，相当于零点刚度。取值零点刚度的原因是因为,对于作者提出的 PBH 剪力联结构造而言,其加载初期表现出明显的线弹性受力状态,实际工程中 PBH 剪力联结构造主要受力阶段亦发生在该初始阶段,因此,取值零度刚度与工程应用相吻合。图 3.4-2 可以看出,以下三种定义抗剪刚度的大小关系为:本文方法 > JSSC 方法 > 文献[24]方法。

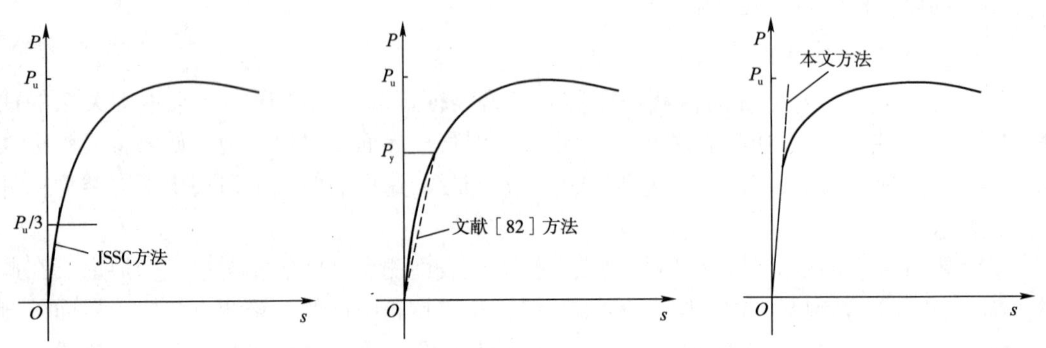

图 3.4-2 剪力键抗剪刚度的两种不同定义方法

3.4.2 屈服抗剪承载力和极限抗剪承载力

当荷载超过弹性极限后,钢与混凝土界面滑移量增加较快,此时除了产生弹性滑移外,还产生部分塑性滑移。当荷载达到图 3.4-3 中的点 P_0 后,塑性滑移量急剧增加,荷载滑移量出现小波动,这种现象称为屈服,对应的荷载为屈服承载力。试件的屈服抗剪承载力也可以说是指剪力与滑移量曲线开始显著倾斜时所对应的剪力值。

图 3.4-3 中,P 为施加的竖向荷载;s 是竖向荷载 P 作用下钢和混凝土界面处产生的滑移量。P_y 为试件的屈服抗剪承载力,s_0 为 P_y 作用下界面处滑移量;P_u 为试件极限抗剪承载力,s_u 为 P_u 作用下界面处滑移量。

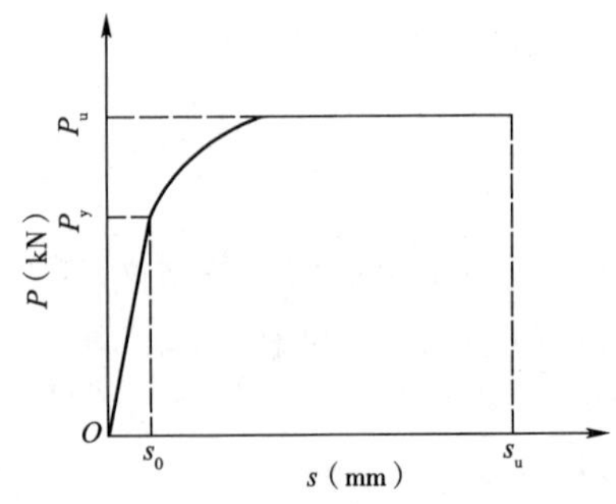

图 3.4-3 剪力键的荷载—滑移曲线

试件的抗剪屈服承载力即为荷载—滑移曲线图上的直线与曲线的明显拐点,该点表现为试验加载过程中的一个明显的停顿加载点。抗剪屈服承载力表征 PBH 剪力联结构造在工程中正常使用条件下保证基本弹性抗剪刚度下可以利用到剪力键的抗剪承载力,具有重要的工程意义。

如图 3.4-3 所示,在荷载—滑移曲线中,当加载值无法继续增加,荷载—滑移曲线中荷载值对应的最大荷载称之为剪力键的极限抗剪承载力。该值为剪力键最大的抗剪力。

3.5 试验情况

3.5.1 PBH 剪力联结构造的试验情况

1)PBH 剪力联结构造试验现象

(1)裂缝形态。PBH 剪力联结构造试件在加载过程中,在钢与混凝土的接触面下方首先产生界面裂缝,其后荷载增加引起混凝土侧面斜裂缝。破坏时,试件侧面楔形块逐渐剥落，此时，随荷载不断延伸的界面裂缝已向上贯通至界面全高，裂缝形态表现为下宽上窄。这样的裂缝形态是由于试件高度较低，在加载作用下，不仅受竖向剪力，在界面处将由于试件支撑于加载点的位置差产生弯矩，此时试件是在该弯剪共同作用下逐渐破坏。因此，弯矩作用下的上部混凝土受压，下部混凝土受拉。弯矩的作用使得试件有两边劈开的趋势。

(2)试件内部破坏形态。加载完成后，为进一步研究PBH剪力联结构造的破坏特征及其破坏机理，对试件进行了解剖，仔细观察了箍筋、带孔钢板及孔内混凝土的情况，发现以下现象：

①图3.5-1和图3.5-2是PBH剪力联结构造试件破坏后的照片，各个试件破坏形态相似。从图中可以看出，由于试件处于弯剪组合受力状态，顶部混凝土受压力与剪力共同作用，底部混凝土受剪力和拉力共同作用，最后导致试件破坏。

图3.5-1　PBH剪力联结构造试件裂缝分布图

②试件解剖过程发现，受到开孔钢板与箍筋约束的混凝土完整密实，其孔内混凝土没有明显剪切和压缩产生的变形和裂缝(图3.5-3)。除试件N4由于钢筋直径较细而导致的上方箍筋变弯成W形(图3.5-4)、下方箍筋在钢板圆孔处被剪断(图3.5-5)外，其余试件中所有的箍筋与架立钢筋均没有明显变弯。

图3.5-2　PBH剪力联结构造试件破坏后混凝土底部情况

图3.5-3　试件凿开混凝土后变形图

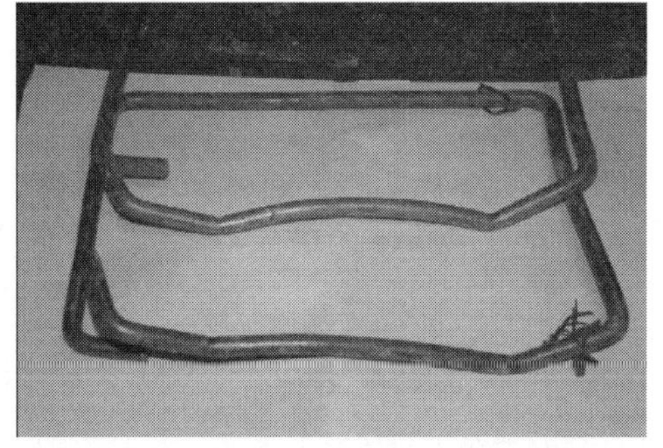

图3.5-4　试件4上两根箍筋变形成W形

图3.5-5　试件4下两根箍筋被剪断外观

2)荷载—滑移曲线

PBH 剪力联结构造试件在反复荷载作用下荷载—滑移曲线见图 3.5-6 ~ 图 3.5-8,全过程曲线见图 3.5-9 ~ 图 3.5-16。

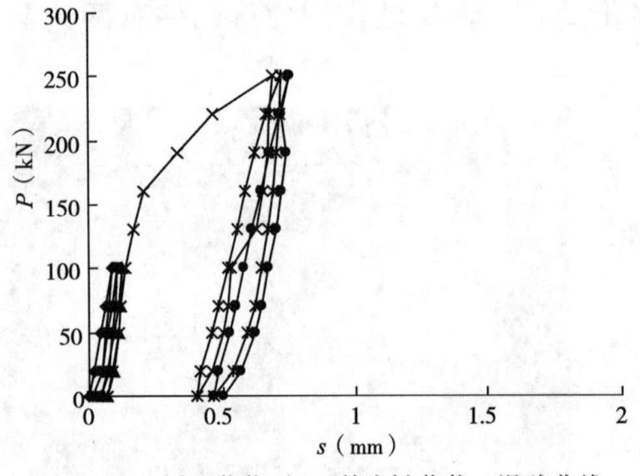

图 3.5-6　循环荷载下 N1 剪力键荷载—滑移曲线

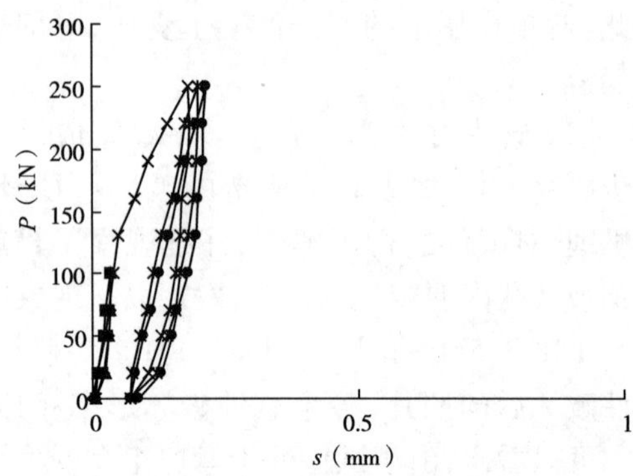

图 3.5-7　循环荷载下 N2 剪力键荷载—滑移曲线

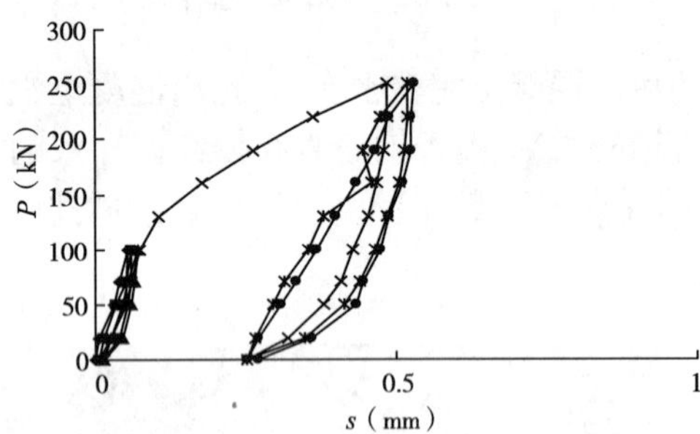

图 3.5-8　循环荷载下 N3 剪力键中部荷载—滑移曲线

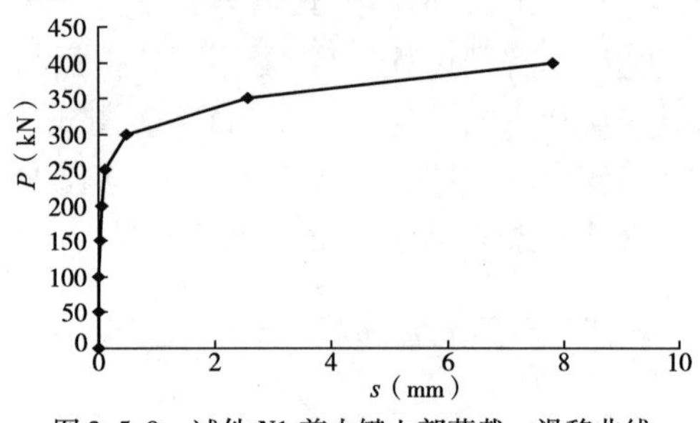

图 3.5-9　试件 N1 剪力键上部荷载—滑移曲线

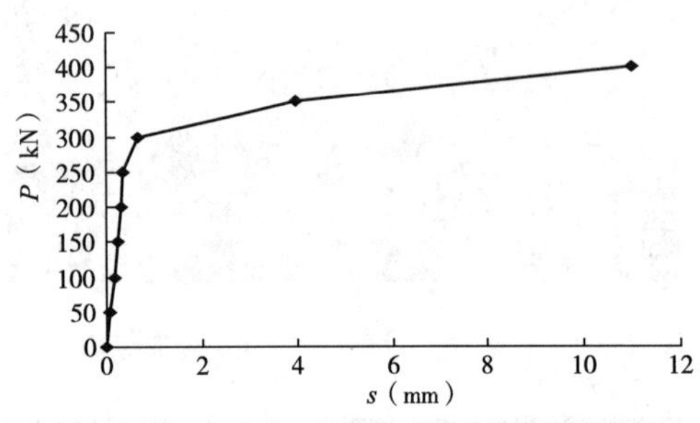

图 3.5-10　试件 N1 剪力键下部荷载—滑移曲线

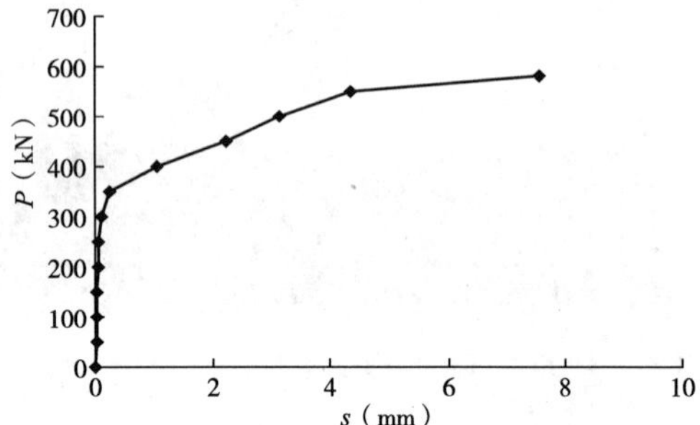

图 3.5-11　试件 N2 剪力键上部荷载—滑移曲线

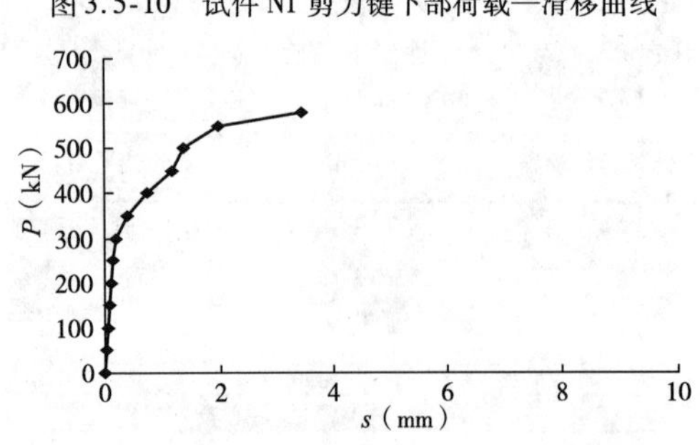

图 3.5-12　试件 N2 剪力键下部荷载—滑移曲线

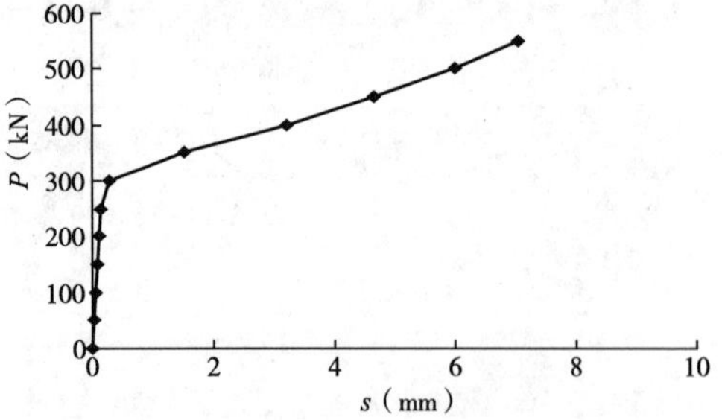

图 3.5-13　试件 N3 剪力键上部荷载—滑移曲线

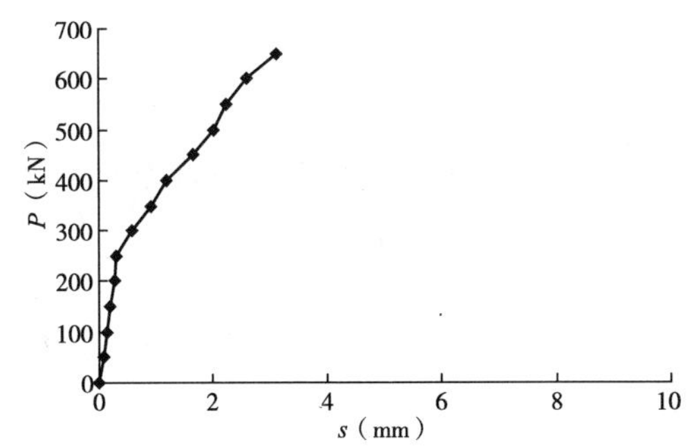

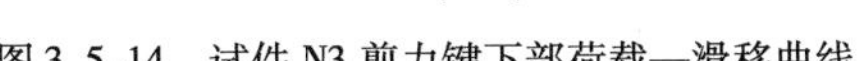
图3.5-14　试件N3剪力键下部荷载—滑移曲线

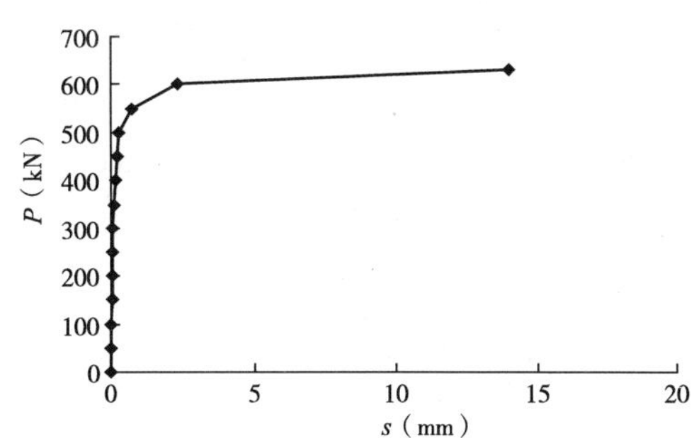

图3.5-15　试件N4剪力键上部荷载—滑移曲线

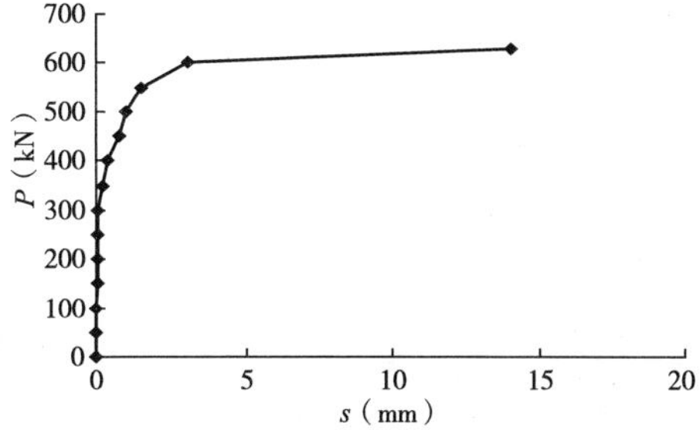

图3.5-16　试件N4剪力键下部荷载—滑移曲线

从循环荷载下的试件荷载—滑移曲线图3.5-6～图3.5-8中可以看出，在第一次反复加载过程中，荷载加至100kN时，N1～N4试件的荷载—滑移关系表现为线性关系，卸载后几乎无残余滑移量，说明试件处于弹性工作状态。第二次反复加载过程中，荷载加至250kN时，N1～N4试件剪力键荷载—滑移曲线仍表现出明显的线性变化特征，基本与第一次加载曲线平行。此次重复加载卸载后残余滑移量略有增加，其中N1试件残余滑移量为1.04mm，相对略大，N2试件残余滑移量最小为0.085mm。

反复加载结果表明，PBH剪力联结构造在整个加载过程表现出了较高的初始刚度，卸载后残余滑移量较小，构件处于较理想的弹性工作状态。

从试件加载全过程（图3.5-9～图3.5-16）可以看出，弹性阶段滑移值较小，此时剪力主要由钢箱与混凝土之间的摩擦力和黏结力、钢筋混凝土榫以及带孔钢板下方的混凝土承担。继续加载进入非弹性阶段，钢箱与混凝土开始界面剥离，箍筋由于受到了钢筋骨架的约束，通过提高混凝土榫的抗剪强度和抗剪刚度的方式阻止界面剥离。随着荷载进一步增加，进入塑性阶段，变形发展迅速，界面处的摩擦力和黏结力已经基本破坏。在三向受力区域的混凝土仍保持密实，但约束区外的混凝土开始剥落。随着荷载的进一步增加，混凝土裂缝逐渐向下及周边发展，出现了多条斜裂缝，最终局部混凝土被压碎，构件退出工作。

3）主要试验结果

由试验得出，PBH剪力联结构造在混凝土强度等级、孔径、孔洞数及开孔钢板厚度等参数相同的情况下，其抗剪承载力明显受到箍筋直径及开孔间距影响。试件的箍筋直径越大，开孔间距越小，PBH的抗剪承载力越高。但是随着箍筋直径不断变大，开孔间距逐渐变小，PBH的抗剪承载力是否可以继续增加，这一问题还需作进一步研究。主要试验结果见表3.5-1。

PBH剪力联结构造试件试验结果　　表3.5-1

试件编号	PBH屈服荷载（kN）	PBH极限抗剪承载力（kN）	PBH抗剪刚度（kN/mm）
N1	380	610	1 176
N2	350	580	2 857
N3	400	670	1 818
N4	400	630	2 500

3.5.2 PBL 剪力键主要试验结果及试验现象

1)试验现象

(1)裂缝形态。PBL 剪力键试件在加载过程中,钢与混凝土的接触面下方首先产生界面裂缝,其后荷载增加引起混凝土侧面斜裂缝。破坏时,试件侧面楔形块逐渐剥落,此时,随荷载不断延伸的界面裂缝已向上贯通至界面全高,裂缝形态表现为下宽上窄。这样的裂缝形态是由于试件高度较低,在加载作用下,不仅受竖向剪力,在界面处将由于试件支撑于加载点的位置差产生弯矩,此时试件是在该弯剪共同作用下逐渐破坏。因此,弯矩作用下的上部混凝土受压,下部混凝土受拉。弯矩的作用使得试件有两边劈开的趋势。

(2)试件内部破坏形态。加载完成后,为进一步研究 PBL 剪力键的破坏特征及其破坏机理,对试件进行了解剖,仔细观察了贯穿钢筋、带孔钢板及孔内混凝土的情况,发现以下现象:

①图 3.5-17 和图 3.5-18 是 PBL 剪力键试件破坏后的照片,对 PBL 剪力键来说,由贯穿钢筋和混凝土组成的钢筋混凝土榫共同承担剪力。

图 3.5-17 试件 N5 破坏形态

图 3.5-18 试件 N6 破坏形态

②试件解剖过程发现,其孔内混凝土没有明显剪切和压缩产生的变形和裂缝,贯穿钢筋亦没有明显变形,但开孔钢板与混凝土间出现较明显的相对滑移,各加劲肋的圆孔保持圆形,开孔钢板也没有发生明显变形。试件钢板开孔中混凝土除在剪切面出现少许粉末状外,基本上其余混凝土保持完整性和密实性。试件破坏图见 3.5-19 ~ 图 3.5-21。

图 3.5-19 试件 N5 凿开混凝土后钢箱外观

图 3.5-20 试件 N6 凿开混凝土后钢板外观

2)荷载—滑移曲线

图 3.5-22 和图 3.5-23 分别为试件 N5 和 N6 做出的两个反复荷载作用下的荷载—滑移

曲线图。从反复荷载作用下的试件荷载—滑移曲线中可以看出,在第一次加载至100kN反复加载过程中,试件N5中的荷载与滑移成正比关系,该曲线的斜率表征了剪力键的初始刚度大小,卸载后基本无残余滑移量,下部残余滑移量相对略大,为0.02mm。第二次反复加载过程中,荷载最大加至250kN,试件N5的荷载—滑移曲线仍然都表现出线性变化的特征,基本与上次的曲线平行。但卸载后残余滑移量略有增加,残余滑移量为0.17mm,相对略大。对于试件N6,第一次反复加载,荷载加至200kN时,荷载—滑移曲线表现出明显的线性变化特征,残余滑移量为0.345mm。

图3.5-21　试件N6破坏后混凝土底部情况

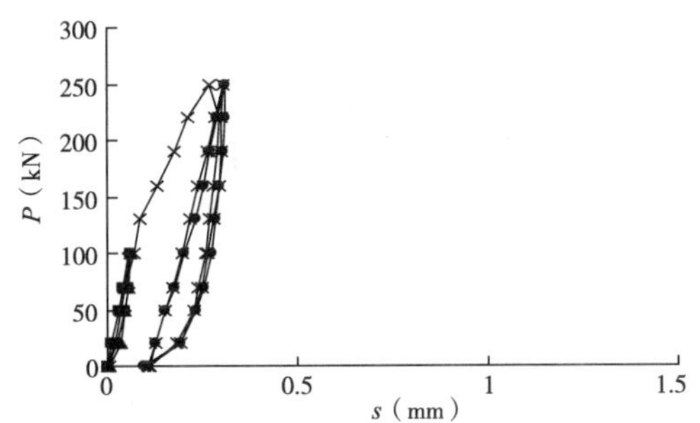

图3.5-22　试件N5在重复加载下 $P-s$ 曲线

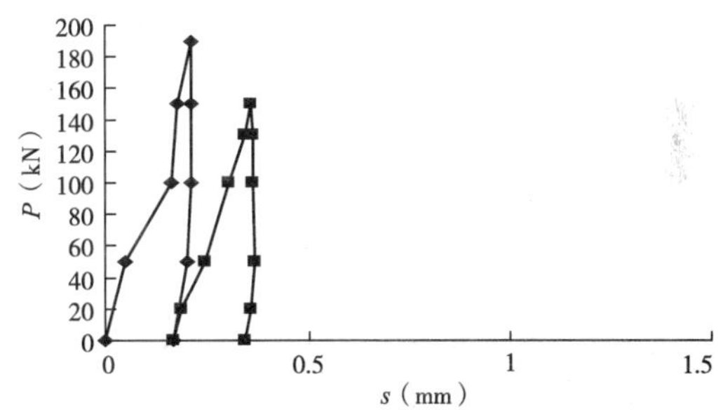

图3.5-23　试件N6在重复荷载下 $P-s$ 曲线

反复加载结果表明,PBL剪力键试件在整个加载过程初始刚度较高,卸载残余滑移量较小,构件处于较理想的弹性工作状态。

从全过程曲线(图3.5-24、图3.5-25)可以看出,试件N5和N6全曲线变化有一定的规律性,荷载—滑移曲线明显分成三个阶段,第一个阶段为直线段,该阶段刚度较大,表现为直线,称之为弹性阶段;第二个阶段从约 $0.3N_u \sim 0.4N_u$ 至 $0.8N_u \sim 0.9N_u$,该阶段曲线表现为微弯曲线,刚度较弹性阶段降低明显,称之为弹塑性阶段;第三个阶段从 $0.8N_u \sim 0.9N_u$ 至 N_u,曲线表现为近似水平线,刚度非常低,在受力增加不大的情况下滑移量增加明显,称之为塑性阶段。从全曲线中也可以明显看出试件N6的刚度与承载力均比试件N5小,主要原因是由于试件N6剪力键无贯穿钢筋,而试件N5剪力键有贯穿钢筋。

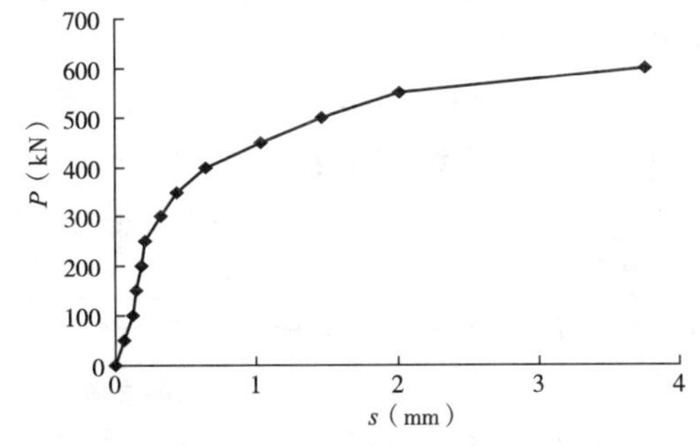

图3.5-24　试件N5荷载—滑移全过程曲线

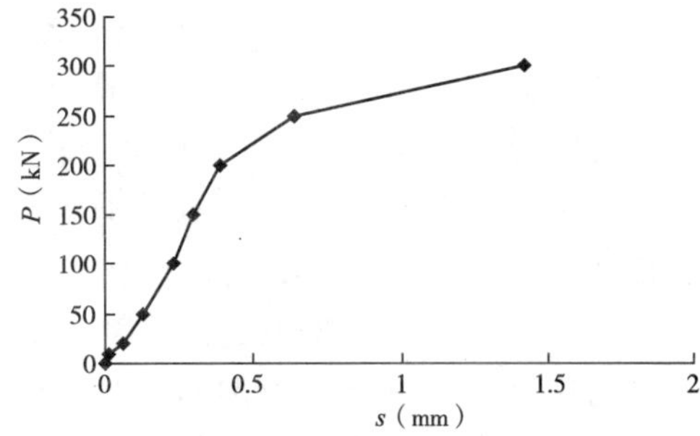

图3.5-25　试件N6荷载—滑移全过程曲线

从试件加载全过程(图3.5-24、图3.5-25)可以看出,弹性阶段中荷载滑移值较小,位移发展缓慢,此时剪力主要由钢箱与混凝土之间的摩擦力和黏结力、钢筋混凝土榫以及带孔钢板下方的混凝土承担。继续加载后发现,试件进入非弹性阶段,混凝土变形引起了钢箱与混凝土的界面剥离。在剪力作用下,孔内和孔外混凝土剪切滑移发展。试件N5的贯穿钢筋与竖向钢筋相互绑扎,在一定程度上起到了限制钢箱与混凝土之间相对滑移的作用。此后,随着荷载进一步增加,试件进入塑性阶段,变形迅速发展,界面剪力主要依靠混凝土榫抵抗。试件N6中开孔内混凝土与孔外混凝土间的相对滑移量持续增加,最后素混凝土榫破坏,试件退出工作。试件N5中由于贯穿钢筋的存在,开孔钢板与贯穿钢筋约束范围内混凝土完整性和密实性较好。加载后期的试件N6在素混凝土榫破坏后,主要的荷载增量由带孔钢板条下方的混凝土承担,导致其纵向裂缝发展很快。试件N5由于贯穿钢筋良好的变形能力,其变形与带孔钢板的整体位移协调,而开孔钢板下方的混凝土变形能力较小,无法与整体位移协调,因而限制了位移。

3)主要试验结果

由试验得出,PBL剪力键试件N5和试件N6在混凝土强度等级、孔径、孔洞数及开孔钢板厚度等参数相同的情况下,贯穿钢筋的有无明显影响了试件荷载—滑移曲线和抗剪承载力。有贯穿钢筋的试件N5的抗剪刚度和抗剪承载力明显大于无贯穿钢筋的试件N6,其延性也有明显提高。主要试验结果见表3.5-2。

PBL剪力键试件试验结果 表3.5-2

试件编号	极限抗剪承载力(kN)	屈服荷载(kN)	抗剪刚度(kN/mm)
N5	600	350	1 818
N6	300	200	625

3.5.3 鞍形剪力键主要试验结果及试验现象

1)试验现象

(1)裂缝形态。加载过程中,在钢与混凝土的接触面下方首先产生界面裂缝,其后荷载增加引起混凝土侧面斜裂缝。破坏时,试件侧面楔形块逐渐剥落,此时,随荷载不断延伸的界面裂缝已向上贯通至界面全高,裂缝形态表现为下宽上窄。这样的裂缝形态是由于试件高度较低,在加载荷载作用下,不仅受竖向剪力,在界面处将由于试件支撑于加载点的位置差产生弯矩,此时试件是在该弯剪共同作用下逐渐破坏。因此,弯矩作用下的上部混凝土受压,下部混凝土受拉。弯矩的作用使得试件有两边劈开的趋势。

(2)试件内部破坏形态。加载完成后,为进一步研究鞍形剪力键的破坏特征及其破坏机理,对试件进行了解剖,仔细观察贯穿钢筋、带孔钢板及孔内混凝土的情况,发现以下现象:

①图3.5-26和图3.5-27为鞍形剪力键试件破坏后的照片,各个试件破坏形态相似。由于试件受到弯剪共同作用,试件的破坏形态向外分开破坏。

②试件解剖过程发现,其孔内混凝土没有明显剪切和压缩产生的变形和裂缝,贯穿钢筋亦没有明显变形,但钢箱两侧加劲肋钢板弯曲。其中试件N9一侧肋板的三个焊缝破坏,剩余的一个焊缝处亦出现断口。鞍形钢板外变形成波浪形,破坏后的试件如图3.5-28和图3.5-29所示。

图 3.5-26　鞍形剪力键试件裂缝分布图

图 3.5-27　鞍形剪力键试件破坏后混凝土底部情况

图 3.5-28　凿开变形图

图 3.5-29　开槽钢板焊接破坏

2)荷载—滑移曲线

鞍形剪力键试件在反复荷载作用下的荷载—滑移曲线如图 3.5-30 ~ 图 3.5-32 所示,全过程曲线如图 3.5-33 ~ 图 3.5-35 所示。试件百分表测试值为钢箱测点和混凝土测点间的相对滑移值。曲线为百分表测试结果的平均值,表示试件在外荷载作用下的滑移全过程,横坐标表征钢箱相对混凝土的滑移量,纵坐标表征试件承受的外荷载。

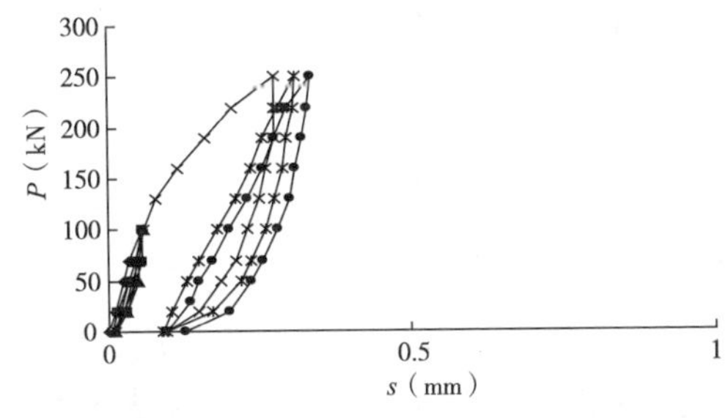

图 3.5-30　反复荷载作用下 N7 荷载—滑移曲线

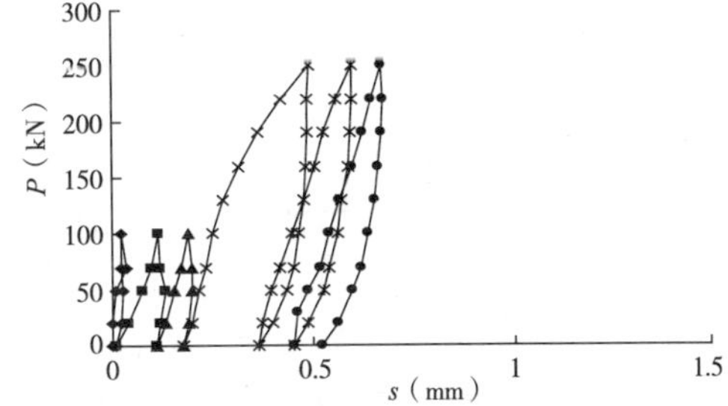

图 3.5-31　反复荷载作用下 N8 荷载—滑移曲线

从反复荷载作用下的试件荷载—滑移曲线图 3.5-30 ~ 图 3.5-32 中可以看出,在第一次反复加载至 100kN 的过程中,N7 ~ N9 试件的荷载与滑移保持较好的正比关系,卸载后无残余滑移量,说明试件处于弹性工作状态。第二次反复加载过程中,荷载加至 250kN 时,N7 ~ N9 试件的荷载—滑移曲线仍表现出明显的线性变化特征,基本与第一次加载曲线平行。此次重复加载卸载后残余滑移量略有增加，其中试件 N8 残余滑移量为 0.52mm，相对略大。此时，由于加载剪力不大，其剪力主要由钢箱与混凝土之间的摩擦力和黏结力承担。

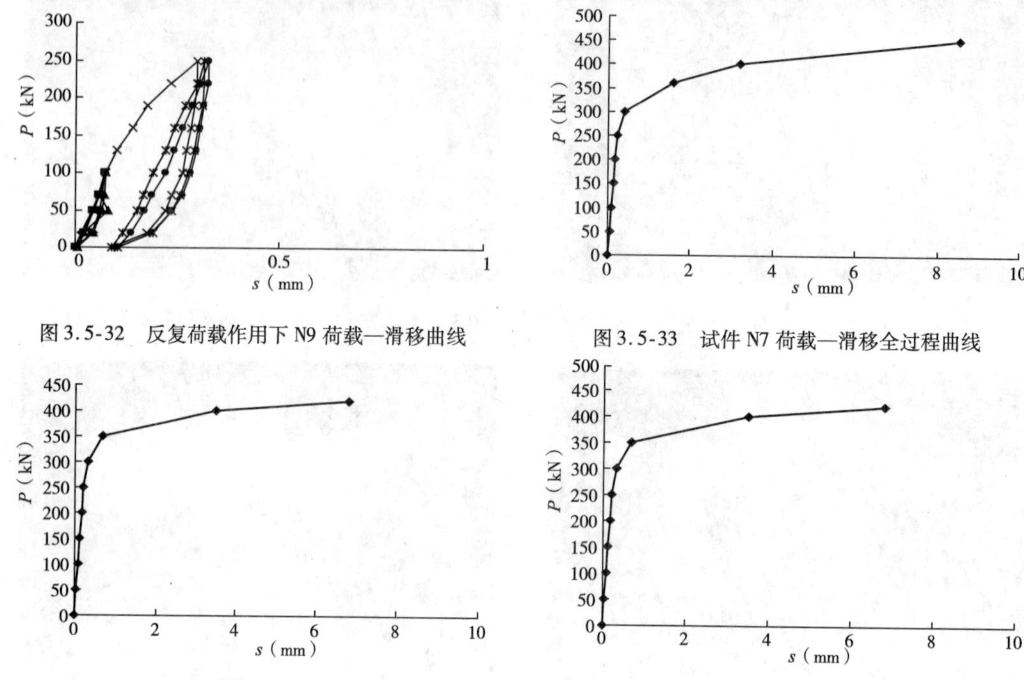

图 3.5-32　反复荷载作用下 N9 荷载—滑移曲线

图 3.5-33　试件 N7 荷载—滑移全过程曲线

图 3.5-34　试件 N8 荷载—滑移全过程曲线

图 3.5-35　试件 N9 荷载—滑移全过程曲线

从全过程曲线（图 3.5-33 ~ 图 3.5-35）可以看出，试件 N7 ~ N9 与试件 N5、N6 相似，弹性阶段滑移值较小，此时剪力主要由钢箱与混凝土之间的摩擦力和黏结力、钢筋混凝土榫以及带孔钢板下方的混凝土承担。继续加载进入非弹性阶段，钢箱与混凝土开始界面剥离，箍筋由于受到了钢筋骨架的约束，通过提高混凝土榫的抗剪强度和抗剪刚度的方式阻止界面剥离。随着荷载进一步增加，进入塑性阶段，变形发展迅速，界面处的摩擦力和黏结力已经基本破坏。在三向受力区域的混凝土仍保持密实，但约束区外的混凝土开始剥落。随着荷载的进一步增加，混凝土裂缝逐渐向下及周边发展，出现了多条斜裂缝，最终局部混凝土被压碎，构件退出工作。

3）主要试验结果

由试验得出，鞍形剪力键在混凝土强度等级、孔径、孔洞数及开孔钢板厚度等参数相同的情况下，贯穿钢筋直径不会明显影响剪力键抗剪承载力。试验研究显示，由于鞍形剪力键过大的掏空率，混凝土榫具有较大的截面积，贯穿箍筋反而没有能有效地发挥作用，因此单纯增大贯穿箍筋直径不能有效地增加试件的承载力。鞍形剪力键主要试验结果见表 3.5-3。

鞍形剪力键试件试验结果　　表 3.5-3

试件编号	极限抗剪承载力（kN）	屈服荷载（kN）	抗剪刚度（kN/mm）
N7	450	300	1 000
N8	420	350	1 176
N9	450	350	833

3.5.4　PBH 剪力联结构造与 PBL 剪力键、鞍形剪力键性能比较

图 3.5-36 为相同参数条件的 PBH 剪力联结构造和 PBL 剪力键实测荷载—滑移曲线比较，由图可知，在约0 ~ 40% P_u 区间，两者曲线基本吻合，之后，两者差异逐渐增大，在相同荷载下，PBL 剪力键的变形增加速度明显大于 PBH 剪力联结构造。以滑移量 1mm 为例，在该滑移量时，PBH 剪力联结构造的荷载 P_H 为 537kN，而 PBL 剪力键的荷载 P_L 为 429kN，PBH 剪力联结构造的荷载为 PBL 剪力键的 1.252 倍；相同滑移量时，PBH 剪力联结构造的荷载明显大于 PBL 剪力键。

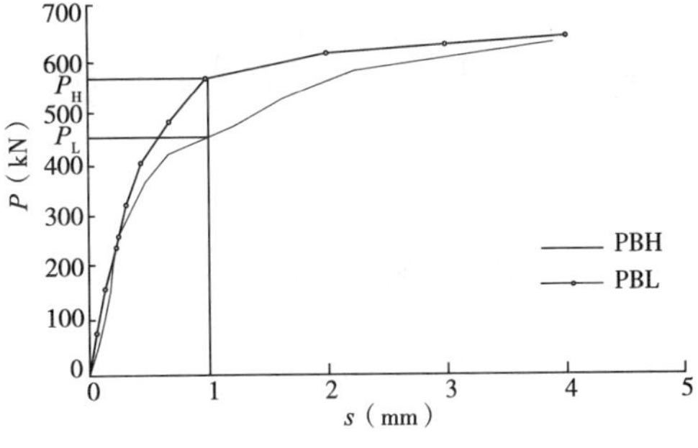

图 3.5-36　PBH 剪力联结构造和 PBL 剪力键实测荷载—滑移曲线比较

总结上述试验研究结果，对 PBL 剪力键、PBH 剪力联结构造和鞍形剪力键三种剪力连接件进行比较如下：

(1) 制作工艺：相比来说，PBH 剪力联结构造由钢箱加劲肋和混凝土构造箍筋构成，没有为了界面的剪力连接专门附加的构造措施，因此构造方面较为简单。而且 PBH 剪力联结构造中的焊接均为沿构件长度方向上加劲肋与钢箱顶板在顶板表面的通长焊接，一方面没有新增的焊接工作，另一方面这种焊接方式对设备和焊接技术没有特别要求，可以利用现有小型钢结构加工厂实现标准化的批量加工。

(2) 承载力和抗剪刚度：图 3.5-36 中比较了 PBH 剪力联结构造与 PBL 剪力键的承载力与抗剪刚度，在约 40% P_u 以内，两者的荷载—滑移曲线基本一致，之后随着荷载增加，PBL 剪力键的刚度降低和变形增加速度明显大于 PBH 剪力联结构造。相应于滑移量 1mm 时，PBH 剪力联结构造的对应荷载较 PBL 剪力键提高 25%；相同滑移量下 PBH 剪力联结构造的荷载明显大于 PBL 剪力键。

(3) 破坏形式：无贯穿钢筋的 PBL 剪力键破坏时沿钢和混凝土界面处光滑错位，素混凝土榫剪断，试件的其他部位没有出现裂缝，破坏脆性特征明显；有贯穿钢筋 PBL 剪力键和 PBH 剪力联结构造及鞍形剪力键破坏形式类似，贯穿钢筋均有效地参与抗剪，解剖后可以看到钢筋发生变形甚至断裂，三类剪力键在配置了贯穿钢筋后均属于塑性破坏。

第4章　PBH剪力联结构造力学模型与计算方法

4.1　PBH剪力联结构造有限元分析方法研究

4.1.1　混凝土的模拟

由于PBH剪力联结构造失效与混凝土相关，所以在进行有限元仿真分析时只有做到对混凝土性态的准确模拟，才有可能正确地描述剪力键的受力形态。混凝土是由粗集料、细集料与水泥加水拌和后经过硬化后而成的混合材料，硬化后混凝土中包含有一定的水和孔隙，因此混凝土是一种非匀质，具有开裂、压碎等诸多复杂力学行为的复杂材料。

1）混凝土破坏准则

所谓混凝土的破坏准则用于描述混凝土破坏时应力或应变状态需要满足的具体条件。试验研究和分析表明，混凝土破坏的主要特征为：破坏曲面光滑、凸性，偏斜面在受拉和静水压力较小时与三角形类似，随着静水压力的增大向圆形变化，子午线为外凸的曲线形。

对混凝土在复杂应力状态下的力学性能研究目前还不是很多，但在过去的几十年里，根据混凝土破坏曲面的特征，各国学者通过理论分析和大量试验提出了混凝土各种不同受力状态下的破坏准则，在工程实用的程度内已经可以较好地描述混凝土各受力状态下的破坏行为。根据所提破坏准则中包含的参数个数，混凝土的破坏准则可以分为单参数准则和多参数准则，其中多参数准则又包括两参数、三参数、四参数、五参数准则等。

2）混凝土本构模型

混凝土中应力状态与应变状态的关系称为混凝土的本构关系。目前在混凝土有限元分析中研究和应用最多的混凝土本构模型为：以弹性力学理论为基础的弹性本构模型和以弹塑性力学理论为基础的弹塑性本构模型。通用大型有限元分析软件中混凝土的本构模型为：ANSYS和MARC采用弹塑性断裂模型及压碎破坏模型，ABAQUS中采用的是弹塑性断裂模型与弹塑性断裂损伤模型，ADINA中则为非线性弹性模型。

3）混凝土单元的选取

以ANSYS为例，混凝土采用ANSYS中八节点Solid65实体单元。该单元能够模拟混凝土中拉裂、压碎、塑性变形及徐变等。

材料模型采用CONCRETE材料模型，其基本参数包括了开裂截面和裂缝闭合截面的剪切传递系数，单轴及多轴抗压强度等，CONCRETE材料模型能够预报材料的脆性破坏，模拟各向异性开裂和压碎的材料性能。

4.1.2　钢筋模拟

1）钢筋在有限元中的模拟方式

有限元中主要有三种钢筋的模拟方式：离散方式、分布方式和埋置方式，根据这三种模拟方式建立的有限元模型分别称为分离式模型、整体式模型和组合式模型。

2）钢筋本构模型

与混凝土相比，钢筋作为一种金属材料，力学模型相对来说比较简单。以往试验结果表明，单调加载情况下钢筋可视作弹性材料，但在重复加载和反复加载时，钢筋则应视作弹塑性材料。由于钢筋主要处于单向受力状态，通过简化钢筋单向受力时的应力应变曲线，得到钢筋在有限元计算中钢筋常用的四种简化本构曲线。分别为理想弹塑性模型——假定钢筋达到屈服强度后发生塑性流动，直至破坏；双折线模型——认为钢筋屈服后仍具有非常小的弹性模量，可用来分析钢筋的应变硬化后性能；三折线模型——认为钢筋发生塑性流动后还有弹塑性强化阶段；曲线应变硬化段模型——与钢筋单向受力时的应力应变曲线更加接近，较好地反映了钢筋应力应变全过程的特性。

3）钢筋单元的选取

本次分析中采用 Solid45 实体单元模拟钢板。Solid45 单元可用于三维实体结构模拟。该单元由 8 个节点结合而成，各节点有 *xyz* 3 个方向自由度。Solid45 单元具有塑性、蠕变、应力强化、膨胀、大应变和大变形等特征的模拟能力。

4.1.3　钢—混凝土黏结模拟

在 PBH 剪力联结构造有限元分析中，需要对钢—混凝土黏结进行模拟。由于该模拟将模拟钢与混凝土间的黏结力及相应的滑移，因此需要建立钢—混凝土间的黏结—滑移本构模型，并在有限元中加以体现。

1）钢—混凝土黏结原理

目前，国内外在型钢与混凝土黏结性能方面进行了较多的试验研究，研究均表明了型钢与混凝土之间的黏结与光圆钢筋与混凝土之间的黏结相类似，黏结应力主要以下由三部分组成：

（1）胶结力：未完全硬化的混凝土中水泥凝胶体在钢筋表面产生的化学黏着力或吸附力，当钢板受力后变形，发生局部滑移后，黏着力就消失了。

（2）握裹力：混凝土硬化过程中产生收缩以及荷载和反力等对钢板的径向压应力，形成阻止两者之间相对滑移之部分摩擦力。

（3）机械咬合力：钢板表面粗糙不平，表面粗糙点与混凝土之间的机械咬合作用，即混凝土对钢板表面的斜向压力的纵向分力。

在受力开始时，以上三部分共同工作；在剪力增加后，首先破坏的是胶结力，之后是握裹力与机械咬合力共同工作，两者随荷载增加而增加，最后由于混凝土界面与钢板相接触处的凹凸点被磨平后，握裹力与机械咬合力逐渐下降，钢板与混凝土界面的抗剪力下降，滑移量增加，钢板与混凝土界面抗剪破坏。

文献[25]中定性分析了钢管混凝土柱组合界面的黏结强度。图 4.1-1 是文中给出的钢板与核心混凝土黏结—滑移的发展过程。钢板混凝土黏结试验表明，钢板与混凝土界面的黏结强度受到了钢板的表面状况、混凝土强度和养护条件决定。钢板表面越粗糙，黏结强度越高；混凝土强度等级越高，黏结强度越高；自然养护条件下的黏结强度高于蜡封养护时。

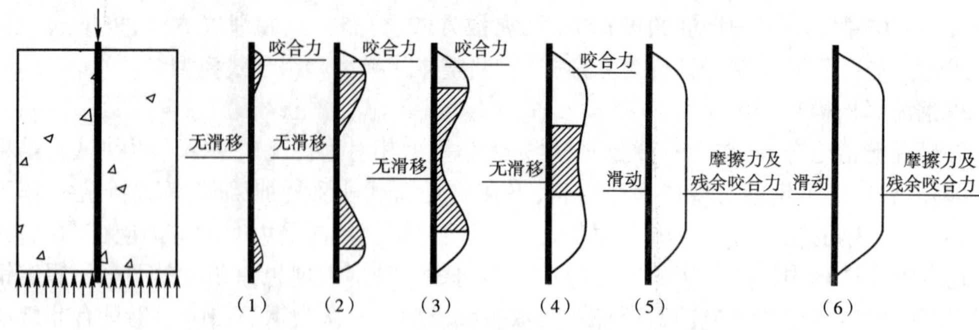

图 4.1-1 钢板—混凝土黏结滑移发展过程示意图

2)钢—混凝土黏结单元选取

界面问题是钢—混凝土组合结构中的突出问题，如果钢材与混凝土的界面发生过大滑移或掀起，组合结构就会在小于设计强度时发生破坏或过大变形。因此钢—混凝土组合结构界面的模拟是这种结构模拟的关键，一般需要引入连接两者的黏结单元。由于钢材与混凝土的界面性能十分复杂，不仅与两者的材性有关，还受到很多其他因素的影响，如钢与混凝土表面的光滑程度、界面上的抗剪器以及荷载性能等各种条件。

在钢箱—混凝土组合结构有限元分析中，为了精细化地考虑两者之间存在的滑移，在钢箱与混凝土之间引入了连接单元模拟两者黏结。为了考察钢板—混凝土推出试验中钢板与混凝土界面的黏结滑移本构关系，在钢板与混凝土接触面上设计钢板单元与混凝土实体单元间的虚拟连接弹簧，作者选用了非线性功能的弹簧单元 COMBIN39，该弹簧只需通过弹簧单元的实常数 $F-D$ 曲线的定义确定弹簧的受力性质，可以满足作者模拟需要，具有以下特点：

(1)弹簧单元具有两个节点，使用荷载—滑移曲线定义弹簧单元的非线性特性，无材料属性。

(2)从第二象限到第一象限由一系列点构成折线用于定义 $F-D$ 曲线，如图 4.1-2 所示。

$$D_{i+1} - D_i > \Delta D_{\min} \tag{4.1-1}$$

$$\Delta D_{\min} = \frac{D_{\max} - D_{\min}}{10^7} \tag{4.1-2}$$

式中：$D_{\min}$，$D_{\max}$——负位移的最大值和正位移的最大值；

D_i——第 i 点的位移输入值，$i=1,2,3,\cdots,20$。

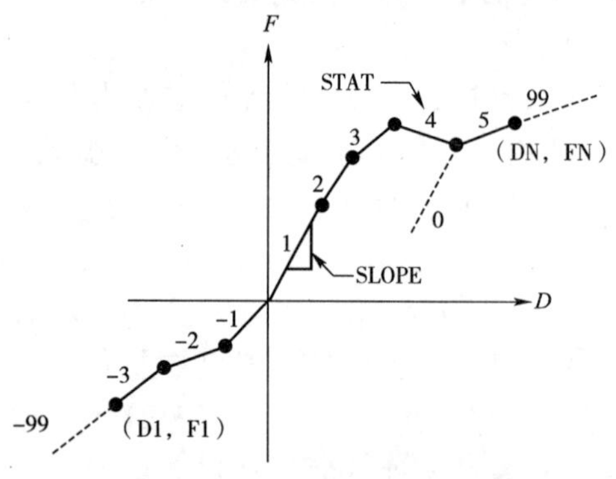

图 4.1-2 COMBIN39 单元特性

(3)原点的斜率不能为负，其余各折线的斜率可以为正或负。

(4)在使用 2 维和 3 维弹簧单元时两个节点之间的距离不能为零。

(5)将 3 维弹簧退化为 1 维弹簧时节点可以重合。

(6)COMBIN39 弹簧单元的刚度矩阵和它的单元节点荷载向量分别为：

$$\boldsymbol{K}^{e} = k_{tg}\begin{bmatrix} 1 & -1 \\ -1 & 1 \end{bmatrix} \tag{4.1-3}$$

$$\boldsymbol{F}^e = \mathrm{F}\begin{bmatrix} 1 \\ -1 \end{bmatrix} \tag{4.1-4}$$

不论采用何种形式的连接单元,都必须首先提供钢箱—混凝土黏结滑移本构关系。

本书分析中为了表征钢箱与混凝土表面的连接关系,在钢箱局部的钢板单元与混凝土单元间设置了三个相互垂直的连接弹簧,其中横切向的剪切刚度参照纵切向的剪切刚度。

经过以上处理,剪力键弹簧的受力可以简化为两节点、共 6 个互相垂直的线位移自由度的杆单元,该杆单元由不考虑弯曲、扭转自由度的梁单元退化而来。由此得到的杆单元节点力向量 F^e 及节点位移向量关系式 U^e 分别为:

$$\begin{bmatrix} F_1 \\ F_2 \\ F_3 \\ F_4 \\ F_5 \\ F_6 \end{bmatrix} = \begin{bmatrix} K_n & 0 & 0 & -K_n & 0 & 0 \\ 0 & K_s & 0 & 0 & -K_s & 0 \\ 0 & 0 & K_s & 0 & 0 & -K_s \\ -K_n & 0 & 0 & K_n & 0 & 0 \\ 0 & -K_s & 0 & 0 & K_s & 0 \\ 0 & 0 & -K_s & 0 & 0 & K_s \end{bmatrix} \times \begin{bmatrix} u_1 \\ u_2 \\ u_3 \\ u_4 \\ u_5 \\ u_6 \end{bmatrix} \tag{4.1-5}$$

式(4.1-5)的矩阵表达式为:

$$\boldsymbol{F}^e = \boldsymbol{K}^e \boldsymbol{U}^e \tag{4.1-6}$$

式中:K_n——轴向刚度:$K_n = \dfrac{E_s A_s}{h_s}$;

K_s——剪切刚度,由剪力键的荷载—滑移本构关系确定:$K_s = \dfrac{dQ}{d\Delta}$;

E_s——剪力键的弹性模量;

A_s——剪力键的截面面积;

h_s——剪力键的长度。

有关剪力键荷载滑移的关系式,国内外已有较多的研究,其中比较常用的如图 4.1-3 所示。钢板和混凝土之间的相对滑移量 Δ 与作用在剪力键上的剪力 Q 之间的关系可以近似用式(4.1-7)表示:

$$Q = \frac{\alpha\Delta}{1 + \alpha\Delta} Q_u \tag{4.1-7}$$

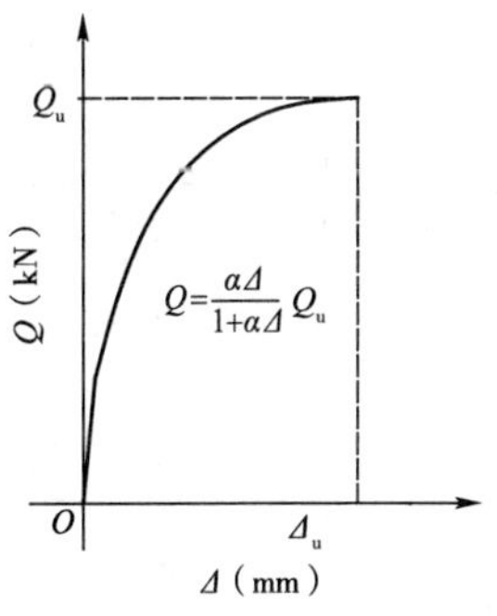

图 4.1-3　典型剪力键剪力—滑移曲线

式中:Q_u——一根剪力键的抗剪强度;

α——常数。

故,剪切刚度可表示为:

$$K_s = \frac{dQ}{d\Delta} = \frac{\alpha}{(1 + \alpha\Delta)^2} Q_u$$

Buttry 建议 α 取为 80,即

$$Q = \frac{80\Delta}{1 + 80\Delta} Q_u$$

本书在分析PBH剪力联结构造时,对于钢板与混凝土间的黏结滑移关系,将其中的黏结本构考虑成最为简单形式的剪力键,即将PBH剪力联结构造考虑成一个单独的钢—混凝土组合结构,而通过精细化模拟,将剪力键的工作原理通过细部钢板、钢筋与混凝土间的黏结力来模拟,以此得到PBH剪力联结构造的受力性能。将钢与混凝土表面的连接方式看成某种最为简单的剪力键,因此,其荷载—滑移关系的形式与剪力键是类似的,只是其参数的大小不一样。采用该滑移本构表达式模拟剪力键钢板与混凝土间的滑移关系,式中系数α将通过钢板—混凝土推出试验确定。

以上模型关系式中的参数将通过有限元分析与下节的钢板—混凝土推出试验共同确定。

4.2 钢板—混凝土滑移本构关系

4.2.1 钢板与混凝土的黏结剪切试验研究

1)试验目的与试件制作

为了确定钢箱—混凝土组合构件PBH剪力联结构造有限元分析中钢与混凝土黏结滑移本构模型的参数,作者专门进行了一组钢板与混凝土的黏结剪切试验(图4.2-1),分析不同钢板表面处置、不同混凝土强度等级、不同黏结高度时钢板与混凝土间的黏结与滑移情况,同时通过有限元模拟与试验对比,得到钢板与混凝土间黏结本构关系的主要参数,从而用于更为复杂的钢混凝土组合结构分析中。

本次试验中,试件数量共21个,混凝土的强度分为三种,实测强度如下:

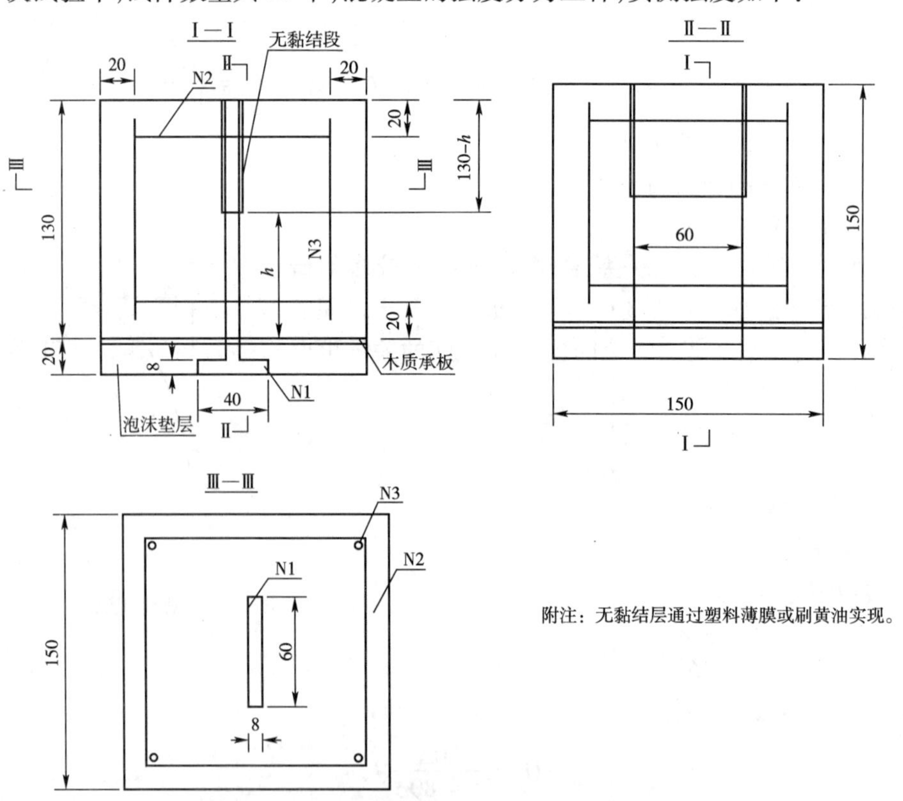

图4.2-1 钢板与混凝土的黏结剪切试验(尺寸单位:mm)

钢板表面处置情况为三种,分别为未处理、锈蚀表面及喷砂表面(喷砂粒径 40μm)(图 4.2-2)。钢板与混凝土的黏结高度分别为 1cm、3cm、5cm、7cm 及 9cm。试件参数表如表 4.2-1 所示。

钢板与混凝土的黏结剪切试验参数表　　表 4.2-1

黏结长度 h(mm)	C40			C50			C60		
	喷砂	无处理	有锈	喷吵	无处理	有锈	喷吵	无处理	有锈
10	C40A1			C50A1			C60A1		
30	C40A3			C50A3			C60A3		
50	C40A5	C40B5	C40C5	C50A5	C50B5	C50C5	C60A5	C60B5	C60C5
70	C40A7			C50A7			C60A7		
90	C40A9			C50A9			C60A9		

2)加载方式及测试内容

本次试验采用专用 10t 万能加载试验机直接加载。采用分级加载,加载荷载值直接从试验机中读取。

试验测试内容主要是钢板在推出过程中的推出值,包括顶端推出值及底端推出值,同时测试混凝土的表面变形,通过差值可以得到钢板顶板及底板与混凝土间的滑移值。推出值使用百分表测量。

具体加载装置及测试内容如图 4.2-3 所示。

图 4.2-2　三种不同表面处置的钢板

图 4.2-3　钢板与混凝土的黏结剪切试验加载示意图

4.2.2　试验结果

试验结果主要包括两项,一是极限承载力,二是钢板与混凝土的荷载—滑移曲线。各试件的极限承载力见表 4.2-2。

试验实测极限抗剪强度　　表 4.2-2

试件编号	黏结长度(mm)	黏结面积 A(mm^2)	极限承载力(N)	极限抗剪应力(MPa)
C40A5	50	420	5 200	12.38
C40A3	30	252	4 070	16.15
C40A1	10	84	860	10.24

续上表

试件编号	黏结长度(mm)	黏结面积 A(mm^2)	极限承载力(N)	极限抗剪应力(MPa)
C40B5	50	420	2 900	6.90
C40C5	50	420	2 670	6.36
C50A9	90	756	9 600	12.70
C50A3	30	252	4 800	19.05
C50B5	50	420	2 950	7.02
C50C5	50	420	2 600	6.19
C60A9	90	756	10 200	13.49
C60A7	70	588	6 900	11.73
C60A5	50	420	5 200	12.38
C60A3	30	252	3 970	15.75
C60A1	10	84	1 200	14.29
C60B5	50	420	2 280	5.43
C60C5	50	420	3 200	7.62

1)极限承载力

对表4.2-2结果进行分析,可以看出:

在同等条件下,极限承载力与黏结长度的关系为:黏结长度越长,极限承载力越大。但极限承载力与黏结长度不成正比,这是因为黏结长度越长,沿着黏结界面的黏结应力分布越不均匀,当某点到达最大黏结应力值时,该点即进入黏结滑移曲线的下降段,最大黏结应力点向下移动,因此,黏结长度越长,黏结长度范围内的平均黏结应力越小。

在同等条件下,混凝土强度等级越高,极限承载力越大。

在同等条件下,喷砂处置钢板的承载力及极限变形能力明显大于其他两种,而锈蚀表面亦优于未处置表面。这与黏结原理相吻合,当钢板表面摩擦系数越高,界面摩擦力越强,因此界面黏结力越高。

2)剪应力—板端滑移曲线

图4.2-4为典型喷砂表面处置的钢板与混凝土的黏结剪切试验中的剪应力—板端滑移量曲线图,其中上方板端指加载端钢板端部,下方板端指支承端钢板端部。

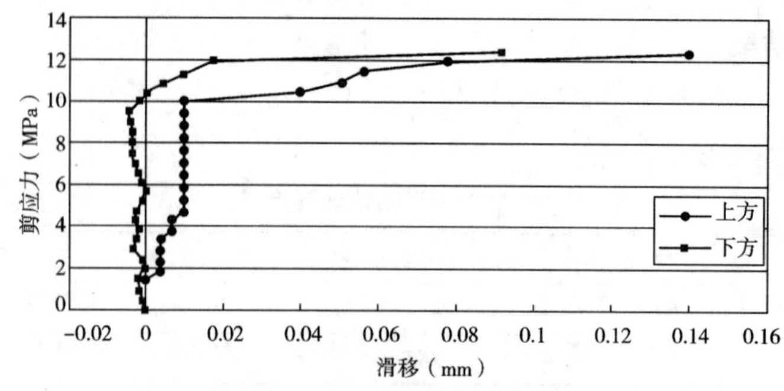

图4.2-4　典型剪应力—板端滑移曲线

该曲线有以下特点：

(1)钢板顶板的推出值明显大于底端推出值，钢板顶板先产生变形，界面滑移向底端发展。

(2)钢板板端与混凝土的剪应力—滑移曲线可以划分为两段，开始加载至约 $0.8\tau_u$，该曲线基本竖直，$0.8\tau_u$ 至破坏时，曲线明显弯曲，滑移增长突然加快。

(3)滑移变形发展至钢板底端，这表明，此时沿黏结长度所有的化学黏结力已经破坏，余下的承载力主要由摩擦力及咬合力组成。

(4)在沿黏结长度所有范围内的钢板发生滑移后，滑移量只占到最终滑移量的 15% 左右，这表明，摩擦力与咬合力承载时提供了界面滑移的主要部分。

4.2.3　钢板—混凝土滑移本构关系参数确定

1)钢板—混凝土推出试验有限元建立

为了深入研究钢板—混凝土推出试验中钢板与混凝土的具体受力和变形过程，作者采用 ANSYS 进行了该试验的实体非线性有限元分析。

根据 4.1 节中有限元模型方法的研究成果，建立钢板—混凝土推出试验的有限元分析图 4.2-5。

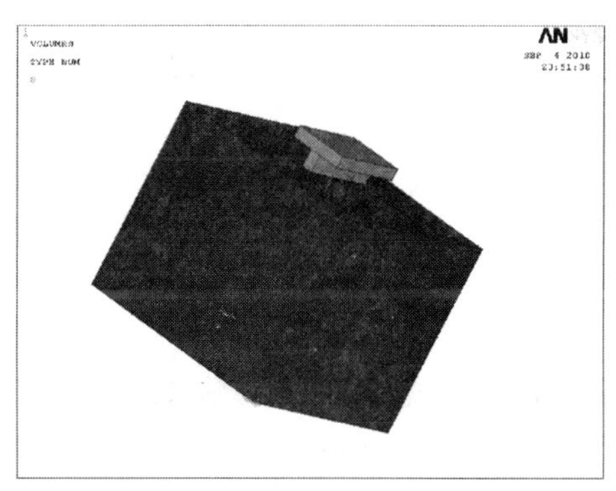

a)有限元模型

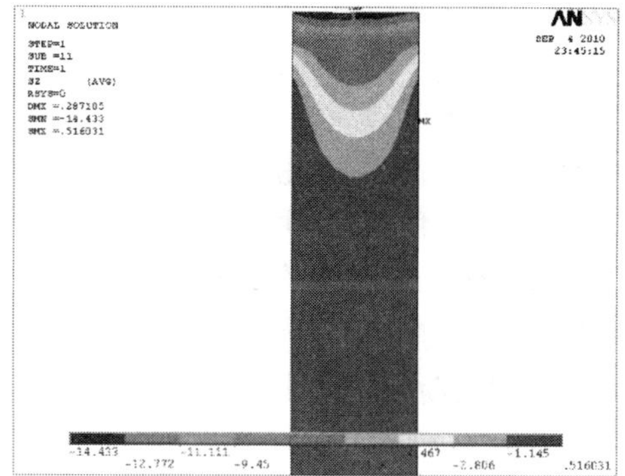

b)钢板竖向应力云图

图 4.2-5　钢板—混凝土抗剪有限元模型

2)钢板—混凝土滑移本构关系参数

对钢板—混凝土滑移试验进行有限元分析，两者之间的滑移本构关系用弹簧单元的本构模拟。由于使用混凝土与钢板间的黏结弹簧单元模拟钢板与混凝土间的黏结，因此，该弹簧参数可以表征钢板与混凝土间的滑移本构关系。

因此，有限元中弹簧单元参数的曲线形式取用上述钢混界面滑移曲线方程，其中的参数根据试验数据修正。可以得出，当多个试件有限元模拟的全过程与试验结果吻合时，弹簧单元的本构可以表征钢板—混凝土滑移本构。

根据多次计算结果，最终确定钢板—混凝土黏结弹簧单元本构关系为：

$$Q = \frac{180\Delta}{1 + 180\Delta}Q_u \tag{4.2-1}$$

其形式如图 4.2-6 所示。

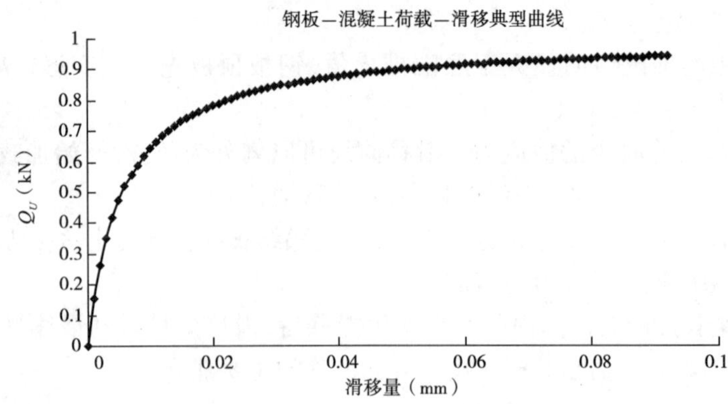

图 4.2-6　钢板—混凝土黏结弹簧单元典型本构曲线

4.3　PBH 剪力联结构造承载力计算方法

4.3.1　PBH 剪力联结构造破坏模式

在类似剪力键破坏模式的研究基础上，分析 PBH 剪力联结构造的破坏模型有以下三种：

A. 开孔加劲肋板焊接破坏：当焊缝长度不足时，剪力作用下将沿焊缝剪断，发生此类破坏时，PBH 剪力联结构造的相关构件未能充分发挥材料强度，因此，这类破坏应通过计算最小焊缝长度加以避免。

B. 开孔加劲肋板受压屈曲破坏：当开孔加劲肋掏空面积过大，或钢板厚度过小、或加劲肋高度过高时，在剪力的作用下，可能发生受压屈曲失稳，这类破坏中 PBH 剪力联结构造亦未能充分发挥材料性能，且失稳破坏将表现明显脆性破坏特征，因此，应对加劲肋构造提出构造要求以避免此类破坏。

C. 销栓钢筋断裂破坏或变形过大：由于开孔内钢筋混凝土榫发生剪切破坏和钢筋混凝土榫后部混凝土压碎而失效，当发生此类失效时，钢筋混凝土榫在孔内发生错动，无法直接承受剪力，相邻混凝土将在此错动下发生混凝土劈裂破坏。此类破坏时，PBH 剪力联结构造中的钢筋及混凝土均充分发挥了各自材料性能。

A 类破坏模式中的最小焊缝长度计算：

根据《钢结构设计规范》(GB 50017—2010)，对焊缝长度进行计算，按规范中表 3.4.1-3 进行验算，当其满足 $0.7 \cdot l^{w} \cdot f_{t}^{w}/100 \geqslant Q_{u}$ 时，不会发生焊缝剪切破坏，因此，对于 PBH 剪力联结构造而言，避免 A 类破坏模式的最小焊缝长度计算式为：

$$l^{w} \geqslant \frac{100Q_{u}}{0.7 \cdot f_{t}^{w}} \tag{4.3-1}$$

式中：f_{t}^{w}——对接焊缝抗拉强度设计值。

B 类破坏模式中的最大高厚比计算：

根据《钢结构设计规范》(GB 50017—2010)中对加劲肋的构造要求，加劲肋的厚度 t_s 满足式(4.3-2)要求时，不会发生加劲肋屈曲失稳破坏。

$$t_{s} \geqslant \frac{b_{s}}{15} \tag{4.3-2}$$

式中：b_s——加劲肋外伸宽度。

当 PBH 剪力联结构造中的焊缝长度及加劲肋最大高厚比满足式(4.3-1)、式(4.3-2)要求时，PBH 剪力联结构造即可以避免发生 A 类及 B 类破坏，因此，本节将重点对 C 类破坏模式下的 PBH 剪力联结构造抗剪承载力的影响因素和计算方法进行讨论。

4.3.2　PBH 剪力联结构造承载力影响因素分析

PBH 剪力联结构造承载力由接触界面摩擦力和黏结力，混凝土咬合力，箍筋混凝土榫的抗剪力组成。

1）界面摩擦力和黏结力

界面摩擦力是上方混凝土与钢箱顶板及加劲肋表面间的摩擦力，钢材表面的摩擦系数是该力的影响因素。界面黏结力是混凝土中的水泥与钢材表面之间产生的化学胶着力，混凝土的强度是其主要影响因素。

2）混凝土咬合力

混凝土出现裂缝时，混凝土中的集料和水化物会在裂缝两侧产生咬合力以抵抗界面力的作用。该咬合力的影响因素包括：裂缝宽度，混凝土的强度及 PBH 剪力联结构造附近混凝土受力状态。

3）钢筋混凝土榫的抗剪力

PBH 剪力联结构造中的钢筋混凝土榫受力影响因素可以参照 PBL 剪力键中钢筋混凝土榫。对 PBL 剪力键承载力影响因素国内外已经进行了多次试验研究，有了基本认识。一般而言，PBL 剪力键承载力的影响因素中，混凝土榫的面积和强度、钢筋的面积和强度影响最大；贯穿钢筋的角度、钢板厚度等在满足构造要求时对 PBL 剪力键的承载力影响不大。

对 PBH 剪力联结构造而言，除了以上影响因素外，上方混凝土中钢筋骨架的纵筋直径也影响纵筋对箍筋的约束。加劲肋开孔间距亦是箍筋的间距，因此，该间距的大小将影响箍筋对混凝土的套箍作用。

根据以上分析，PBH 剪力联结构造承载力影响因素主要有：混凝土强度、加劲肋开孔大小和间距、钢材表面处置、箍筋和纵筋直径、钢板厚度及加劲肋高度。接下来将对 PBH 剪力联结构造进行抗剪承载力试验研究，设计试件时将主要考虑上述几点因素。

4.3.3　PBH 剪力联结构造推出试验有限元分析

1）PBH 剪力联结构造有限元建立

建立 PBH 剪力联结构造精细化模型，模型建立方法、单元选取、单元参数等参照 4.1 节。

(1)几何模型的建立。PBH 剪力联结构造标准型有限元模型如图 4.3-1 所示，模型的具体尺寸参照第 3 章中的图 3.3-1。

(2)网格划分。由于 SOLID 65 单元根据弥散裂缝模型和最大拉应力的开裂判据设计，因此在很多情况下可能会因为应力集中而使混凝土提前判断破坏，与试验结果不相吻合，为了尽量避免这类问题，需要对单元划分进行有效控制。最终的网格图如图 4.3-2 和图 4.3-3 所示。

(3)钢板—混凝土黏结滑移模拟。在钢板与混凝土间采用弹簧单元模拟，弹簧刚度按 3.2 节研究所得的钢板—混凝土滑移本构模型选取。

2）PBH 剪力联结构造试验实测与有限元分析比较

通过前述 PBH 剪力联结构造有限元模型建立方法，分别对 PBH 剪力联结构造试件 N1、N2、N3 和 N4 进行有限元分析。图 4.3-4 ~ 图 4.3-7 为有限元分析的 PBH 剪力联结构造破坏时荷载—滑移曲线与试验得到的荷载—滑移曲线的比较。

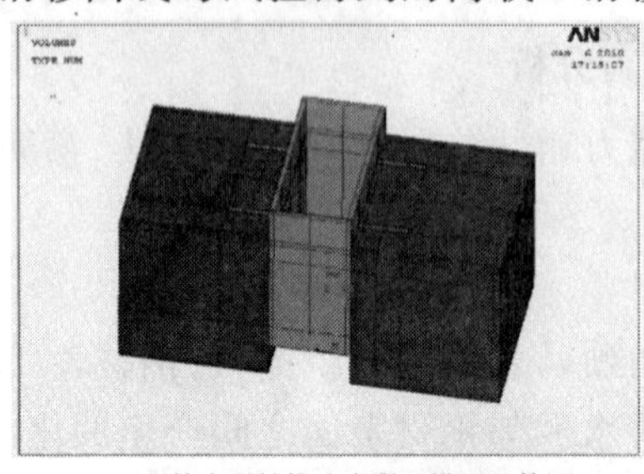

a) PBH剪力联结构造有限元模型整体图

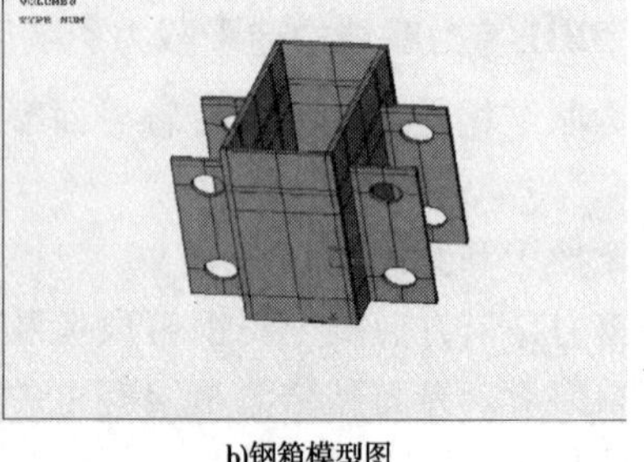

b)钢箱模型图

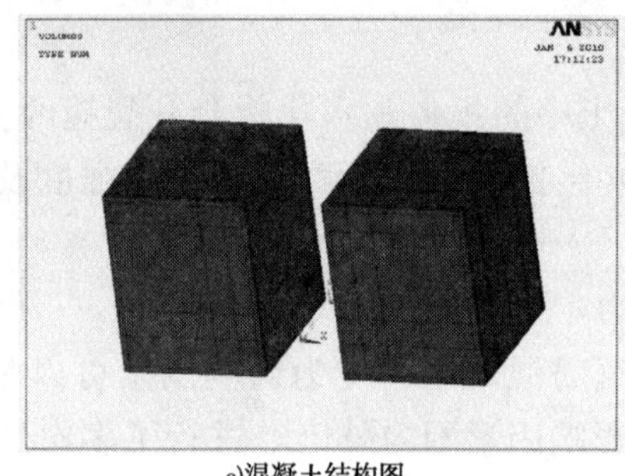

c)混凝土结构图

图 4.3-1　PBH 剪力联结构造试件有限元模型

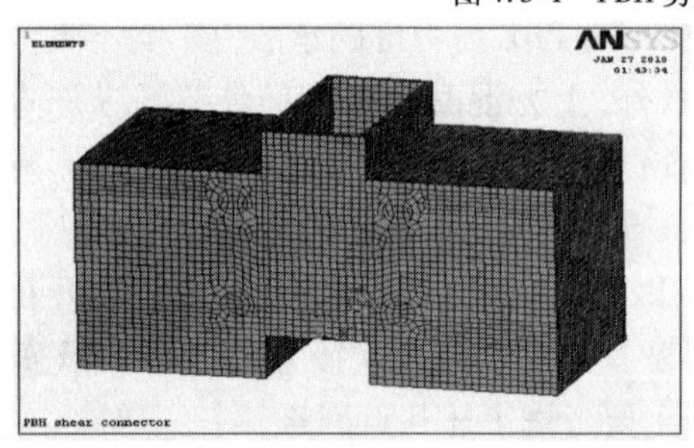

图 4.3-2　PBH 剪力联结构造试件 FEM 模型网格划分

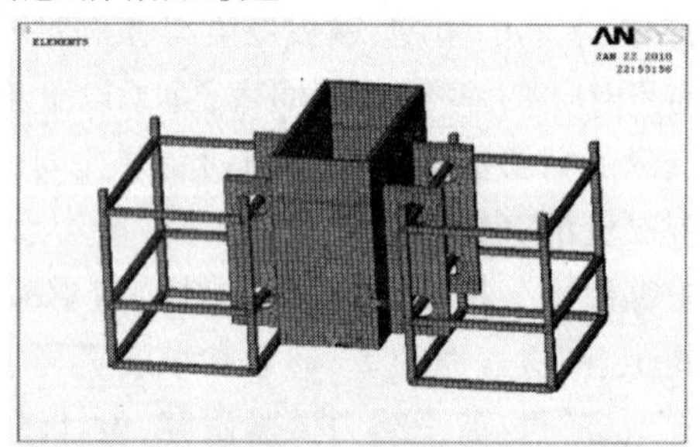

图 4.3-3　PBH 剪力联结构造试件 FEM 模型钢结构网格划分

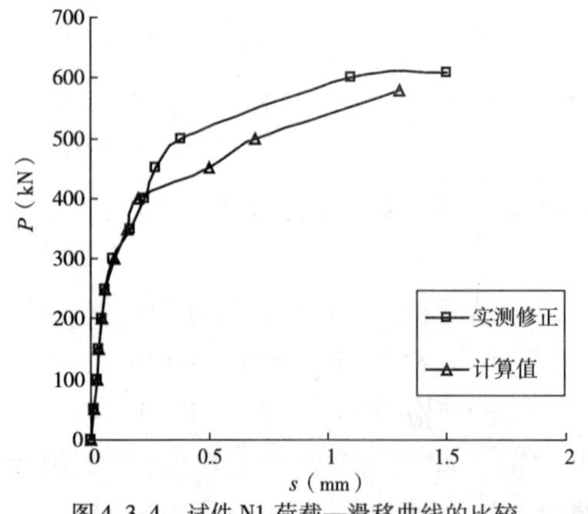

图 4.3-4　试件 N1 荷载—滑移曲线的比较

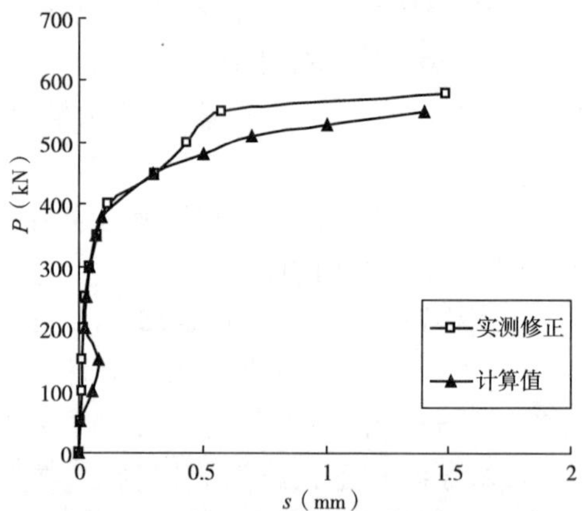

图 4.3-5　试件 N2 荷载—滑移曲线的比较

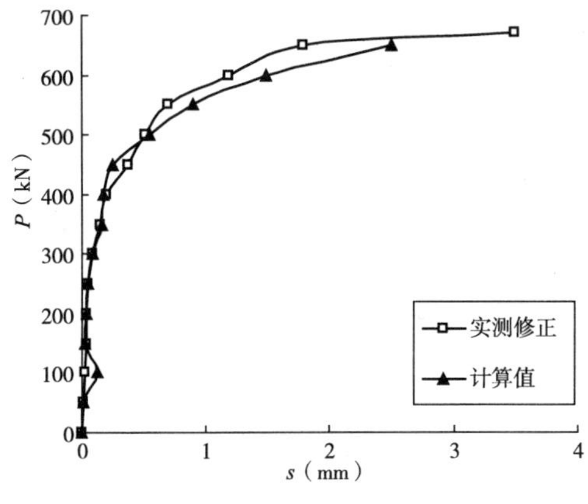

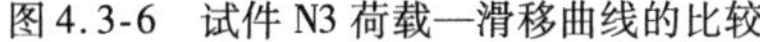

图4.3-6　试件N3荷载—滑移曲线的比较

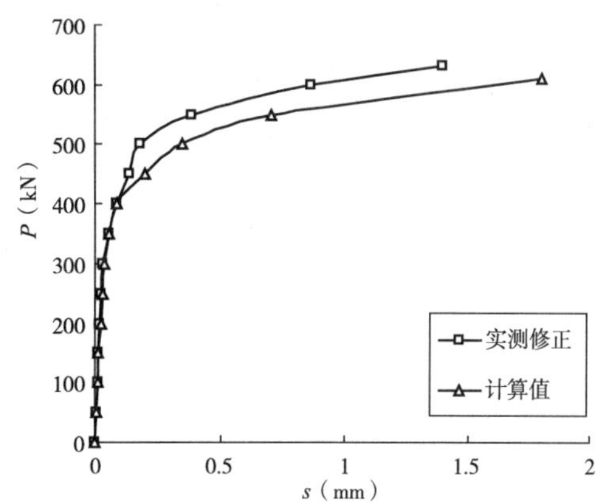

图4.3-7　试件N4荷载—滑移曲线的比较

从图4.3-6、图4.3-7中可以看出，PBH剪力联结构造计算荷载—曲线和试验实测结果吻合较好，表明有限元分析具有足够的分析精度，有限元仿真分析和试验相结合进行PBH剪力联结构造受力特性的分析和研究有一定的可靠性。分析得到的PBH剪力联结构造刚度略微小于试验实测刚度，其原因可能是试验材料的真实本构关系与有限元分析所取的混凝土单轴本构关系有所差异，特别是从混凝土后期表现上来看，本构的后期差异较前期差异大。PBH剪力联结构造的屈服荷载计算值与实测值比相差约为2.5%～7%，极限承载力分析结果与实测结果比相差约3%～9%。两者之间的差距产生的部分原因是有限元中由于计算收敛问题，产生了结构失稳造成极限状态的假象。

4.3.4　多参数分析

多参数分析采用第3章的试验成果与有限元分析结果相结合的方法。由于试验研究中进行了钢筋直径及开孔间距等参数的研究，在有限元中将进行混凝土强度等级、钢材强度、钢板厚度、开孔孔径及加劲肋高度等参数的研究。

1）混凝土强度等级

由图4.3-8可以看出，混凝土强度等级为C30的PBH剪力联结构造承载力为360kN，混凝土强度等级C45的PBH剪力联结构造承载力为610kN，混凝土强度等级C50的PBH剪力联结构造承载力为640kN。由此可以看出，混凝土强度越大，PBH剪力联结构造的极限承载力越高，混凝土强度对PBH剪力联结构造的承载力影响显著。

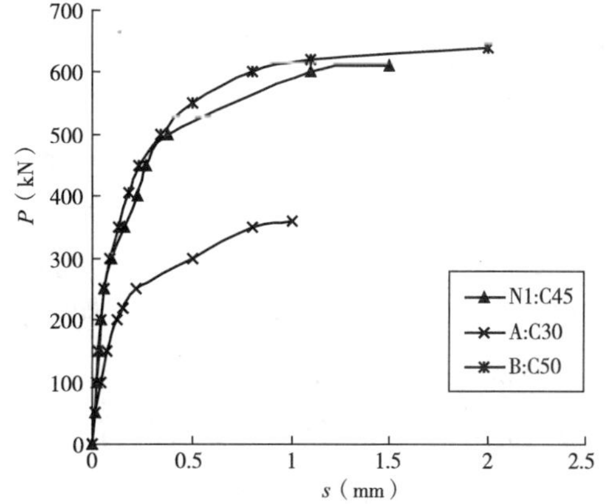

图4.3-8　不同混凝土强度PBH剪力联结构造荷载—滑移曲线

2）箍筋直径

由图4.3-9可知，钢筋直径为$\phi6$的PBH剪力联结构造承载力最小，为580kN，其次为钢筋直径$\phi8$的PBH剪力联结构造，承载力为610kN，最大的为钢筋直径为$\phi10$的PBH剪力联结构造，承载力为670kN。钢筋直径为$\phi6$的PBH剪力联结构造承载力小于直径$\phi10$的

PBH 剪力联结构造极限承载力约 14%,表明钢筋直径可以一定程度地影响 PBH 剪力联结构造的极限承载力。

3)加劲肋板开孔间距

如图 4.3-10 所示,当混凝土强度、贯穿钢筋直径和其他钢板厚度等因素相同时,钢板开孔间距 $D=120$mm 的 PBH 剪力联结构造极限承载力为 610kN,钢板开孔间距 $D=90$mm 的 PBH 剪力联结构造极限承载力为 630kN,前者约为后者的 96%。说明钢板开孔间距对 PBH 剪力联结构造的极限承载力的影响不明显。

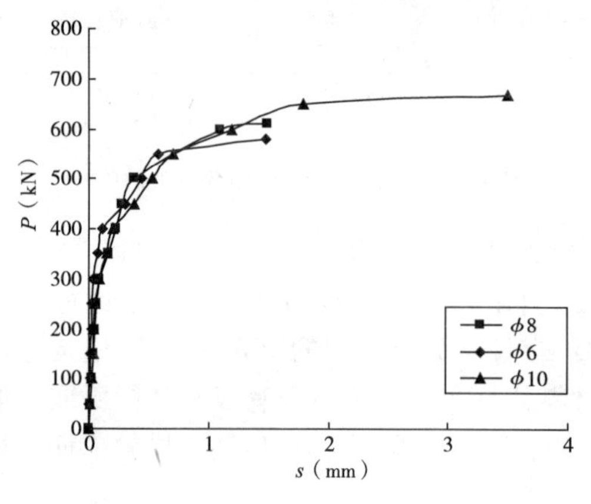

图 4.3-9　不同钢筋直径 PBH 剪力联结构造荷载—滑移曲线

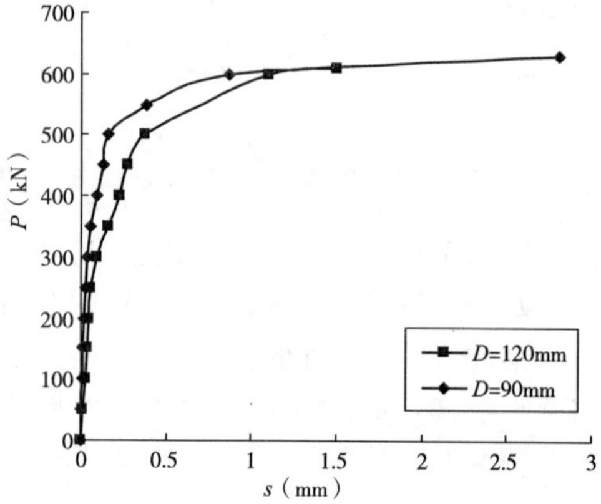

图 4.3-10　不同开孔间距 PBH 剪力联结构造荷载—滑移曲线

4)加劲肋板开孔直径

如图 4.3-11 所示,当钢板开孔直径不同时,开孔直径 $d=30$mm 的 PBH 剪力联结构造试件的承载力为 610kN, 钢板开孔直径 $d=40$mm 的 PBH 剪力联结构造试件的承载力为 670kN,钢板开孔直径 $d=50$mm 的 PBH 剪力联结构造试件的承载力为 740kN,三者分别相差 9% 和 17%,说明钢板开孔直径对 PBH 剪力联结构造承载力有较大影响。分析认为,在加劲肋板不被明显削弱的情况下,钢板开孔直径越大,PBH 剪力联结构造的承载力越高。

5)加劲肋高度

进行了加劲肋高度分别为 50mm,60mm,70mm 的有限元分析,分析结果见图 4.3-12。由图可知,在不改变其他参数的情况下,加劲肋高度为 50mm 的 PBH 剪力联结构造承载力为 570kN,加劲肋高度为 60mm 的 PBH 剪力联结构造承载力为 610kN,加劲肋高度为 70mm 的 PBH 剪力联结构造承载力为 670kN。说明加劲肋高度对 PBH 剪力联结构造的承载力有明显影响,该参数主要反映了箍筋包裹中的加劲肋中间约束混凝土对 PBH 剪力联结构造抗剪的影响。

4.3.5　半理论半经验的 PBH 剪力联结构造承载力计算公式

1)PBH 剪力联结构造承载力公式形式研究

PBH 剪力联结构造是在 PBL 剪力键的研究基础上发展而来,与 PBL 剪力键类似,PBH 剪力联结构造的抗剪力主要由孔内钢筋混凝土榫构成。此外,PBH 剪力联结构造一个重要的特点是其穿过带孔加劲肋的钢筋是钢箱上方混凝土中钢筋骨架的一部分。由于混凝土受到箍筋套箍作用的影响,钢筋混凝土榫的抗压和抗剪性能均得到了改善,贯穿钢筋作为钢筋骨架中箍筋的一部分，变形受到了纵筋和混凝土的约束。PBH剪力联结构造由于抗剪钢筋与箍筋合为一体，且与架立钢筋及纵向受压钢筋形成钢筋骨架，因此，该钢筋骨架内的混凝土将不同程度地参与界面抗剪。

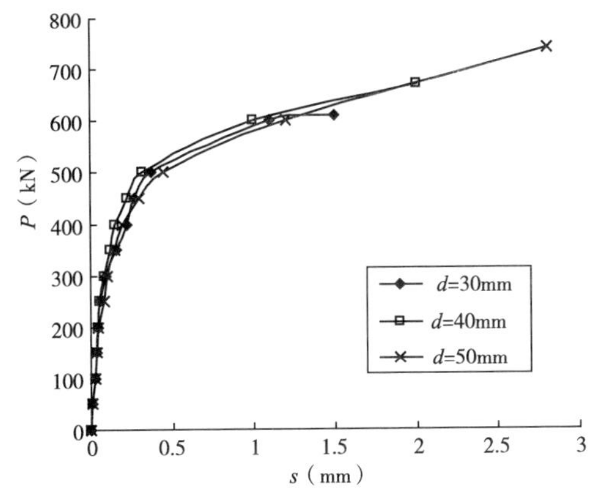

图4.3-11　不同钢板开孔直径PBH剪力联结构造荷载—滑移曲线

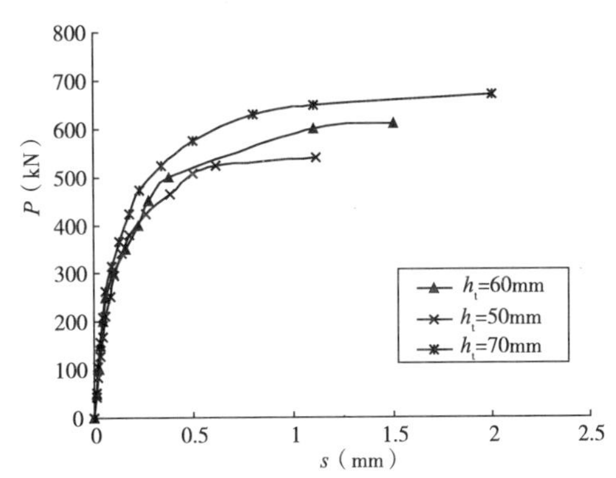

图4.3-12　不同加劲肋高度PBH剪力联结构造荷载—滑移曲线

PBH剪力联结构造在混凝土中受力较为复杂，需要理论分析和大量的试验结合研究确定其承载力。其抗剪承载力的影响因素中除了与PBL剪力键类似的因素外，还包括钢筋骨架的包裹作用等。该因素影响的范围较大，一方面该作用加强了穿过孔洞的箍筋混凝土榫的强度和刚度，另一方面增加了加劲肋内约束混凝土的强度。由于该参数影响方式的复杂性，因此在计算中将其影响计入其他因素内。PBH剪力联结构造的承载力计算公式可以借鉴PBL剪力键现在研究成果中的公式形式，但符号的含义不同。

下面简单介绍一些国内外关于PBL剪力键承载力计算方法的研究成果。

基于没有贯穿钢筋试件的试验结果，Leonhardt等人提出了承载力公式(4.3-3)，认为此时PBL剪力键的主要破坏模式表现为混凝土榫的剪切破坏。

$$Q_u = 1.79d^2 f_c \tag{4.3-3}$$

式中：d——孔径；

f_c——混凝土抗压强度。

Nishiumi等人在PBL剪力键的试验中发现，当剪力键试件达最大荷载时，试件内的贯穿钢筋已经在剪力的作用下屈服，因此可以将贯穿钢筋的屈服强度引入PBL剪力键抗剪承载力计算公式中，由此提出了包含贯穿钢筋强度的PBL剪力键抗剪承载力计算公式：

$$Q_u = 0.26A_c f_c + 1.23A_s f_y \quad A_s f_y / A_c f_c < 1.28 \tag{4.3-4}$$

$$Q_u = 1.83A_c f_c \quad A_s f_y / A_c f_c \geq 1.28 \tag{4.3-5}$$

式中：A_c——混凝土面积；

A_s——钢筋面积；

f_y——钢材屈服强度。

Hosaka等人提出混凝土榫将受到孔洞贯穿钢筋的影响，提出带贯穿钢筋PBL剪力键的抗剪承载力公式为：

$$q_u = 1.45[(d^2 - d_s^2)f_c + d_s^2 f_y] - 26.1 \tag{4.3-6}$$

式中：d_s——钢筋直径。

Oguejiofor 认为钢板外混凝土、横向钢筋和混凝土榫共同影响 PBL 剪力键的抗剪强度，针对混凝土板沿纵向劈裂的破坏模式，提出相应公式：

$$Q_u = 0.6348A_c\sqrt{f_c'} + 1.1673A_{tr}f_y + 1.6396A_{bs}\sqrt{f_c'} \tag{4.3-7}$$

式中：f_c'——混凝土抗压强度；

A_{tr}——贯穿钢筋面积；

A_{bs}——混凝土榫截面面积。

Hosain 分析认为 PBL 剪力键的抗剪承载力可由混凝土榫和贯通钢筋两部分叠加而成，其公式形式为：

$$Q_u = 0.590A_c\sqrt{f_c'} + 1.233A_{tr}f_y + 2.871nd^2\sqrt{f_c'} \tag{4.3-8}$$

式中：n——孔数。

此后，他进一步研究认为，承载力与端部承压强度有明显关系，提出下式，该式计算中偏于不保守。

$$Q_u = 4.5ht\sqrt{f_c'} + 0.91A_{tr}f_y + 3.31nd^2\sqrt{f_c'} \tag{4.3-9}$$

式中：h,t——开孔钢板的高度和厚度。

宗周红进行了栓钉和 PBL 剪力键的比较试验，提出了包括混凝土强度与横向钢筋布置情况的公式：

$$Q_u = \alpha_1\beta_1A_c\sqrt{E_cf_c'} + \alpha_2\beta_2A_{tr}f_y \tag{4.3-10}$$

式中：α_1——混凝土类型影响系数，其中普通混凝土取 1.0，钢纤维混凝土取 1.25；

α_2——横向钢筋位置影响系数；

β_1、β_2——回归系数，$\beta_1=0.0029$，$\beta_2=0.75$；

E_c——混凝土弹性模量。

以上各公式的形式多样，但其主要形式均由构成承载力的主要部分相加而成，即加劲肋加强混凝土部分+孔内混凝土部分+贯穿钢筋部分=剪力键承载力。各部分承载力与相应的材料强度、尺寸及构造等相关。因此，参考以上公式以及 4.3.4 多参数分析结果可以得到 PBH 剪力联结构造抗剪承载力的公式形式如下：

$$Q_u = b_1A_c\sqrt{f_c'} + b_2d^2\sqrt{f_c'} + b_3A_{tr}f_s \tag{4.3-11}$$

式中：Q_u——PBH 剪力联结构造单孔极限抗剪承载力；

f_s——贯穿箍筋的屈服强度；

d——开孔直径，表征钢筋混凝土榫面积；

b_1、b_2、b_3——多元回归参数。

以下将通过多元回归分析方法根据试验结果及有限元分析结果求解上式中各参数值。

2）多元回归分析方法

多元回归分析是用于研究多个变量相互间关系的一种回归分析方法，根据其因变量和自变量的数量对应关系可以分为“一对多”回归分析法和“多对多”回归分析法；按回归模型的类型可划分为线性回归模型和非线性回归模型两种。作者在此采用“一对多”多元线性回归模型对PBH剪力联结构造的抗剪承载力与其影响因素进行分析。

多元线性回归模型的一般形式为：

$$Y = b_0 + b_1x_1 + b_2x_2 + \cdots + b_kx_k + e \tag{4.3-12}$$

式中：b_0——回归常数项；

b_j——回归系数，$j=1,2,3,\cdots,k$；当$b_1,x_2,x_3,\cdots,x_k$固定时，每增加一个x_1单位时Y的效应值，即为x_1对y的偏回归系数；同样道理，$b_1,x_1,x_3,\cdots,x_k$固定时，每增加一个x_2单位时y的效应值，即为x_2对Y的偏回归系数，以此类推；

e——随机误差。

该模型需要建立多元一次标准方程并求解各回归参数，其求解的标准方程为：

$$\begin{aligned}
nb_0 + b_1\sum_{i=1}^{n}x_{i1} + b_2\sum_{i=1}^{n}x_{i2} + \cdots + b_k\sum_{i=1}^{n}x_{ik} &= \sum_{i=1}^{n}y_i \\
b_0\sum_{i=1}^{n}x_{i1} + b_1\sum_{i=1}^{n}x_{i1}^2 + b_2\sum_{i=1}^{n}x_{i1}x_{i2} + \cdots + b_k\sum_{i=1}^{n}x_{i1}x_{ik} &= \sum_{i=1}^{n}x_{i1}y_i \\
\vdots \quad \vdots \quad \vdots \quad \vdots \quad \vdots \quad \vdots & \quad \vdots \\
b_0\sum_{i=1}^{n}x_{ik} + b_1\sum_{i=1}^{n}x_{ik}x_{i1} + b_2\sum_{i=1}^{n}x_{ik}x_{i2} + \cdots + b_k\sum_{i=1}^{n}x_{ik}^2 &= \sum_{i=1}^{n}x_{ik}y_i
\end{aligned} \tag{4.3-13}$$

此方程的解即为所列标准方向的回归系数。此外，该方程也可用矩阵法进行求解：

$$b = (x'x)^{-1} \cdot (x'y) \tag{4.3-14}$$

即

$$\begin{bmatrix} b_0 \\ b_1 \\ \vdots \\ b_k \end{bmatrix} = \begin{bmatrix} n & \sum x_1 & \cdots & \sum x_k \\ \sum x_1 & \sum x_1^2 & & \sum x_1x_k \\ \vdots & \vdots & \vdots & \vdots \\ \sum x_k & \sum x_1x_k & \cdots & \sum x_k^2 \end{bmatrix}^{-1} \cdot \begin{bmatrix} \sum y \\ \sum x_1y \\ \vdots \\ \sum x_ky \end{bmatrix} \tag{4.3-15}$$

3）PBH剪力联结构造承载力计算方法研究

由以上分析可得出，影响PBH剪力联结构造极限承载力的关键因素包括：钢筋混凝土榫截面面积、贯穿箍筋的面积和强度、混凝土强度、加劲肋板开孔的大小等。PBH剪力联结构造的极限承载力与上述几个影响因素之间的关系可用下列多元线性回归模型表示：

$$Q_u = b_1A_c\sqrt{f_c'} + b_2d^2\sqrt{f_c'} + b_3A_{tr}f_s \tag{4.3-16}$$

上式用多元回归分析可假设：

$$x_1 = A_c\sqrt{f_c'}, x_2 = d^2\sqrt{f_c'}, x_3 = A_{tr}f_s, y = Q_u$$

回归参数的标准方程为：

$$\begin{aligned}
nb_0 + b_1\sum_{i=1}^{n}x_{i1} + b_2\sum_{i=1}^{n}x_{i2} &= \sum_{i=1}^{n}y_i \\
b_0\sum_{i=1}^{n}x_{i1} + b_1\sum_{i=1}^{n}x_{i1}^2 + b_2\sum_{i=1}^{n}x_{i1}x_{i2} &= \sum_{i=1}^{n}x_{i1}y_i \\
b_0\sum_{i=1}^{n}x_{i2} + b_1\sum_{i=1}^{n}x_{i1}x_{i2} + b_2\sum_{i=1}^{n}x_{i2}^2 &= \sum_{i=1}^{n}x_{i2}y_i
\end{aligned} \tag{4.3-17}$$

PBH剪力联结构造承载力多元回归数据表见表4.3-1。

PBH 剪力联结构造承载力多元回归数据表　　表 4.3-1

混凝土强度(MPa)	Q_u (kN)	钢材强度(MPa)	Q_u (kN)	箍筋直径(mm)	Q_u (kN)	开孔直径(mm)	Q_u (kN)	加劲肋高度(mm)	Q_u (kN)
C30	45	235	72.5	6	66.25	30	72.5	50	71.25
C40	72.5	335	82.5	8	72.5	40	83.75	60	76.25
C50	80	375	86.25	10	81.25	50	92.5	70	83.75

作者采用 MATLAB 根据多元回归分析方法编写程序进行回归分析，求解 PBH 剪力联结构造极限承载力与其影响因素之间关系的数学表达式中的参数值。

将 PBH 剪力联结构造各试验试件的试验数据代入方程求解出个回归参数分别为：

$$b_1 = 1.1823 \qquad b_2 = 2.8972 \qquad b_3 = 1.2897$$

将以上求解得到的回归参数代入式(4.3-16)，得到 PBH 剪力联结构造的极限抗剪承载力计算公式为：

$$Q_u = 1.1823A_c\sqrt{f_c'} + 2.8972d^2\sqrt{f_c'} + 1.2897A_{tr}f_s \tag{4.3-18}$$

式中符号意义同式(4.3-14)。

图 4.3-13 中试验实测值与公式计算值比较表明，两者吻合较好，对两者数据进行 95% 的置信度检验，结果显示回归模型成立。

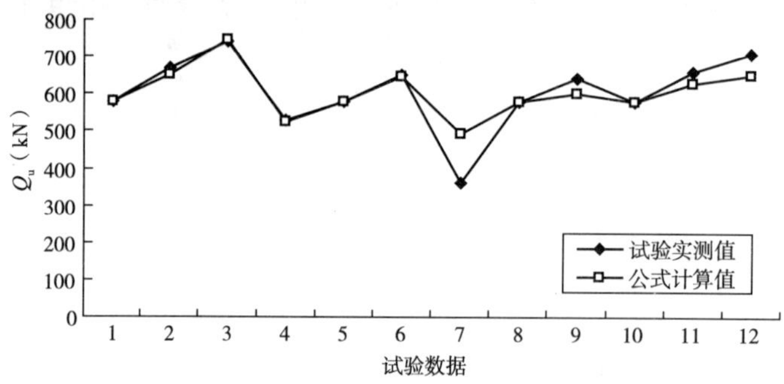

图 4.3-13　试验实测值与式(4.3-18)计算值比较

从表 4.3-2 结果可以看出，作者公式按 PBL 剪力键计算结果普遍偏小，表明 PBH 剪力联结构造试件强度高于 PBL 剪力键，与相似公式比较可以看出，PBH 剪力联结构造主要是在加劲肋加强混凝土部分和贯穿箍筋部分的系数明显提高，表明 PBH 剪力联结构造在此两处由于钢筋骨架对混凝土的握裹加强作用及对箍筋的自由约束增强作用，与第 3 章 PBH 剪力联结构造传力机理吻合。

作者部分试件按不同承载力公式计算所得的单孔承载力(单位:kN)　　表 4.3-2

提 出 人	公　式	N1	N2	N3	(计算值/实测值)平均值
Leonhardt	式(4.3-3)	72.5	72.5	72.5	0.939
Hosaka	式(4.3-6)	55.4	45.1	68.2	0.721
Nishiumi	式(4.3-4)、式(4.3-5)	26.2	18.4	36.3	0.344
Oguejiofor	式(4.3-7)	46.1	55.6	38.6	0.611
Hosain	式(4.3-8)	37.9	30.0	48.0	0.495
	式(4.3-9)	24.3	18.5	31.7	0.317

续上表

提出人	公　式	N1	N2	N3	(计算值/实测值)平均值
宗周红	式(4.3-10)	29.8	25.0	36.0	0.388
作者公式	式(4.3-11)	75.9	67.7	86.5	0.987
实测结果		76.25	72.5	83.75	

4.4　PBH 剪力联结构造荷载—滑移本构关系

由于 PBH 剪力联结构造中对构件受力行为产生影响的主要为末端滑移，因此，此处考察的荷载—滑移本构所指的滑移为 PBH 剪力联结构造试件中的下端滑移值。

根据第 3 章试验结果及本章有限元分析结果，将各滑移曲线采用典型剪力键本构方程进行拟合，拟合图形如图 4.4-1 所示。经过大量拟合比较，得到适用于 PBH 剪力联结构造的参数 $\alpha=15$。

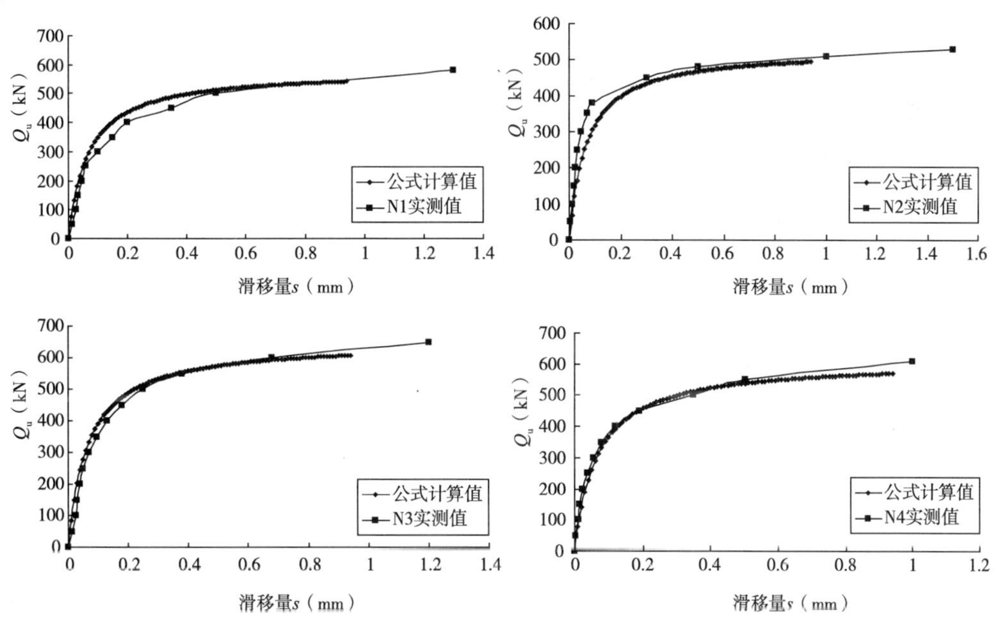

图 4.4-1　PBH 剪力联结构造荷载—滑移曲线实测值与计算值对比

即 PBH 剪力联结构造的荷载—滑移本构形式为：

$$Q=\frac{15\Delta}{1+15\Delta}Q_u \tag{4.4-1}$$

式中：Δ——PBH 剪力联结构造界面滑移值，mm；

Q_u——PBH 剪力联结构造抗剪强度，kN。

此处假定各 PBH 剪力联结构造在参数发生变化时，其 Q_u 随之发生变化，但其荷载—滑移本构曲线的形状相似，因此，结合式(4.4-1)及 4.3 中所得 PBH 剪力联结构造的 Q_u 计算公式，可以得到任意固定参数的 PBH 剪力联结构造黏结—滑移本构。这将为 PBH 剪力联结构造精细分析提供有益参考。

对 PBH 剪力联结构造荷载—滑移本构曲线进行分析，可以看出，该曲线表现出明显的三段式刚度变化，通过4.3中对PBH剪力联结构造破坏模式及承载力影响因素的分析可知，曲线的第一段的刚度为初始刚度，此时抗剪力由黏结力、摩擦力、混凝土咬合力及贯穿钢筋抗剪力等共同组成；当PBH剪力联结构造中钢板与混凝土间的黏结力逐渐发生破坏，抗剪刚度发生了明显降低，进入曲线的第二段，此时抗剪力主要由混凝土咬合力和贯穿钢筋构成；当混凝土劈裂临界裂缝逐渐扩展延伸时，界面变形由裂缝错位变形与界面滑移两部分共同组成，刚度降低至极小值，PBH剪力联结构造破坏。

针对此，将PBH剪力联结构造荷载—滑移曲线采用三段直线进行简化模拟(图4.4-2)，此模拟一方面在满足工程计算精度的同时简化难度，另一方面是为了作者第6章中对钢箱—混凝土构件进行全过程分析中可以求解解析解。

通过对试验数据和数值计算结果的回归，并忽略初始裂缝对刚度的影响，可以得到如下的三折线刚度模式：

$$Q=\begin{cases}8.0\cdot Q_u\cdot s & Q<0.5Q_u\\ 0.5Q_u+1.0\cdot Q_u\cdot s & 0.5Q_u\leqslant Q<0.8Q_u\\ 0.8Q_u+0.13\cdot Q_u\cdot s & Q\geqslant 0.8Q_u\end{cases}\tag{4.4-2}$$

式中：Q_u——PBH剪力联结构造界面抗剪承载力；

s——滑移量，mm。

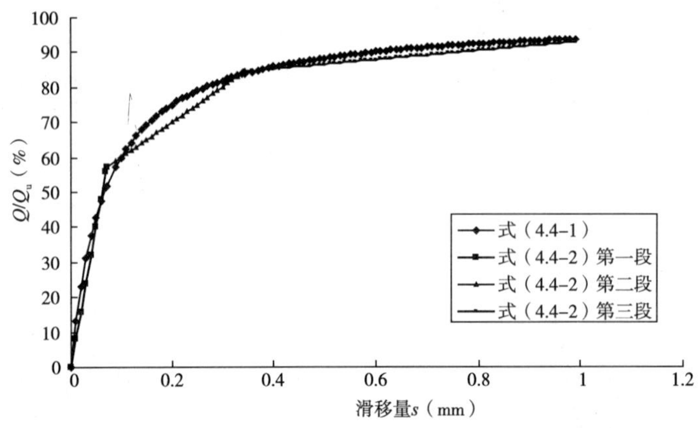

图4.4-2　采用分段直线拟合的PBH剪力联结构造荷载—滑移曲线

第 5 章　钢箱—混凝土组合压弯构件试验研究及全过程分析

本章为了研究钢箱—混凝土组合压弯构件的受力全过程力学行为，了解不同偏心距作用下构件的破坏模式等宏观力学表现，进行了钢箱—混凝土组合压弯构件的受载试验；推导了考虑界面滑移的钢箱—混凝土组合压弯构件荷载与滑移(应变)间的关系式，在此基础上，编制了钢箱—混凝土组合压弯构件全过程分析程序 SCCA。

5.1　构件设计及加载方案

本次试验的目的是研究不同偏心距情况下钢箱—混凝土组合压弯构件的受力性能，试验主要参数为加载初始偏心距。

5.1.1　试件设计

截面选定参照重庆万盛藻渡大桥，截面形式及试件尺寸如图 5.1-1、图 5.1-2 所示。钢箱钢板厚 2.5mm，混凝土内配置 4 根一级钢筋，其中上面两根直径 8mm，下面两根直径 4mm。混凝土与钢箱之间采用 PBH 剪力联结构造。

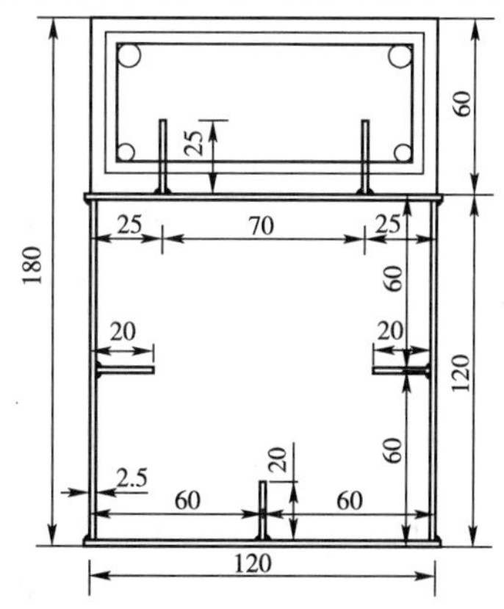

图 5.1-1　试件截面形式(尺寸单位：mm)

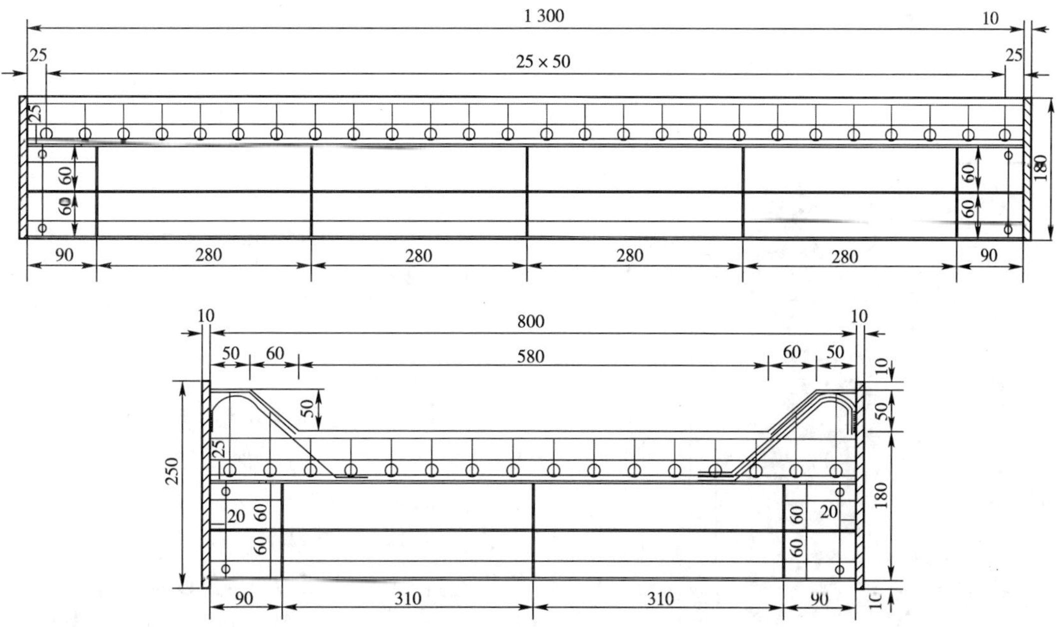

图 5.1-2　试件尺寸(尺寸单位：mm)

试件分成两组(图 5.1-3)，一组是试验梁，一组是试验柱。

表5.1-1为本次试验的试件参数表。为了避免钢板出现过早局部屈曲，钢箱上设置了多道横隔板及加劲肋，满足规范相关构造要求。

图5.1-3　试验试件

试验试件参数表　　表5.1-1

构件编号	构件长度(mm)	构件宽度(mm)	构件高度(mm)	钢板厚度(mm)	混凝土厚度(mm)	偏心距(mm)	混凝土强度(MPa)	钢板强度(MPa)	附　注
N1	800	120	180	2.5	60	0	49.3	330	轴向柱
N2	800	120	180	2.5	60	50	49.3	330	轴向柱
N3	800	120	180	2.5	60	100	49.3	330	轴向柱
M1	1 300	120	180	2.5	60	—	49.3	330	纯弯梁
M2	1 300	120	180	2.5	60	500	49.3	330	压弯梁
M3	1 300	120	180	2.5	60	220	49.3	330	压弯梁

5.1.2　材料特性

1)混凝土

试验梁采用微粒混凝土，最大粒径10mm，混凝土立方体抗压强度实测值为f_c = 49.3MPa。混凝土28d立方体抗压强度为47.4MPa。

图5.1-4　试验柱加载方式(尺寸单位:mm)

2)钢材

钢板为Q235普通热轧钢板，钢板的抗拉强度实测值为290MPa。

5.1.3　加载方案

1)柱的加载方案

试验柱的加载包括轴心受压和偏心受压两种方式(图5.1-4)。为了保证偏心加载时的偏心距，加载时柱的两端的加载钢板上用粗钢筋设置成类似刀铰的加载装置。试验全过程中要测读荷载施加力值、挠度及应变数据。集中力F的大小用测力传感器测读，挠度用百分表测读，分别在梁的两端支座及跨中设置；混凝土应变由标距 50mm 的应变片测读，钢板应变由标距 2mm 的应变片测读。

2）梁的加载方案

试验梁的加载包括纯弯和压弯两种方式（图 5.1-5）。为了得到纯弯区段，加载时通过在千斤顶下设置分配梁采用四点加载法加载。压弯试验时，在梁的两端设置刀铰，一端设置千斤顶。试验全过程中要测读荷载施加力值、挠度及应变数据。其中两个千斤顶的大小用测力传感器同时测读，挠度用百分表测读，分别在梁的两端支座及跨中设置；混凝土应变由标距 50mm 的应变片测读，钢板应变由标距 2mm 的应变片测读。

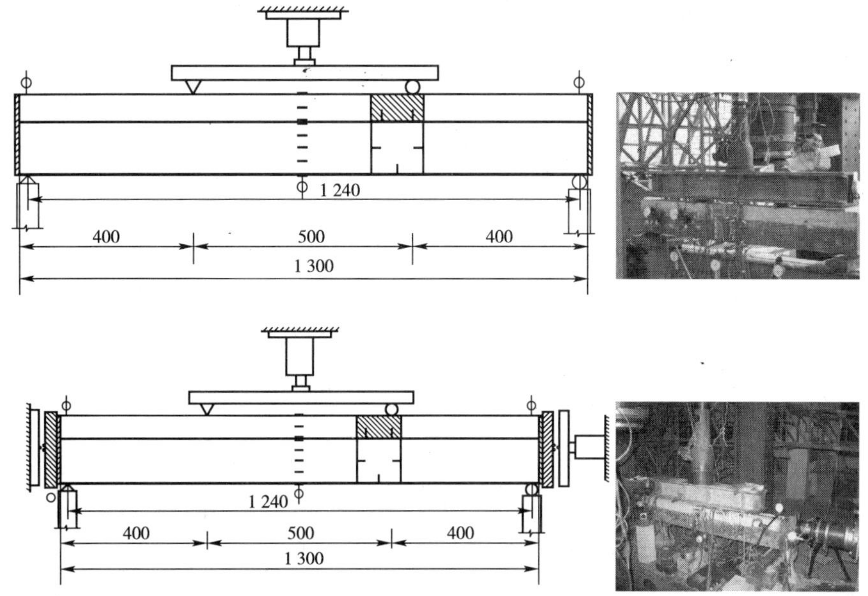

图 5.1-5　试验梁加载方式（尺寸单位：mm）

5.2　钢箱—混凝土组合构件受弯试验

5.2.1　弯矩—挠度曲线

图 5.2-1 曲线上有明显的两个转折点，将曲线分成三个阶段。两个转折点分别为钢箱屈服点（$M = 27.75\text{kN} \cdot \text{m}$）和峰值点（$M = M_u = 32.375\text{kN} \cdot \text{m}$）。第一个阶段，$M-f$ 基本为直线，钢箱处于弹性工作阶段，可称之为弹性阶段；在钢箱底板开始屈服时，进入第二个阶段，钢箱底板受拉屈服，且随着荷载的增加，屈服点向腹板上移，变形和应变增加速率加快，$M-f$ 曲线表现为明显的弹塑性，此阶段可称之为弹塑性工作阶段；当梁到达承载力峰值点时，进入第三个阶段，受压区混凝土到达最大压应变，$\varepsilon_{c,max} = 1\ 962\mu\varepsilon$，混凝土从上缘开始被压溃，此时称之为破坏阶段。由于混凝土受到箍筋、PBL 剪力键及钢箱顶板的套箍约束作用，构件的强度没有明显的降低，在达到 M_u 后再次加载，残余变形继续增加，残余强度没有明显降低。

第Ⅰ阶段：钢箱和混凝土基本处于弹性工作阶段，即应力和应变成正比。混凝土的压应力和钢箱的应力基本上呈三角形分布。混凝土全部受压，钢箱上部小部分受压，大部分受拉，中性轴位于钢箱内上方。第Ⅰ阶段末：混凝土和钢箱的应变仍较好地满足平截面假定，混凝土的受压最大应变到达混凝土受压应力—应变曲线的弹塑性阶段，钢箱底板最外缘达到屈服时的应变值，表示钢箱开始进入屈服阶段，进入第Ⅱ阶段。

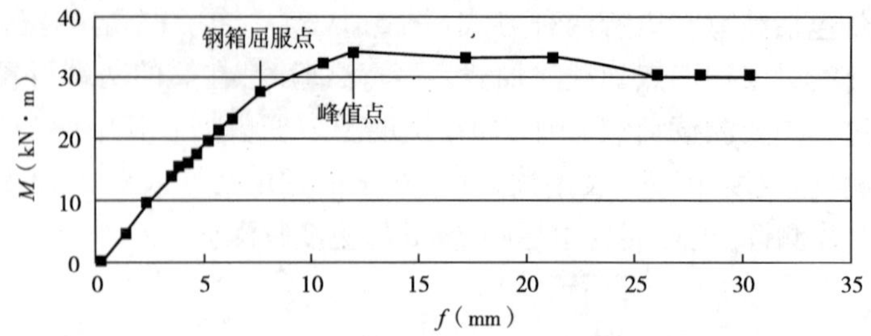

图 5.2-1　$M-f$ 曲线试验值

第Ⅱ阶段：本阶段钢箱从底板下缘开始屈服。由于底板厚度较薄，屈服很快发展到腹板，但达到屈服后的钢板并没有如钢的单轴试验一样在荷载增加时产生很大的变形，而是受到其上方未屈服的钢板约束，在应力不变的情况下应变增加速率增大。但由于腹板较薄，约束能力较差，受弯梁的整体刚度明显降低。荷载增量由腹板的应力增量和混凝土曲线的外凸平衡。此时，中和轴高度继续向上缓慢增加。第Ⅱ阶段末：这时，截面受压区上边缘的混凝土压应变达到其极限压应变值，压应力曲线表现出明显的外凸曲线，混凝土受压应力—应变曲线决定了最大压应力不在上边缘而在其稍下处。钢箱已屈服至腹板中部，受弯梁的正截面承载力达到其峰值。

第Ⅲ阶段：混凝土上缘出现多条平行裂缝，箍筋外的保护层混凝土被压至分层、剥落。箍筋内的混凝土整体性较好，中和轴进一步上升。由于混凝土受压区面积的减小，承载力下降，但箍筋内的核心混凝土仍保持较高的强度，承载力下降缓慢。多次重复加载后，仍有较高的残余强度。

5.2.2　混凝土和钢箱应变分布规律

图 5.2-2、图 5.2-3 为钢箱与混凝土最大应变试验值与理论值对比。

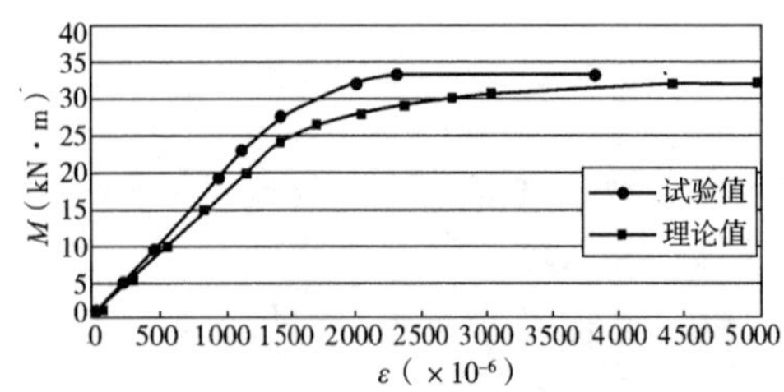

图 5.2-2　$M-$钢箱最大拉应变试验值与理论值对比

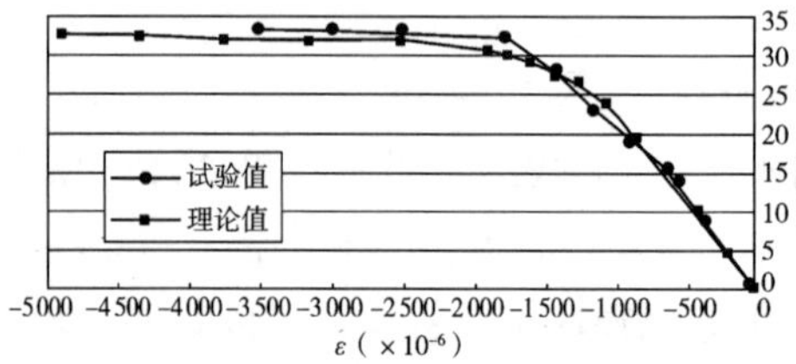

图 5.2-3　$M-$混凝土最大压应变试验值与理论值对比

第Ⅰ阶段——弹性工作阶段：钢箱和混凝土的应力和应变成正比。混凝土的压应力和钢箱的应力基本上呈三角形分布，中性轴位于钢箱内上方。第Ⅰ阶段末混凝土的最大压应变到达混凝土受压应力—应变曲线的弹塑性阶段。

第Ⅱ阶段——弹塑性工作阶段：本阶段钢箱从底板下缘开始屈服，达到屈服后的钢板并没有产生很大的变形，由于受到其上方未屈服的钢板约束，因此在应力不变的情况下应变增加速率增加，受弯梁的整体刚度由于腹板的约束能力不足而明显降低。荷载增量由腹板的应力增量和混凝土曲线的外凸平衡。此时，中和轴高度继续向上缓慢增加。第Ⅱ阶段末，构件达到其最大承载力。

第Ⅲ阶段——破坏阶段:混凝土压应变越加丰满,钢箱屈服高度继续上移,直至混凝土受压区上边缘的混凝土压应变达到其极限压应变值,压应力曲线表现出明显的外凸曲线,混凝土受压应力—应变曲线决定了最大压应力不在上边缘而在其稍下处。钢箱已屈服至腹板中部,继续加载,混凝土上缘出现多条平行裂缝,箍筋外的保护层混凝土被压至分层、剥落。箍筋内的混凝土整体性较好,中和轴进一步上升。由于混凝土受压区面积的减小,承载力下降,但箍筋内的核心混凝土仍保持较高的强度,承载力下降缓慢。多次重复加载后,仍有较高的残余强度。但变形持续增加且残余变形较大。

图 5.2-4、图 5.2-5 显示,随着荷载的增加,沿截面高度的应变值也不断增加,但应变分布图基本上仍是上下两个对顶的三角形,平截面假定吻合良好,界面处无明显应变突变。并且可以看出,中和轴略有上升。

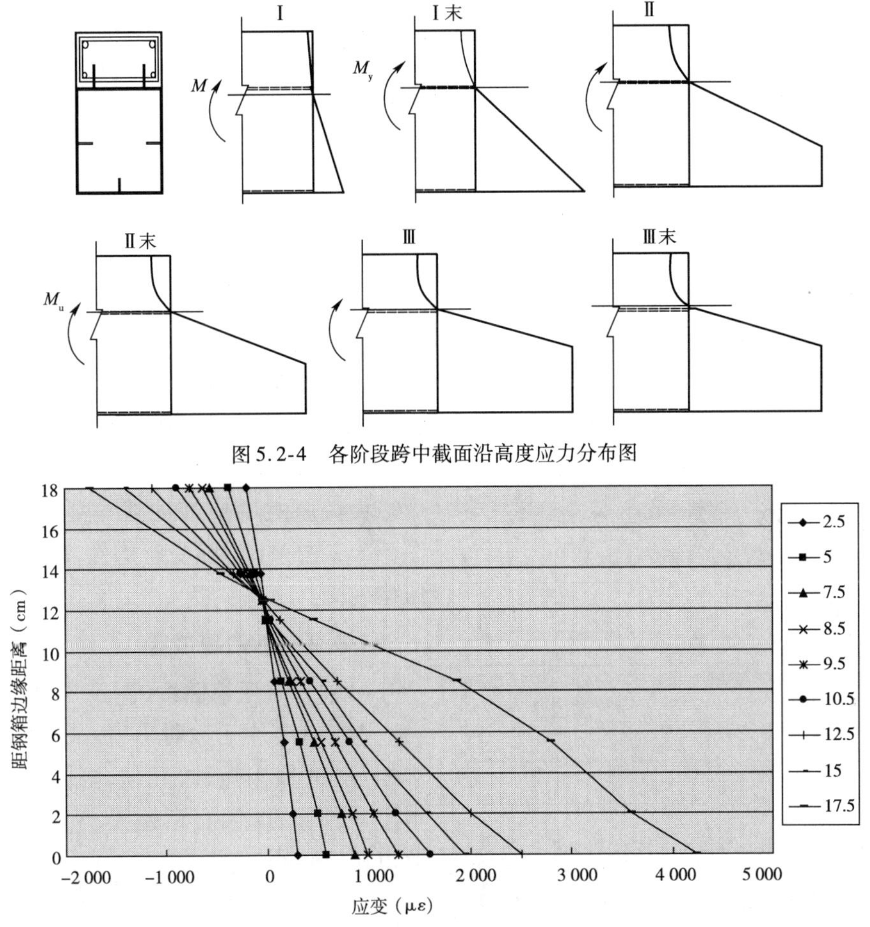

图 5.2-4　各阶段跨中截面沿高度应力分布图

图 5.2-5　各级荷载作用下试验梁截面应变分布图

5.2.3　破坏模式

由图 5.2-4、图 5.2-5 可知,在该组试件中,混凝土主要受压,钢箱底板受拉,钢箱顶板受压或受拉。钢箱底板首先屈服,屈服面向腹板移动,此时混凝土最大压应变未达到其极限压应变，荷载可以继续增加，中性轴上移，变形不断增加；由于腹板截面较小，在荷载增加不多的情况下（5% ~20%），变形增加较大，最终混凝土达到其极限压应变时荷载即为构件的最大承载力，从侧面可以看到距离外缘箍筋保护层厚度位置出现多条水平裂缝[图5.2-6a)]，此时钢箱顶板受拉（M1、M2）或受压（M3），但均未屈服。由于箍筋内混凝土受拉套箍效应的影响，其强度及极限压应变均得到明显提高，因此，此时可进一步加载，直至压碎区向下发展，混凝土逐渐压碎[图5.2-6b)]，构造最终由于混凝土压碎导致破坏。破坏时构件表现出明显的预兆，有较大变形，破坏前构件和钢箱表现明显的弯曲，可以看到外侧钢箱弯曲呈弧形，混凝土压碎区较高，破坏形式为塑性破坏[图5.2-6c)]。

a) 保护层混凝土压至剥落

b) 混凝土压碎

c) 梁体变形明显

图5.2-6 试验梁破坏

5.3 钢箱—混凝土组合构件偏压试验

5.3.1 大偏压试验

1）弯矩—挠度曲线

将试验梁的弯矩—挠度曲线绘于图5.3-1，可以看出，偏心距越小，梁的刚度越大，变形能力越小。同时，对本组偏心距均较大的试件而言，偏心距越大，M_u 越大。

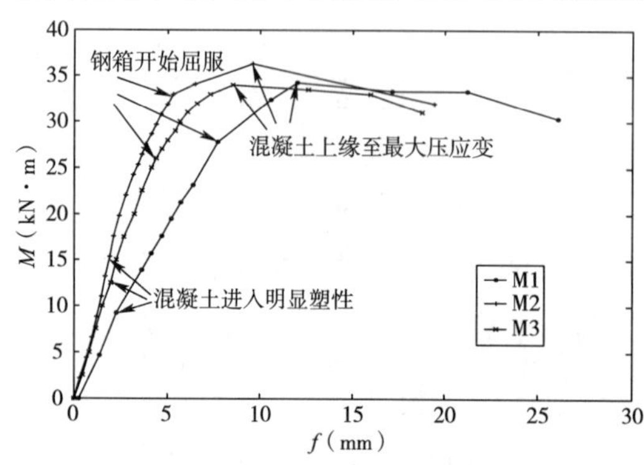

图5.3-1 不同偏心距作用下试验梁的 $M-f$ 曲线

2）应变

大偏压时的应变曲线与受弯构件相似。图5.3-2中M1为纯受弯构件，M2、M3为大偏压构件。

5.3.2 小偏压试验

1）轴力—压缩曲线（图5.3-3）

图5.3-3中可以看出，各试验柱的刚度基本相等，试件为短柱，几何非线性不明显，对本组构件而言，偏心距越大，N_u 越小，极限变形也相应减小。

2）混凝土和钢箱应变分布规律

由图5.3-4可知，轴心受压柱N1在全过程中，混凝土和钢箱全截面受压，N2偏心距为5cm，钢箱下缘有很小的拉应变（235με）；N3偏心距为10cm，钢箱下缘受拉屈服。

由图5.3-5可知，随着荷载的增加，沿截面高度的应变值不断增加，但应变分布图基本上仍是上下两个对顶的三角形，平截面假定吻合良好，界面处无明显应变突变。并且可以看出，中和轴略有上升。

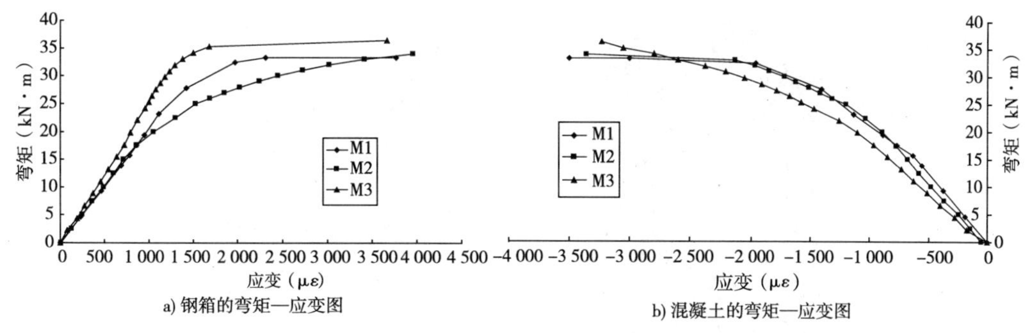

图 5.3-2　不同偏心距作用下试验梁的弯矩—钢箱及混凝土最大应变曲线

5.3.3　破坏模式

轴心受压柱加载时，作用点位于换算截面的形心，由于弹性模量的差异，在钢箱屈服前截面上的应变接近相等。由于钢箱的屈服应变小于混凝土受压应力峰值应变，在混凝土受压破坏前均匀受压的整个钢箱发生屈服。在钢箱屈服后，钢箱的刚度突降至接近 0，构件破坏形式如图 5.3-6a）所示，变形集中在钢箱一侧，构件由之前的竖直状态发生突然变形，表现为失稳弯曲破坏。

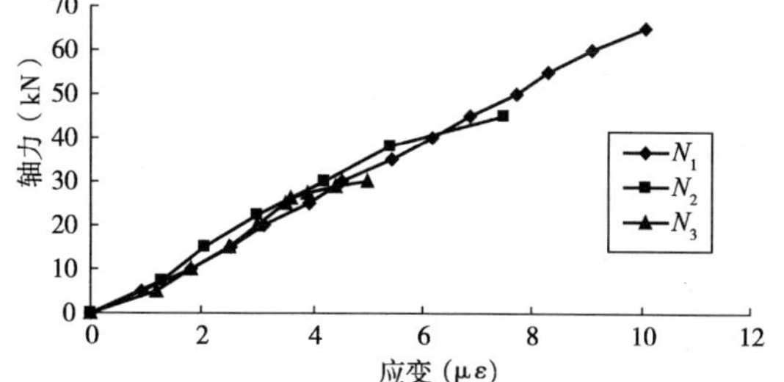

图 5.3-3　不同偏心距作用下试验柱的轴力—应变曲线

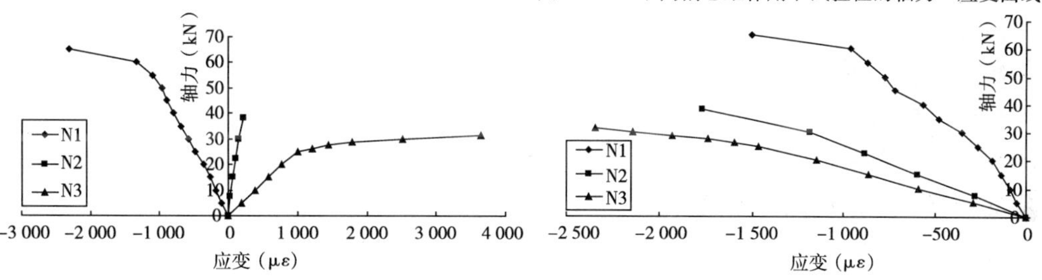

图 5.3-4　不同偏心距作用下试验柱的轴力钢箱及混凝土最大应变曲线

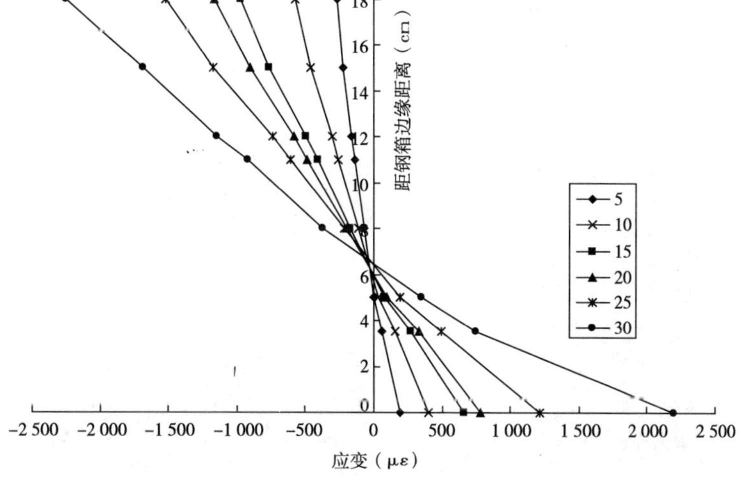

图 5.3-5　试验柱截面应变分布图

a) 轴心受压柱——失稳破坏

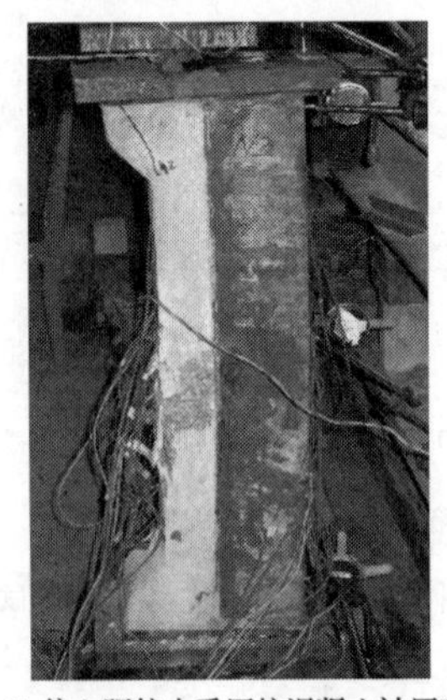

b) 偏心距较小受压柱混凝土被压碎

图 5.3-6　试验柱脆性破坏现象

偏心距较小($e_0 \leqslant 0.278h$)的试验柱偏载时,加载点偏向混凝土一侧。由图 5.3-5 可知,这时钢箱顶板和混凝土均处于受压状态。当混凝土的最大压应变达到极限应变(考虑混凝土内部应变梯度后的混凝土最大应变)时,混凝土梁达到其最大的承载力,而钢箱顶板已经压屈,薄弱的腹板虽未完全屈服,但其所能增加的承载力非常有限,混凝土由于部分压碎而承载力下降,因此,构件在此时即达到 N_u。由图 5.3-6b)可知,构件破坏时变形不大,混凝土被迅速压碎。由于构件在混凝土压碎过程中没有中性轴上移、变形增加的条件,混凝土压碎速度很快,构件突然向混凝土侧弯曲,发生失稳,钢箱内侧钢板发生折叠。构件基本上没有残余强度。由于破坏前没有明显预兆,破坏过程中强度下降非常快,破坏形式为脆性破坏。该类破坏是由于钢箱顶板压屈导致的破坏,为受压破坏。

偏心距稍大($e_0 > 0.278h$)的试验柱偏载时,混凝土主要受压,钢箱底板受拉,钢箱顶板受压或受拉。钢箱底板首先屈服,屈服面向腹板移动,此时混凝土最大压应变未达到其极限压应变,荷载可以继续增加,中性轴上移,变形不断增加;由于腹板截面较小,在荷载增加不多的的情况下(5% ~20%),变形增加较大,最终混凝土达到其极限压应变时荷载即为构件的最大承载力,从侧面可以看到距离外缘箍筋保护层厚度位置出现多条水平裂缝[图 5.3-7b)],此时钢箱顶板受拉(M1、M2)或受压(M3),但均未屈服。破坏时构件表现出明显的预兆,有较大变形,破坏前构件和钢箱表现明显的弯曲[图 5.3-7a)],可以看到外侧钢箱弯曲呈弧形,之后混凝土外缘压碎,达到极限强度,破坏形式为塑性破坏。该类破坏是由于钢箱受拉屈服导致的破坏,为受拉破坏。

a) 偏心距稍大(e_0>0.278h)破坏前变形明显

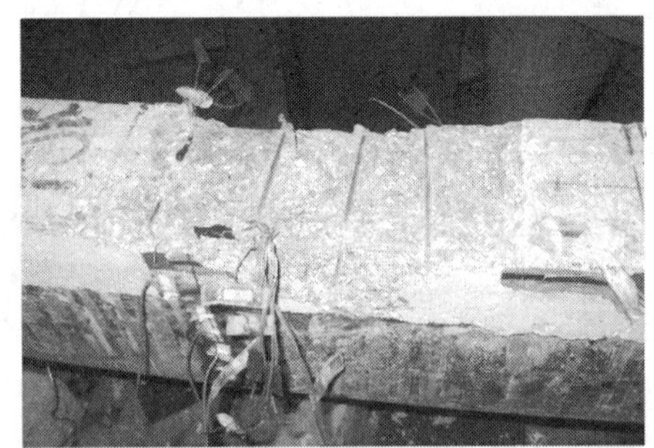

b) 保护层混凝土压碎

图 5.3-7　试验柱塑性破坏现象

5.4　钢箱—混凝土组合压弯构件中约束混凝土本构模型

本节尝试建立可以真实反映钢箱—混凝土组合构件中混凝土的本构关系。所谓本构关系(Constitutive Relations),从狭义上讲就是材料的应力—应变关系;从广义上讲泛指各种因素如荷载、温度、时间等与材料的应变关系。它是材料本身固有的物理方程,是各种因素作用下材料的应力与应变关系的概括,是材料内部微观机理的宏观行为的表现。它基于一定的数学、力学理论和方法,通过对试验数据的分析、抽象与假设,将材料的本构关系以本构方程的形式表达出来,建立材料的本构模型。连续介质力学把物质作为连续介质模型而研究其变形和运动的一般规律,也研究破坏机理。建立和发展非线性材料的本构关系是现代非线性连续介质力学的重要研究课题之一。混凝土的本构模型也是采用连续介质力学的方法来描述的,因而必须满足连续介质力学的基本原理。

钢箱—混凝土构件中,混凝土受到箍筋、纵筋及钢箱的约束,在荷载作用下,混凝土在泊松效应下发生变形时,将受到以上各部分产生的侧限力,该侧限力将改变混凝土的受力性能,使之受力不再遵从单轴受力本构关系,处于三轴受压状态。并且,由于对本构件而言,四周的约束是不对称的,因此,混凝土处于真三轴受压状态。

本节工作主要是尝试建立一个能反映钢箱、加劲肋及箍筋对核心混凝土约束效应贡献的钢箱—混凝土组合构件中混凝土的单轴等效本构关系。首先通过分析各不同部分混凝土的约束机理及约束分区,分析各部分混凝土的约束效应。其次通过单一匀质化理论,在国内外约束混凝土本构模型的基础上,建立钢箱—混凝土组合构件的混凝土约束本构方程。以第4章的试验结果为依据,修正本构方程参数,最终建立钢箱—混凝土组合构件约束混凝土本构模型。

5.4.1　约束机理和约束分区

混凝土是由水泥、砂和碎石加水拌和后,经过化学反应凝固而成的一种人工合成材料。混凝土在构造上是非匀质的,力学性能复杂。一般来说,混凝土的本构关系是指混凝土受力过程中的应力应变关系。目前,国内外对约束混凝土进行了大量的研究,将混凝土的本构关系模型分为了以下几类:

(1)线弹性和非线弹性的本构关系,以弹性模型为基础。

(2)弹塑性和弹塑性硬化本构模型,以经典的塑性理论为基础。

(3)塑性断裂理论建立的本构模型,采用断裂理论和塑性理论组合。

(4)内时理论描述的混凝土本构模型,以黏性材料的本构关系为基础。

(5)损伤理论和弹塑性损伤断裂理论混合起来建立新的本构关系。

当混凝土没有出现裂缝时,混凝土可近似看成线弹性匀质材料,可以采用线弹性的本构关系进行模拟。但是,当混凝土受到多轴应力时,应力应变关系则不可以简单地采用线性关系而多为曲线关系。在弹性概念基础上,建立了经验型、适用于单调加载情况的非线性混凝土本构模型;以塑性流动理论为基础的经典弹塑性理论本构模型可以同时考虑混凝土的加载路径和混凝土硬化过程;断裂理论本构模型则将混凝土的微裂缝考虑进来用以表征混凝土材料刚度的退化。

从本质上而言,箍筋内的混凝土至少受到箍筋的约束,其不同的只是约束效应的大小,因此都是核心混凝土。与钢管混凝土不同，由于约束效应随着竖向及横向位置的不同有改变，因此核心混凝土的不同区域的约束效应有明显不同。作者在分析中将对核心混凝土的约束效应进行分区研究。

为了研究核心混凝土的本构关系，将核心混凝土进行分区。考虑到约束效应的变化情况，作者将核心混凝土内根据箍筋、加劲肋及钢箱顶板的分割分成三区，如图5.4-1所示。

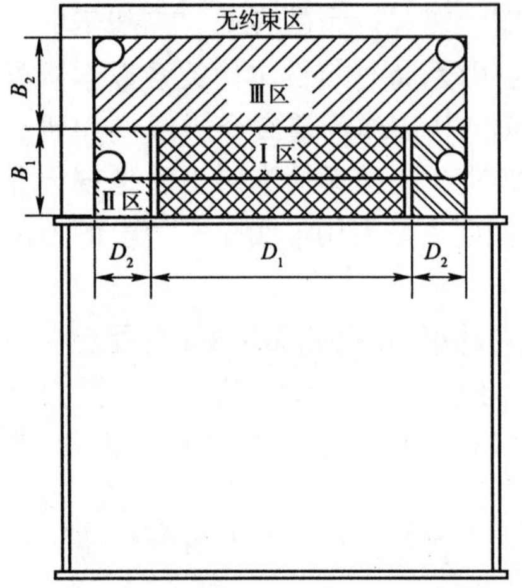

图5.4-1　钢箱—混凝土组合构件约束分区示意图

其中Ⅰ区核心混凝土下方被钢箱约束，两侧被加劲肋约束，同时穿过加劲肋的箍筋一方面约束混凝土，一方面利用其黏结力起到拉杆的作用，加劲肋钢板面中部钢板受到了拉杆的横向约束，约束方式类似于带拉杆方钢管混凝土，对核心混凝土的约束效应明显，加强了对混凝土的约束，上方被Ⅲ区混凝土约束。由于Ⅲ区混凝土亦被箍筋约束，所以可以有效地约束Ⅰ区混凝土。

Ⅱ区核心混凝土为加劲肋两侧的混凝土，此外混凝土下方依然受到钢箱约束，一侧加劲肋钢板约束，中部箍筋穿过起到与Ⅰ区混凝土内箍筋相同的作用，另一侧的大部分受到箍筋弯起部分的约束，约束方式类似于方箍筋约束混凝土，上方仍受到Ⅲ区混凝土约束。

Ⅲ区核心混凝土下方受到约束效应较强的强约束区相当于约束混凝土的纵向钢板，两侧及上方被较密箍筋约束，约束效应略弱于Ⅰ区和Ⅱ区，但仍较一般方箍筋约束混凝土强。

5.4.2　侧向等效应力分析

上述三区的每一区中由于存在不同的约束介质和约束机制，各边长度也不一致，因此其各向对核心混凝土的约束作用是不同的。加之箍筋沿纵向按一定间距布置，因此，在纵向上的约束作用也是不相同的。作者处理方法是各区单独分析，将各区分别沿长边、短边方向将约束应力等效为均匀分布，并乘以有效约束系数 k_e 来考虑其不均匀性。

1）Ⅰ区的侧向等效应力分析

Ⅰ区的有效约束力计算时考虑箍筋的拉杆效应。核心混凝土的约束来自钢箱顶板、加劲肋钢板及上方混凝土约束。竖向的约束力由加劲肋钢板的抗拉力提供，而横向的约束力由钢箱顶板及拉杆提供（图5.4-2），其表达式如下：

$$\sigma'_2 = \frac{2 \cdot f_{sp}}{D_1/t_p - 2} \tag{5.4-1}$$

$$\sigma'_3 = \frac{f_{ss} + \dfrac{A_{sk}}{S_k \cdot t} \cdot f_{sk}}{B_1/t} - 1 \tag{5.4-2}$$

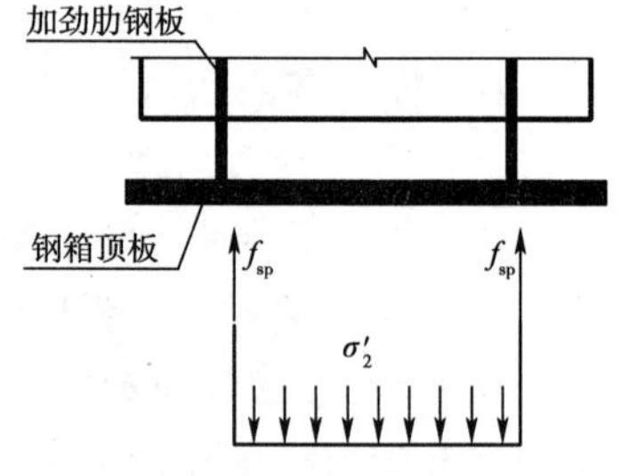

图5.4-2　Ⅰ区钢板侧向受力图

式中：f_{sp}——加劲肋钢板的竖向拉应力；

A_{sk}、S_k、f_{sk}——箍筋的面积、间距及轴向拉应力；

t_p、t——加劲肋钢板及钢箱顶板的厚度；

f_{ss}——钢箱顶板轴向拉应力。

2）Ⅱ区的侧向等效应力分析

Ⅱ区的有效约束力计算时同样考虑箍筋的拉杆作用，由于竖向和横向的约束边界均不对称，分析时取约束效应较小的一侧进行计算。竖向约束力主要由箍筋的拉杆及加劲肋的拉应力提供。横向约束力取约束力较小的箍筋约束进行分析（图 5.4-3）。其表达式如下：

$$\sigma'_2 = \frac{f_{sk} \cdot \dfrac{A_{sk}}{S_k} + f_{sp} \cdot t_p}{D_2 - t_p} \tag{5.4-3}$$

$$\sigma'_3 = \frac{f_{ss} + \dfrac{A_{sk}}{S_k \cdot t} \cdot f_{sk}}{\dfrac{B_1}{t} - 1} \tag{5.4-4}$$

3）Ⅲ区的侧向等效应力分析

Ⅲ区的有效约束力计算时按方箍筋混凝土进行计算（图 5.4-4），由于约束区的周边长度不一致，竖向和横向的约束力表达式有所不同。

$$\sigma'_2 = \frac{\dfrac{2A_{sk}}{S_k} \cdot f_{sk}}{D_1 + 2D_2} \tag{5.4-5}$$

$$\sigma'_3 = \frac{\dfrac{2A_{sk}}{S_k} \cdot f_{sk}}{B_2} \tag{5.4-6}$$

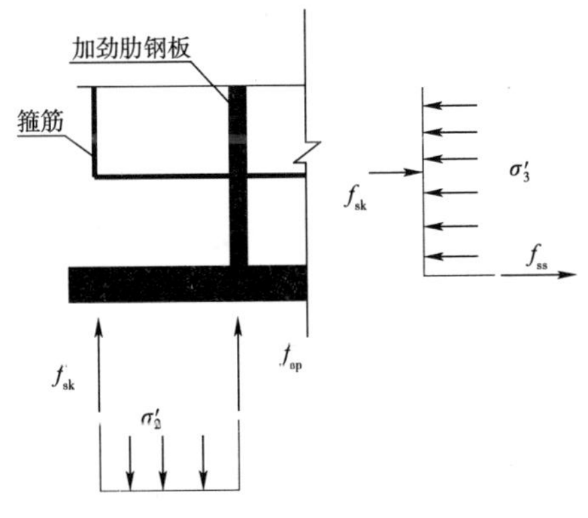

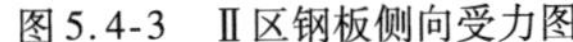
图 5.4-3　Ⅱ区钢板侧向受力图

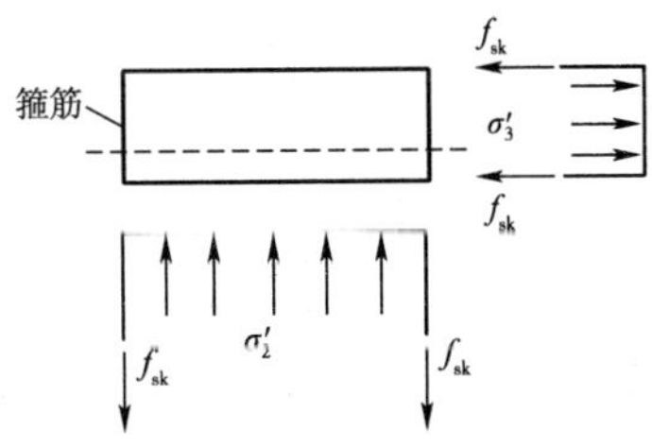

图 5.4-4　Ⅲ区箍筋侧向受力图

5.4.3　钢箱—混凝土组合构件中的混凝土约束效应

1）有效约束区分析

有效约束系数表征约束混凝土在横向及纵向上约束效应的不均匀性，根据约束效应的大小，可以将混凝土分成无约束区、弱约束区和强约束区，图 5.4-5 示出了钢箱—混凝土构件中的混凝土部分，其中箍筋外围混凝土为无约束区，箍筋内混凝土中箍筋和钢筋的中部区域为弱约束区，中部区域为强约束区。

2）有效约束系数

定义横截面有效系数 k_{e1} 为混凝土的强约束区和混凝土全截面面积之比。侧面有效约

束系数 k_{e2} 为侧向有效约束区面积与侧面面积之比。则有效约束系数 $k_e = k_{e1} \times k_{e2}$。

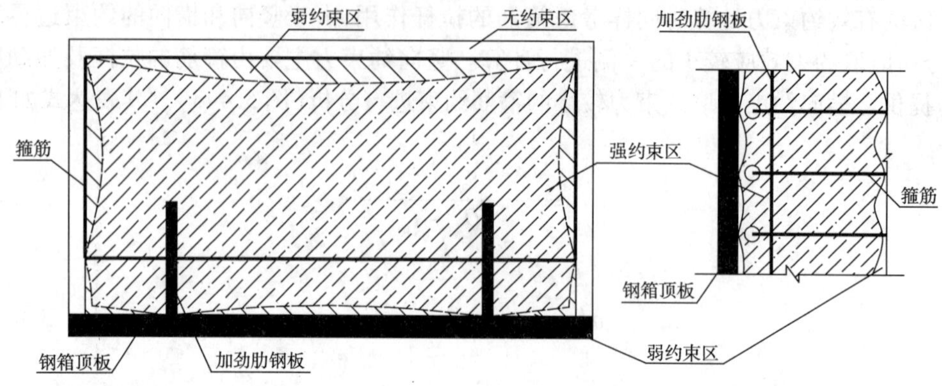

图 5.4-5　混凝土有效约束区

因此,核心混凝土的两侧等效约束应力 σ_2、σ_3 的表达式如下:

$$\sigma_2 = k_e \cdot \sigma'_2, \sigma_3 = k_e \cdot \sigma'_3 \tag{5.4-7}$$

用有效约束应力来表征约束区混凝土的约束效应,并将其绘成约束效应示意如图 5.4-6 所示。

图 5.4-6 中的混凝土的环向约束效应沿高度和宽度方向均在发生变化,在箍筋位置和钢板位置会出现约束效应的转折点。根据方钢管混凝土及方箍筋混凝土的研究成果可以得到,钢箱顶板与加劲肋间的约束效应最强,钢板与箍筋间的约束力其次,而箍筋包裹的混凝土约束效应最弱。同时,沿着钢板和箍筋的周边方向,角隅处的约束效应较强,而周边中部的约束效应较弱。

5.4.4　约束混凝土本构模型

1)常用约束本构模型

由于约束混凝土受到侧向压力的作用,其极限压应力及极限压应变均得到了显著的提升,图 5.4-7 为典型约束混凝土及非约束单轴混凝土本构关系曲线对比。

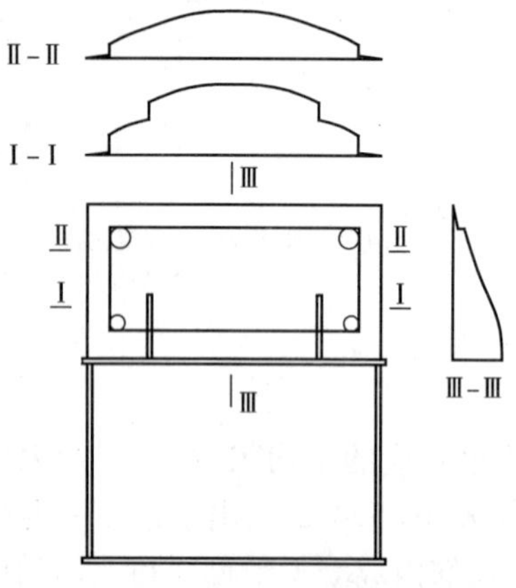

图 5.4-6　核心混凝土有效约束效应图

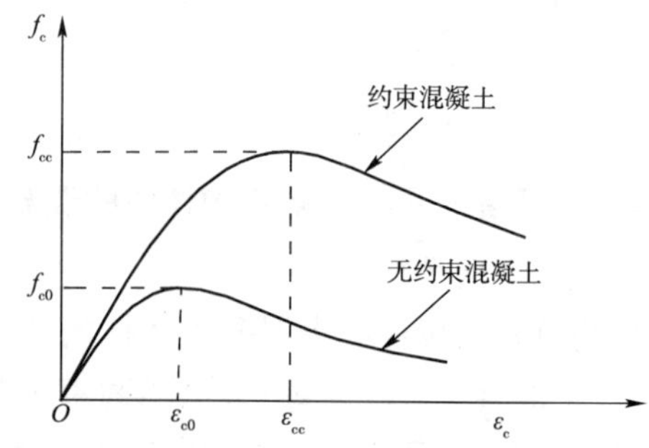

图 5.4-7　约束混凝土以及非约束混凝土的应力—应变曲线

人们对约束混凝土的本构模型的研究已有一百多年的历史,提出了很多应力—应变本构模型。通过在文献层面上的比较,作者将简单介绍能较好地反映混凝土约束效应的多个本构模型，如 Mander 模型、Park 模型、Sheikh 模型、张秀琴模型、Saatcioglu 模型及 Kent – Park 模型等，并对各模型的应力—应变曲线进行简单的比较分析。以下主要介绍 Mander 模型。

Mander 等在对箍筋约束混凝土进行深入理论研究的基础上，将箍筋对核心混凝土的侧向作用力等效成为了侧向压应力，使用混凝土的五参数强度准则计算约束混凝土的轴向极限强度，采用了 Popovis 提出的应力—应变表达式，建立了可以反映约束效应的约束混凝土本构关系。由于该本构模型（图 5.4-8）表达式简洁，概念清晰，所以能较好地反映约束效应对约束混凝土的极限强度及峰值应变影响过程。

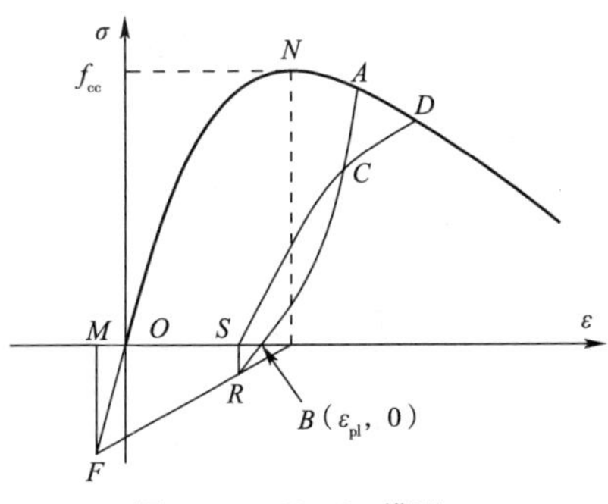

图 5.4-8　Mander 模型

（1）骨架曲线 *ONAD* 段的公式为：

$$\left.\begin{aligned} f_c &= \frac{f_{cc}xr}{r-1+x^r} \\ x &= \frac{\varepsilon}{\varepsilon_{cc}} \\ \varepsilon_{cc} &= \varepsilon_{c0}\left[1+\eta\left(\frac{f_{cc}}{f_{c0}}-1\right)\right] \\ r &= \frac{E_c}{E_c-E_{sec}} \end{aligned}\right\} \tag{5.4-8}$$

式中：f_c、ε——约束混凝土轴向应力和应变；

f_{c0}、ε_{c0}——非约束混凝土轴心抗压强度以及峰值应变值；

f_{cc}、ε_{cc}——约束混凝土轴心抗压强度以及峰值应变值；

η——峰值应变修正参数；

E_c——混凝土的切线模量，$E_c=5\,000\sqrt{f_{c0}}$；

E_{sec}——混凝土的割线模量，$E_{sec}=\dfrac{f_{cc}}{\varepsilon_{cc}}$。

（2）卸载曲线 *AB* 段公式为：

$$\sigma = \sigma_u - \frac{\sigma_u x_2 r_2}{r_2^2 - 1 + x_2 r_2} \tag{5.4-9}$$

$$r_2 = \frac{E_u}{E_u - E_{sec2}},\quad E_{sec2} = \frac{\sigma_u}{\varepsilon_u - \varepsilon_{pl}},\quad x_2 = \frac{\varepsilon - \varepsilon_u}{\varepsilon_{pl} - \varepsilon_u}$$

式中：σ_u——极限应力值；

ε_u——极限应变值；

E_u——卸载曲线的初始切线模量。

（3）再次加载曲线，由两个部分构成，其中第一段 *SC* 段为直线，第二段 *CD* 段为二次抛物线。

直线段公式为：

$$\sigma = \sigma_r + E_r(\varepsilon - \varepsilon_r) \tag{5.4-10}$$

曲线段公式为：

$$\sigma = \sigma_{re} + E_{re}x_3 + Ax_3^2 \tag{5.4-11}$$

$$E_r = \frac{\sigma_r - \sigma_{new}}{\varepsilon_r - \varepsilon_u}, x_3 = \varepsilon - \varepsilon_{re}, A = \frac{E_r - E_{re}}{-4[(\sigma_{new} - \sigma_{re}) - E_r(\varepsilon_u - \varepsilon_{re})]}$$

式中：σ_r——卸载终应力；

ε_r——卸载后残余应变；

E_r——再次加载线的切线模量；

E_{re}——对应于图 5.4-8 中骨架曲线上 D 点的切线模量；

σ_{new}——C 点对应的应力值。

2）单一匀质法约束混凝土本构模型的建立

以上分析中，将钢筋混凝土梁内按各种约束情况对约束分区进行了细分。但在实际结构分析中，将混凝土区分成多个区域将使得分析过程过于烦琐，因此，以下在纤维模型法全过程分析中，将采用非均匀材料的直接均匀化理论，基于场量（应力及强度）的表面平均而直接计算有效应力、有效应变及有效强度，根据宏观应力和应变两者的关系，求得宏观有效性能。将混凝土部分分成保护层非约束混凝土和核心约束混凝土两个部分进行分析。

根据非均匀材料的均匀化理论，将钢箱—混凝土压弯构件中的不同约束效应的钢筋混凝土部分看作是复合材料，通过单一匀质法，将其均匀化为单一条件的约束混凝土，构建统一的本构关系。

根据应力和应变平均，复合材料的有效刚度系数 $\bar{c}_{ijkl}$ 或有效柔度系数 $\bar{f}_{ijkl}$ 可直接根据定义进行计算：

$$\bar{\sigma}_{ij} = \bar{c}_{ijkl}\bar{\varepsilon}_{kl}, \bar{\varepsilon}_{ij} = \bar{f}_{ijkl}\bar{\sigma}_{kl} \tag{5.4-12}$$

或根据应变能等效原理进行计算：

$$\frac{1}{2}\bar{\sigma}_{ij}\bar{\varepsilon}_{ij} = \frac{1}{V}\int_{\Omega}\frac{1}{2}\sigma_{ij}\varepsilon_{ij}\mathrm{d}\Omega \tag{5.4-13}$$

即

$$\frac{1}{2}\bar{c}_{ijkl}\bar{\varepsilon}_{kl}\bar{\varepsilon}_{ij} = \frac{1}{V}\int_{\Omega}\frac{1}{2}c_{ijkl}\varepsilon_{kl}\varepsilon_{ij}\mathrm{d}\Omega \tag{5.4-14}$$

对一个弹性体，由应力—应变的线性关系有

$$\bar{c}_{ijkl} = \frac{\partial^2\bar{\omega}}{\partial\bar{\varepsilon}_{ij}\partial\bar{\varepsilon}_{kl}} \tag{5.4-15}$$

这样可以求出有效刚度的显式形式：

$$\bar{c}_{ijkl} = \begin{cases} 2\bar{\omega}(\varepsilon_{ij}) = \dfrac{1}{\bar{\varepsilon}_{ij}^2} & (i = j, k = l, i = k) \\ \bar{\omega}(\varepsilon_{ij})\dfrac{1}{2\bar{\varepsilon}_{ij}^2} & (i \neq j, k \neq l, i = k, j = l) \\ [\bar{\omega}(\varepsilon_{ij}, \varepsilon_{kl}) - \bar{\omega}(\varepsilon_{ij}) - \bar{\omega}(\varepsilon_{kl})]\dfrac{1}{\bar{\varepsilon}_{ij}\bar{\varepsilon}_{kl}} & (i = j, k = l, i \neq k) \\ [\bar{\omega}(\varepsilon_{ij}, \varepsilon_{kl}) - \bar{\omega}(\varepsilon_{ij}) - \bar{\omega}(\varepsilon_{kl})]\dfrac{1}{4\bar{\varepsilon}_{ij}\bar{\varepsilon}_{kl}} & [i \neq j, k \neq l, (i \neq k \text{ 或 } j \neq l)] \\ [\bar{\omega}(\varepsilon_{ij}, \varepsilon_{kl}) - \bar{\omega}(\varepsilon_{ij}) - \bar{\omega}(\varepsilon_{kl})]\dfrac{1}{2\bar{\varepsilon}_{ij}\bar{\varepsilon}_{kl}} & (i = j, k \neq l) \end{cases} \tag{5.4-16}$$

式中：$\bar{\omega}(\varepsilon_{ij},\varepsilon_{kl})$——在参考应变状态，即只有 ε_{ij} 和 ε_{kl} 不为0时的应变能密度，可由数值方法计算，括号中的下标不求和。

应该注意到，应力、应变和应变能的体积平均可用各组分相的体分比来表示。对任意函数 F，它的体积平均可写成：

$$\begin{aligned}\bar{F} &= \frac{1}{V}\int_{\Omega} F\mathrm{d}\Omega = \frac{1}{V}\Big[\int_{\Omega_1} F\mathrm{d}\Omega + \int_{\Omega_2} F\mathrm{d}\Omega + \cdots\Big] = \frac{V_1}{V}\bar{F}^{(1)} + \frac{V_2}{V}\bar{F}^{(2)} + \cdots \\ &= v_1\bar{F}^{(1)} + v_2\bar{F}^{(2)} + \cdots \end{aligned} \tag{5.4-17}$$

式中：$\Omega_1,\Omega_2,\cdots$——复合材料各相所占的区域（$\Omega_1+\Omega_2+\cdots=\Omega$）；

$V_1,V_2,\cdots$——各相的体积。

而 $v_1=\frac{V_1}{V},v_2=\frac{V_2}{V},\cdots$ 是各相的体分比，且有 $v_1+v_2+\cdots=1$。对一个 n 相复合材料，应力、应变和应变能可表示为：

$$\left.\begin{aligned}\bar{\sigma}_{ij} &= \sum_{r=1}^{n} v_r\bar{\sigma}_{ij}^{(r)} \\ \bar{\varepsilon}_{ij} &= \sum_{r=1}^{n} v_r\bar{\varepsilon}_{ij}^{(r)} \\ \bar{\omega}_{ij} &= \sum_{r=1}^{n} v_r\bar{\omega}_{ij}^{(r)}\end{aligned}\right\} \tag{5.4-18}$$

式中：上标(r)——第 r 相。

如果非均匀材料的边界条件是均匀的，则有均匀位移（应变）边界条件

$$u_i^0(S) = \varepsilon_{ij}^0 x_j \tag{5.4-19}$$

或者，均匀应力边界条件

$$T_i(S) = \sigma_{ij}^0 n_j \tag{5.4-20}$$

式中：$\varepsilon_{ij}^0,\sigma_{ij}^0$——常数；

x_j——直角坐标；

n_j——边界 S 的外法向向量分量；

i,j——$i,j=1,2,3$。

可以证明，平均应变等于边界上的常应变，平均应力等于边界上的常应力，即

$$\bar{\varepsilon}_{ij} = \varepsilon_{ij}^0 \tag{5.4-21}$$

或

$$\bar{\sigma}_{ij} = \sigma_{ij}^0 \tag{5.4-22}$$

经过以上分析，钢箱—混凝土压弯构件中的钢筋混凝土梁可以简单地均匀化为一种单一材料，以下将接着本章5.3节，构建该单一材料的本构模型形式，结合试验分析结果，建立该匀质化单一约束混凝土的本构模型。

约束混凝土所采用的本构模型将根据非均匀材料的均匀化理论基础将三种约束区域的混凝土均匀化，以试验测试的极限承载力和全过程曲线为依据，建立钢箱—混凝土组合压弯构件中约束混凝土梁的匀质化材料本构关系。

基于加劲肋、钢箱及箍筋共同约束混凝土与箍筋约束混凝土受力的相似性，作者借鉴Mander等人提出的约束混凝土在单轴荷载作用下本构模型，结合PBL剪力键、钢箱及箍筋

共同约束混凝土约束机理的特点,采用以下的加劲肋、钢箱及箍筋共同约束混凝土本构关系的表达式。

$$\left.\begin{aligned} f_c &= \frac{f_{cc}xr}{r-1+x^r} \\ x &= \varepsilon/\varepsilon_{cc} \\ \varepsilon_{cc} &= \varepsilon_{c0}\left[1+\eta\left(\frac{f_{cc}}{f_{c0}}-1\right)\right] \end{aligned}\right\} \tag{5.4-23}$$

式中符号意义同式(5.4-8)。

通过多次试算,以试验所得的极限承载力和全过程曲线为依据,在经过大量的计算后,得到钢箱—混凝土组合压弯构件中约束钢筋混凝土梁的匀质化材料本构关系,其中各关键参数:

$$f_{c0}=1.20f_{ck}、\varepsilon_{c0}=0.002;f_{cc}=1.81f_{ck}、\varepsilon_{cc}=0.007\ 056;\eta=0.5$$

此外,对构件进行了全过程分析,并与试验实测全过程曲线进行对比(图5.4-9、图5.4-10),可以看出,全过程曲线亦吻合良好。

(1)弯矩—挠度曲线。

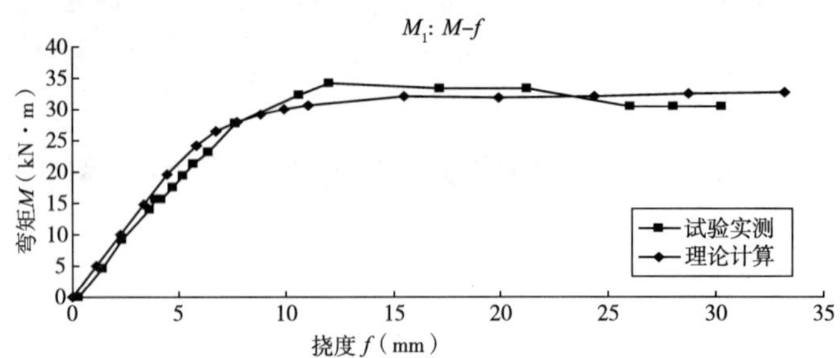

图5.4-9　弯矩—挠度曲线试验与理论对比值

(2)弯矩—应变曲线。

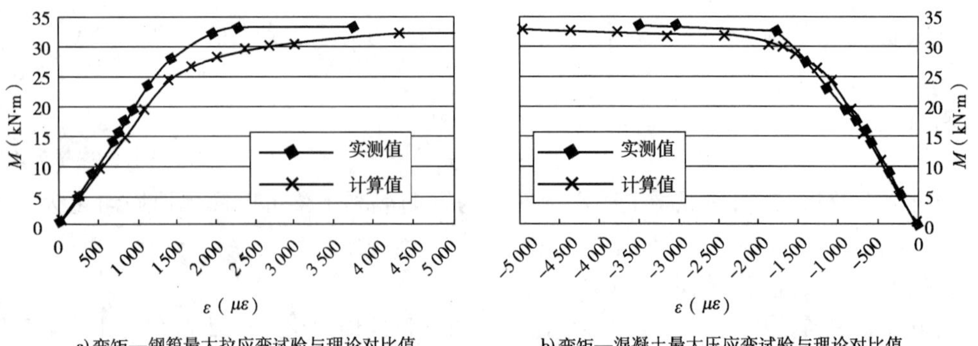

图5.4-10　理论计算曲线和试验曲线的比较

图5.4-10为钢箱与混凝土应变的最大实测值与计算值的比较。可以看到,计算与实测曲线在形状上非常类似,相差不大,计算钢箱应变略大于测试值,这有部分原因是因为应变

的测试实际为应变片长度内的平均值而不是绝对意义上的最大值。混凝土的最大压应变的测试与计算结果吻合得非常好。

极限强度与全过程曲线的分析曲线与实测曲线吻合良好,表明文中提出的本构模型适用于钢箱—混凝土组合压弯构件的结构分析。

在本构关系参数确定中,将整个钢筋混凝土按均匀材料考虑,对钢箱—混凝土压弯构件进行纤维模型分析法进行分析。

5.5　考虑界面滑移的钢箱—混凝土组合压弯构件全过程分析方法

钢—混凝土结构与钢筋混凝土结构的显著区别之一是钢箱与混凝土的黏结作用远远小于钢筋(尤其是变形钢筋)与混凝土的黏结作用。国内外的试验研究表明,钢板与混凝土的黏结作用大约只相当于光圆钢筋与混凝土的黏结作用的45%,因此在钢筋混凝土构件中都认为钢筋与混凝土共同工作直至构件破坏,而在钢箱—混凝土组合结构中,黏结滑移的存在将直接影响到构件的受力性能、破坏形态、构件承载能力、裂缝和变形计算。

对钢箱—混凝土组合构件的分析,目前的分析方法有两类,一类为纤维模型方法,此方法取典型截面(如简支梁的跨中截面)作为分析对象,通过平衡迭代,得到截面的荷载—曲率变化曲线,进而得到结构的受力特性,如挠度、应力等。另一类方法为有限单元法,有限单元方法应用混凝土的三维本构关系,采用空间单元,离散得到有限元模型。这两种方法各有优缺点:纤维模型法的优点是方法简单,概念清楚,便于应用,计算速度较有限元法快。可以对试验过程进行全过程分析,而且在一定假设条件下与试验值吻合良好;其不足之处在于,不能直接分析核心混凝土和钢箱的三向应力,对于两种材料的泊松比的反映也是间接的。有限单元法的优点是可以直接按照应力状态考虑材料属性的变化情况,能真实地反映三维应力状态变化情况。但是有限单元方法计算量巨大,对单元的几何划分等要求高。作者通过前述研究成果,已经得到混凝土的本构模型及剪力键本构关系,可以通过纤维模型法与真实情况吻合良好,因此本章将依照纤维模型法理论,考虑材料非线性,采用前文研究成果,对钢箱—混凝土压弯构件进行纤维模型法全过程研究。

5.5.1　基本假定

(1)钢箱与混凝土具有相同的曲率,并分别服从平截面假定(图5.5-1)。

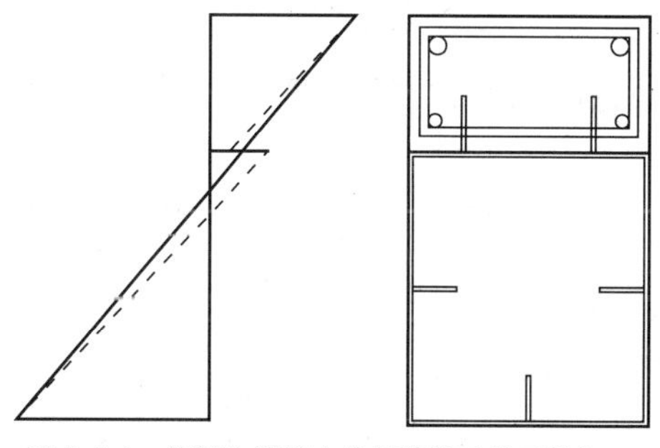

图 5.5-1　钢箱与混凝土分别服从平截面假定

(2)接触面上的水平剪力抗剪刚度及剪切力按式(5.5-1)、式(5.5-2)选取:

$$K=\begin{cases}8.0\cdot Q_u & Q<0.5Q_u\\ 1.0\cdot Q_u & 0.5Q_u\leqslant Q<0.8Q_u\\ 0.13\cdot Q_u & Q\geqslant 0.8Q_u\end{cases}\tag{5.5-1}$$

$$Q=\begin{cases}8.0\cdot Q_u\cdot s & Q<0.5Q_u\\ 0.5Q_u+1.0\cdot Q_u\cdot s & 0.5Q_u\leqslant Q<0.8Q_u\\ 0.8Q_u+0.13\cdot Q_u\cdot s & Q\geqslant 0.8Q_u\end{cases}\tag{5.5-2}$$

式中：Q_u——界面抗剪承载力；

s——滑移量，mm。

(3)混凝土受压时的应力—应变关系取为式(5.5-3)：

$$\left.\begin{aligned} f_c &= \frac{f_{cc}xr}{r-1+x^r} \\ x &= \varepsilon/\varepsilon_{cc} \\ \varepsilon_{cc} &= \varepsilon_{c0}\left[1+\eta\left(\frac{f_{cc}}{f_{c0}}-1\right)\right] \end{aligned}\right\} \tag{5.5-3}$$

式中符号意义同式(5.4-8)。

(4)结构钢和钢筋的应力—应变关系为理想弹塑性，即当应力小于强度设计值时为斜直线，大于或等于强度设计值时为平直线，表达式见式(5.5-4)、式(5.5-5)：

弹性段 $$\varepsilon_s \leqslant \varepsilon_y : \sigma_s = \varepsilon_s E_s \tag{5.5-4}$$

塑性段 $$\varepsilon_s > \varepsilon_y : \sigma_s = \sigma_y \tag{5.5-5}$$

(5)不考虑受拉区混凝土。

(6)此处考虑短柱，即不考虑 $P-\Delta$ 效应。

5.5.2 理论推导

参考文献[42][43]中的钢—混凝土组合梁中接触面滑移计算方法，根据以下推导，得到如图5.5-2受力时钢箱—混凝土压弯构件滑移计算公式及滑移效应下结构附加挠度计算公式。

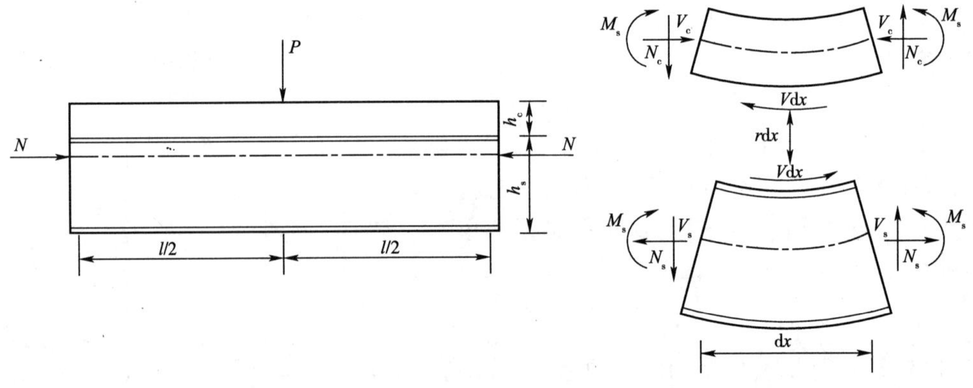

图5.5-2 考虑滑移效应的钢箱—混凝土组合压弯构件力学图式

由5.5.1中的基本假定可知：

$$\nu p = K \cdot s \tag{5.5-6}$$

式中：ν——界面剪应力；

K——抗剪连接件刚度；

s——相对滑移；

p——剪力连接件间距。

在 M 和 N 的作用下，钢箱—混凝土压弯组合构件以钢箱柱和混凝土柱分别受力变形

(图 5.5-2)。

根据平衡条件，可得：

$$\frac{\mathrm{d}M_{\mathrm{c}}}{\mathrm{d}x}+V_{\mathrm{c}}=\frac{\nu h_{\mathrm{c}}}{2}-\frac{r\mathrm{d}x}{2} \tag{5.5-7}$$

$$\frac{\mathrm{d}M_{\mathrm{s}}}{\mathrm{d}x}+V_{\mathrm{s}}=\nu y_{1}+\frac{r\mathrm{d}x}{2} \tag{5.5-8}$$

式中：h_{c}——混凝土高度；

y_1——钢箱形心至上缘顶面距离。

由 5.5.1 中的基本假定(1)：

$$\phi=\frac{M_{\mathrm{s}}}{E_{\mathrm{s}}I_{\mathrm{s}}}=\frac{\alpha_{\mathrm{E}}M_{\mathrm{c}}}{E_{\mathrm{s}}I_{\mathrm{c}}} \tag{5.5-9}$$

式中：ϕ——截面曲率。

可得，混凝土底部拉应变 $\varepsilon_{\mathrm{tb}}$ 和钢箱顶部拉应变 $\varepsilon_{\mathrm{tt}}$ 分别为：

$$\varepsilon_{\mathrm{tb}}=\frac{\phi h_{\mathrm{c}}}{2}-\frac{\alpha_{\mathrm{E}}N_{\mathrm{c}}}{E_{\mathrm{s}}A_{\mathrm{c}}} \tag{5.5-10}$$

$$\varepsilon_{\mathrm{tt}}=\frac{N_{\mathrm{s}}}{E_{\mathrm{s}}A_{\mathrm{s}}}-\phi y_{1} \tag{5.5-11}$$

式(5.5-10)、式(5.5-11)之差即为接触面上的滑移应变效应 ε_{s}：

$$\varepsilon_{\mathrm{s}}=s'=\varepsilon_{\mathrm{tb}}-\varepsilon_{\mathrm{tt}}=\phi\left(\frac{h_{\mathrm{c}}}{2}+y_{1}\right)-\frac{\alpha_{\mathrm{E}}N_{\mathrm{c}}}{E_{\mathrm{s}}A_{\mathrm{c}}}-\frac{N_{\mathrm{s}}}{E_{\mathrm{s}}A_{\mathrm{s}}} \tag{5.5-12}$$

将式(5.5-9)代入式(5.5-8)，考虑式(5.5-7)，得：

$$\frac{\mathrm{d}\phi}{\mathrm{d}x}=\frac{Ksd_{\mathrm{c}}/p-P/2}{E_{\mathrm{s}}I_{0}} \tag{5.5-13}$$

对式(5.5-12)求导，并考虑 $N_{\mathrm{c}}-N_{\mathrm{s}}=N$，将式(5.5-13)代入，得：

$$s''=\alpha^{2}s-\frac{\alpha^{2}\beta P}{2} \tag{5.5-14}$$

其中，$\alpha^{2}=\frac{KA_{1}}{E_{\mathrm{s}}I_{0}p}$，$\beta=\frac{d_{\mathrm{c}}p}{KA_{1}}$，$A_{1}=\frac{I_{0}}{A_{0}}+(h_{\mathrm{c}}/2+y_{1})^{2}$，$\frac{1}{A_{0}}=\frac{1}{A_{\mathrm{s}}}+\frac{\alpha_{\mathrm{E}}}{A_{\mathrm{c}}}$。

考虑 $V_{\mathrm{c}}+V_{\mathrm{s}}=P/2$ 及 $N_{\mathrm{c}}+N_{\mathrm{s}}=N$，并考虑边界条件 $s(x=0)=0$ 和 $s'(x=l/2)=0$，求得：

滑移

$$s=\frac{\beta P(1+\mathrm{e}^{-\alpha l}-\mathrm{e}^{\alpha x-\alpha l}-\mathrm{e}^{-\alpha x})}{2(1+\mathrm{e}^{-\alpha l})} \tag{5.5-15}$$

滑移应变

$$\varepsilon_{\mathrm{s}}=\frac{\alpha\beta P(\mathrm{e}^{-\alpha x}-\mathrm{e}^{\alpha x-\alpha l})}{2(1+\mathrm{e}^{-\alpha l})} \tag{5.5-16}$$

对跨中截面，$x=0$，则式(5.5-16)对跨中截面为：

滑移应变

$$\varepsilon_{\mathrm{s}}=\frac{\alpha\beta P(1-\mathrm{e}^{-\alpha l})}{2(1+\mathrm{e}^{-\alpha l})} \tag{5.5-17}$$

对支点截面，$x=l/2$，则式(5.5-15)为：

滑移

$$s=\frac{\beta P}{2}$$

最终，可以由式(5.5-15)和式(5.5-16)，得到外力 P 与界面剪应力的关系。

本节将在建立全过程分析方法中将上述由滑移产生的混凝土应变、钢箱应变及附加曲率等因素计入。

5.5.3 求解方法

在考虑滑移效应后，分析时计入全截面平截面假定与滑移效应导致的分层平截面假定的差异，此变化将会影响变形和承载力的分析结果。

利用以上公式计算时需要确定接触面抗剪刚度 K，K 值与剪力连接件形式及间距相关，如 PBL 剪力键与栓钉的抗剪的 K 值不同，此外，影响因素还包括混凝土强度、接触面处理、箍筋数量等。以下分析中抗剪刚度的取值将依据第 4 章研究所得的抗剪刚度计算公式，对钢箱—混凝土组合构件进行计算。同时本次分析中还将根据目前抗剪连接件的刚度范围，分析多个不同接触面抗剪刚度 K 对承载力及变形的影响。

作者分析以如图 5.5-3 所示的钢箱—混凝土为例。混凝土和钢箱的内力计算时根据积分的方法，将其分成细条，根据其应变和各自本构曲线，在其截面上直接积分的方法求得。

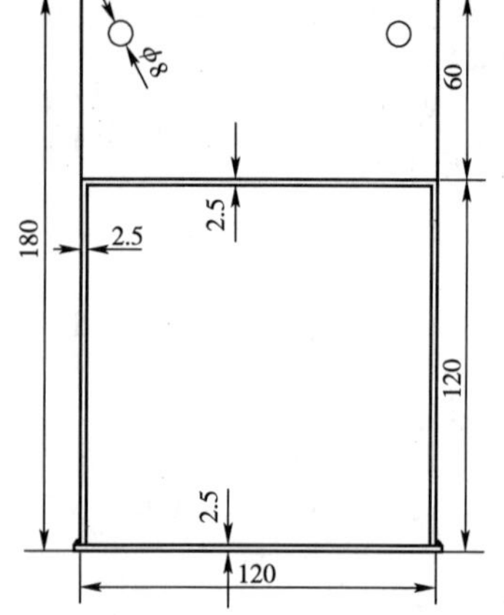

图 5.5-3 钢箱—混凝土截面示意图（尺寸单位：mm）

以上计算难有显式的解析解，需采用数值解法，利用计算机实现构件的全过程分析。作者以设定应变并反算截面内力的计算方法编制计算程序。本次计算中有两部分迭代过程，一个是求解受力全过程中的中性轴位置，以满足平衡方程为目标；一个是求解滑移效应 ε_s，其迭代方法是假设产生 ε_s 的 $M_{滑}$ 与将 ε_s 代入计算中后得到的 M 相等，如不等，则取 $M_{滑,n}=[M_{滑,(n-1)}+M_n]/2$，直至相等。这种方法简便、快捷，能直接得到全过程曲线。该程序定名为钢箱—混凝土组合构件计算程序（Steel－box and Concrete Composite Rib Analysis Program）（简称 SCCA 程序）。

5.5.4 分析结果

1）M-N 曲线

按该表达式计算出的 M-N 曲线与实测 M-N 曲线对比可见（图 5.5-4），两者吻合良好。

M-N 曲线显示，最大轴向承载力出现的位置不在理论轴心受压处，而是在向钢箱少许偏心处，这与一般意义上的对称截面构件有所不同，分析其原因主要是因为：对于钢箱—混凝土压弯构件而言，由于截面和材料上的不对称性，真实的轴心位置（即换算结构形心）由于两种材料本构关系的非线性，在加载过程中将不断发生变化。因此，此处定义的理论轴心位置为依据钢材与混凝土初始弹性模量换算的计算值。在轴压加载过程中，由于钢在屈服前弹模不变，而混凝土的弹模一直降低，因此，在加载中的加载点不变的情况下，轴压加载已经变成事实上的偏载，且偏向混凝土一侧。最终破坏时实际上是偏压破坏。M-N 曲线表明，当初

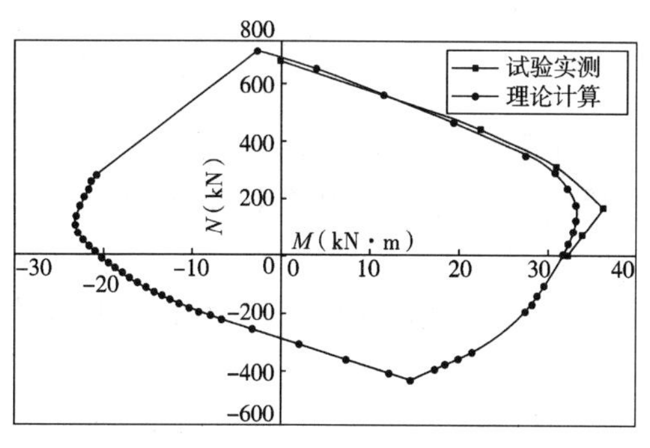

图 5.5-4　*M-N* 曲线实测与理论对比值

始偏心距略向钢箱一侧偏移后，在加载过程中恰与上述偏移逐渐抵消，从而使得临近破坏时截面上的应变分布更为均衡，最终表现出更大的轴向承载力。

2）抗剪刚度对 $M-\phi$ 的影响

以下将使用 SCCA 程序分析相同纯弯下未考虑滑移效应时与考虑滑移效应构件的 M-φ 曲线（图 5.5-5）。为了研究界面抗剪刚度的影响，分别考虑界面抗剪承载力 $Q_{u1}=4\text{kN}$，$Q_{u2}=10\text{kN}$，$Q_{u3}=40\text{kN}$，$Q_{u4}=100\text{kN}$，根据式（4.3-17）、式（4.3-18）计算抗剪刚度，此外，还计算了抗剪刚度无穷大、无界面滑移的情况。

考虑滑移效应后的 $M-\phi$ 曲线，构件变形增加，承载力降低，如当 $Q_{u2}=10\text{kN}$ 时，M_u 降低约 10%，可知，当界面抗剪刚度较小时，滑移效应对 M_u 影响较大，不可忽略。当界面抗剪强度大于两倍的界面实际最大剪力时，即当 $Q_u>2Q_{max}$ 时，由于抗剪刚度曲线基本处于线性段，因此，对 M_u 及变形影响则明显减小，如曲线中 $Q_{u3}=40\text{kN}$ 时，M_u 降低值小于 5%。

因此，由于钢箱—混凝土组合结构中材料间界面的存在，其滑移变形将影响钢－混凝土压弯构件的承载力和变形。当剪力键抗剪强度 $Q_u\geqslant 2Q_{max}$ 时，由于界面滑移产生的承载力折减值小于 5% M_u，因此，该值可作为 PBH 剪力联结构造设计时的强度要求值。Q_u 计算参照式（4.3-18）。

3）抗剪刚度对滑移应变值的影响

图 5.5-6 为各接触面抗剪刚度对应的滑移应变值，当假设接触面上的水平剪力与相对滑移成正比时，不同刚度下的滑移应变均表现为线性，刚度越小，滑称应变越大。

图 5.5-6 显示，界面抗剪刚度与滑移应变不成正比，界面剪力连接件的抗剪刚度越低，滑移效应越明显。

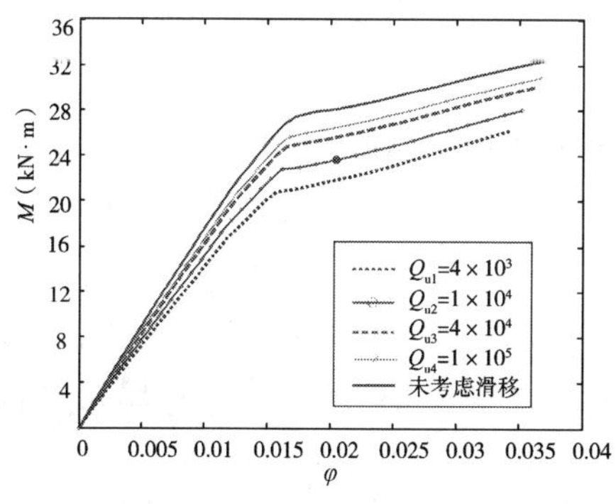

图 5.5-5　不同抗剪刚度下的 *M*-*φ*

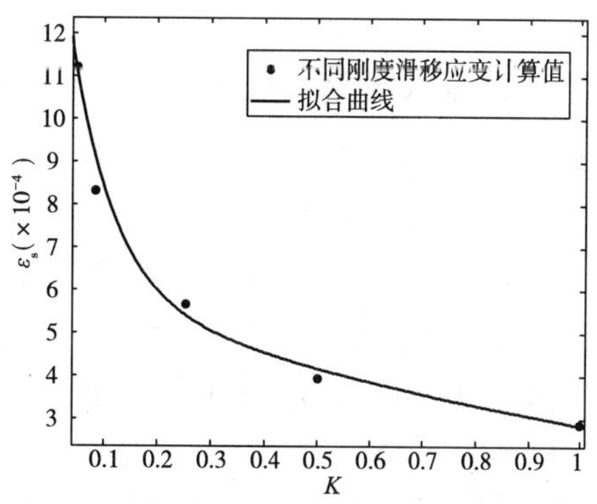

图 5.5-6　抗剪刚度对滑移应变值的影响

从以上分析可以看出，钢箱—混凝土组合结构由于其材料界面的存在，在受力过程中滑移效应将不能避免地降低构件刚度和承载力。

5.5.5 SCCA 与常规结构分析软件的比较

1)混凝土的本构关系

SCCA 中,混凝土本构的模型及参数采用作者提出的考虑约束效应的单一混凝土匀质化本构模型,考虑了混凝土材料的非线性,其参数由钢箱—混凝土组合压弯试验实测结果修正,较真实地反应钢箱—混凝土组合压弯构件中混凝土的应力与应变关系。

常用结构分析软件如桥梁博士、MIDAS 等混凝土本构采用线性模型,未考虑混凝土的材料非线性。

通过曲线可以看出,由于一般结构分析软件中未考虑混凝土的塑性,在相同应力时,应变计算值偏小,对于钢箱—混凝土组合构件而言,混凝土的应变计算值偏小将会显著改变钢箱与混凝土间的应力分配。而对于 ANSYS 等大型分析软件,亦无法自动计算混凝土本构模型而是通过多点输入的方式进行。

2)钢材的本构关系

SCCA 中,钢材的本构模型取用典型弹塑性模型,桥梁博士等软件中取用的是典型线弹性模型,两者在钢材屈服点前完全一致,但在屈服点后,两者之间有巨大差异。线弹性模型的计算结果大大提高了钢箱—混凝土组合构件的刚度,其应变值计算明显过大。由于钢箱—混凝土组合构件的受力特点,在极限荷载前钢箱底板早已屈服,并随着荷载的增加,腹板逐渐屈服。因此,钢材采用线弹性本构将无法真实模拟和计算构件的变形、应力及强度等。

3)界面滑移

SCCA 程序中,考虑了钢箱与混凝土界面间滑移及其引起的变形和承载力的影响。界面滑移随荷载值增加表现为非线性增长,因此,当荷载较小时,界面滑移的影响较小,而当荷载增大时,界面滑移的影响会越来越大。而基本所有的结构分析软件都未自动考虑该界面滑移因素。

4)全桥模型

SCCA 程序目前仅能进行截面计算,未能进行全桥模型计算。后期研究工作中将进一步使 SCCA 程序拓展至全桥计算软件。

5.5.6 SCCA 与 XTRACT 分析比较

XTRACT 软件是由美国专门开发结构计算软件的 TRC Imbsen 公司开发的一款专门用于组合截面计算的软件(http://www.imbsen.com/xtract.htm),可以自定义截面形式,截面形式中可以自由计算组合截面和钢筋混凝土截面。XTRACT 程序中的材料本构关系可以自定义,混凝土的本构包括单轴本构和约束本构两种。XTRACT 已用于许多大型项目,包括旧金山海湾的卡基内斯海峡大桥悬索桥、新旧金山奥克兰海湾大桥等。本节将比较该软件与作者 SCCA 计算结果。

以图 5.5-7 为计算截面,在 SCCA 与 XTRACT 中将采用尽量一致的模拟方式。其中,将加劲肋面积换算进入腹板和底板厚度里,考虑混凝土纵筋作用,同时,采用相同的约束混凝土本构模型和弹塑性钢材模型。XTRACT 中通过节点坐标输入截面形状。钢箱与混凝土间采用共节点处理,因此,XTRACT 中不考虑界面滑移影响。

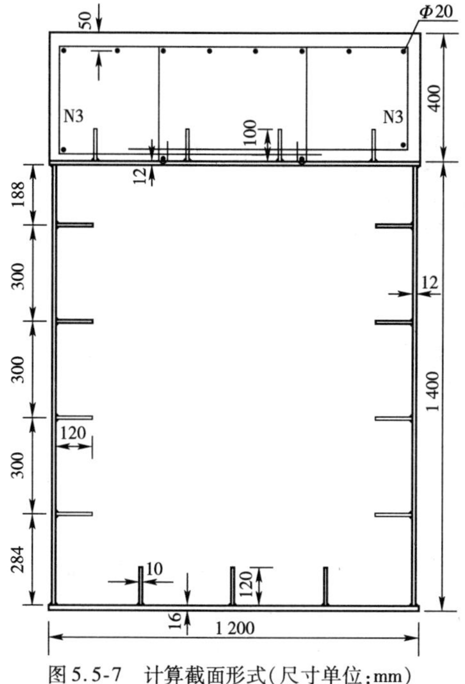

图 5.5-7　计算截面形式(尺寸单位:mm)

XTRACT 截面形式如图 5.5-8 所示。

图 5.5-9 中的 M-ϕ 曲线显示,在约 50% 极限荷载范围内,SCCA 与 XTRACT 的计算结果吻合较好,随着荷载的逐渐增大,SCCA 与 XTRACT 的 M-ϕ 计算曲线差异逐渐增大,分析其原因是由于 SCCA 中计入了钢箱顶板与其上混凝土间的界面滑移,该滑移在加载初期基本为零,随着荷载的增加逐渐趋于明显,故 SCCA 的 M-ϕ 计算曲线在加载后期表现为变形较大,承载能力有所降低。

与 XTRACT 计算结果的比较表明,SCCA 与 XTRACT 的计算结果总体相符,SCCA 计入了钢箱顶板与其上混凝土间的界面滑移,可以较准确地反映钢箱—混凝土组合截面全过程受力,因此,SCCA 更适用于钢箱—混凝土组合构件计算。

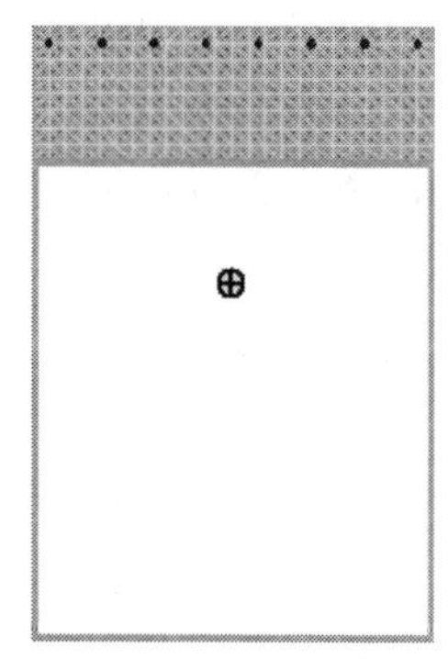

图 5.5-8　XTRACT 截面

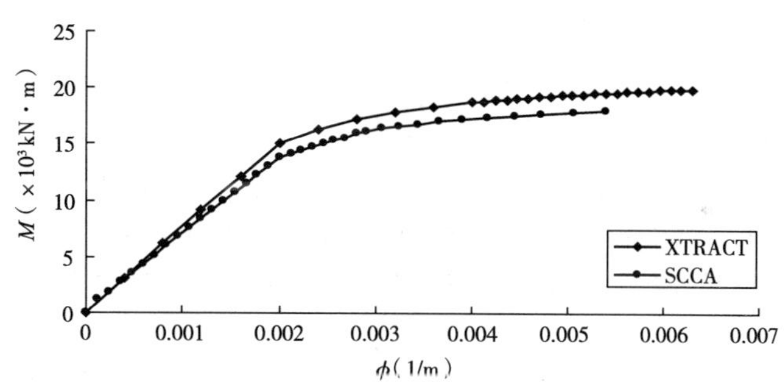

图 5.5-9　SCCA 与 XTRACT 计算 M-ϕ 曲线比较

第6章 钢箱—混凝土组合压弯构件承载力计算

依据SCCA程序对钢箱—混凝土组合构件的纯弯、大偏压及小偏压等受力情况下进行了全过程参数化分析。结合试验资料和理论分析，推导和建立简化的钢箱—混凝土组合压弯构件*M*-*N*承载能力计算方法，并在实际工程设计计算中加以应用。

6.1 *M*-*N*曲线及大小偏压破坏定义

6.1.1 *M*-*N*曲线

根据第4章两组试件的试验结果，连接得到*M*-*N*曲线如图6.1-1所示。各点从上至下依次为N1，N2，N3、M3、M2、M1。N3将*M*-*N*曲线明显地分成两部分，其中，上半部分中，M_u越大，N_u越小；下半部分中，M_u越大，N_u越大，表现出明显不同的极限承载力形式。同时，这两种不同的极限承载力形式有着相对应的两种明显不同的破坏形态，上半部分表现出脆性破坏的特征，下半部分则是塑性破坏。

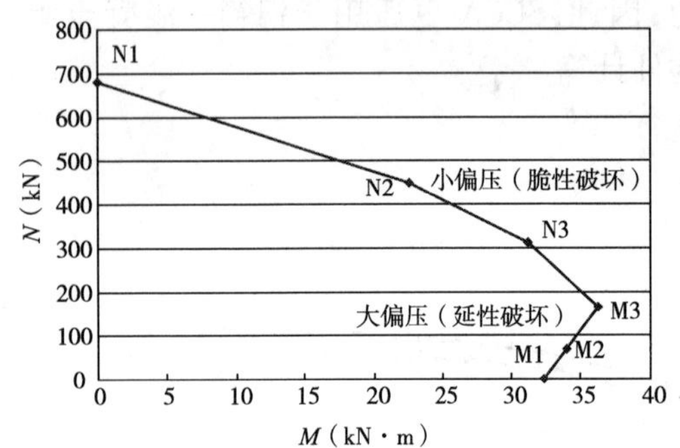

图6.1-1 钢箱—混凝土组合压弯构件*M*-*N*曲线

由于钢箱顶板对相邻混凝土的约束，提高了混凝土的极限压应变，因此，钢箱顶板未屈服的情况下，混凝土的应变将会持续增加到一个较高值，应力曲线变得较单轴曲线更为饱满。

钢箱顶板未屈服时，其应变稳定增长。由于相邻顶板上混凝土与钢箱顶板间依靠剪力键协调变形，因此，在顶板未屈服的情况下，相邻混凝土根据应变协调及平截面假定理论，应变持续增加。

在外缘混凝土达到单轴混凝土极限压应变时，构件一般未达到其最大承载力，分析有以下原因：

(1)除最外层箍筋保护层混凝土外，箍筋内混凝土均为约束混凝土，由于箍筋与钢筋顶板的约束，其最大压应变将会受到套箍作用而增加，因此，当保护层混凝土剥落后，核心混凝土仍然可以继续受力并持续变形；如果此时钢箱顶板受压且未屈服，则顶板和与之紧密连接的加劲肋及箍筋将约束混凝土部分与之共同受力，大大提高其极限压应变。

(2)未屈服的钢箱顶板由于仍有一定的承载力增加空间，因此，在顶板屈服前，中性轴上升缓慢，即便在外缘混凝土压碎的情况下，只要顶板未屈服，顶板及受其与箍筋约束的核心混凝土仍将共同工作，保证荷载增加或缓慢下降，构件将处于有明显破坏预兆的塑性破坏。

6.1.2　破坏延性与偏心距的关系

试验中试件的破坏延性表现出明显的两种形式：

(1)塑性破坏：破坏时构件表现出明显的预兆，有较大变形，破坏前构件和钢箱表现出明显的弯曲，可以看到外侧钢箱弯曲呈弧形，之后混凝土外缘压碎，达到极限强度。此时，若卸载后再次加载，承载能力只略有减小（<10%），构件的变形持续增加，混凝土的压碎区的宽度和深度增加。应变测量结果显示，钢箱受拉屈服高度上升。整个受力过程中，受压区高度较小。钢箱全受拉或仅有一小部分受压。这种破坏形式发生在偏心距较大或纯弯时（M1，M2，M3 及 N3）。——大偏心受压破坏

(2)脆性破坏：破坏时构件没有明显预兆，变形不明显，破坏始于混凝土外缘压碎，这时，构件突然弯曲，发生失稳，钢箱内侧钢板发生折叠，构件向混凝土侧或钢箱侧倾斜弯曲。构件基本上没有残余强度。整个受力过程中，受压区高度较高，钢箱部分受拉部分受压。这种破坏形式发生在偏心距较小或轴压时（N1 及 N2）。——小偏心受压破坏

6.1.3　大偏压破坏、小偏压破坏及其判据

由于套箍效应，核心混凝土的极限压应变将大于原单轴极限压应变 ε_{cu}，此处定义为约束极限压应变 ε'_{cu}。$\varepsilon'_{cu}=\xi\varepsilon_{cu}$，$\xi$ 为约束效应极限应变放大系数。

在混凝土外缘混凝土达到单轴极限压应变后，由于箍筋和顶板对混凝土的套箍效应，混凝土的极限压应变提高。构件将会继续受力并且变形增加，直至混凝土外缘达到约束极限压应变。这时，由于构件中性轴位置及构造的不同，将会出现以下几种情况：

1)中性轴位于钢箱内

(1)核心混凝土外缘达到约束极限压应变，此时钢箱顶板未受压屈服。继续加载，混凝土外缘将会开始出现压碎，压碎区在荷载增加、变形发展的情况下扩大。

①混凝土压碎区过大以致于顶板未屈服时承载力下降。当混凝土外缘压应变大于约束极限压应变时，混凝土将会被压碎，从而减少混凝土受压区高度，降低受压区合力。当压碎区过大导致顶板未屈服而受压区受力下降时，构件整体承载力即会出现下降。此时由于顶板未屈服，在承载力下降的过程中，顶板仍可保持一定的应变和应力增加，并结合箍筋和加劲肋约束与之紧邻的部分混凝土，因此，破坏过程表现出一定的塑性，其塑性程度与顶板厚度及混凝土厚度等有关。最终破坏时钢箱顶板屈服。

②混凝土压碎区不大时。当混凝土压碎区发展较慢，混凝土合力的降低速度小于钢箱顶板压力增加速度时，受压区合力在混凝土开始压碎后仍在提高，而受拉区由于中性轴以下均为钢箱，因此，受拉区钢箱不可能全部屈服，其合力亦有增加空间。这时荷载可以继续增加，中性轴向上缓慢移动。继续加载会出现以下两种形式：

a.加载直至混凝土压碎区过大，此时即便钢箱顶板未屈服，受压区合力亦会下降，之后其破坏形式同上述情况①。

b.当钢箱顶板较厚或强度较高时，混凝土压碎区增加产生的受压区合力下降部分小于顶板提供的合力上升部分，所以，即使结构已经发生了明显的塑性变形，荷载仍然可以缓慢增加，直至钢箱顶板屈服。顶板的屈服一方面使得其提供的抗力不再增加，另一方面，顶板屈服后对混凝土的套箍约束力会大大降低，从而使混凝土纷纷压碎。构件承载力迅速降低，

结构破坏。

(2)混凝土外缘达到约束极限压应变时,钢箱顶板已经屈服。

由于钢箱顶板已经屈服,其对混凝土的套箍效应将会大大降低,很明显这时的约束极限压应变将小于(1)中情况。

由于钢箱顶板已经屈服,混凝土外缘开始出现压碎时,因混凝土合力的突然降低,整个受压区合力会迅速下降,而钢箱顶板因为已经屈服而无法提供受力上的缓冲变形,构件将在没有变形发展过程的情况下突然破坏,表现出明显的脆性。

2)中性轴位于混凝土内

(1)当钢箱底板厚度较厚或强度较高,混凝土外缘达到约束极限压应变时,钢箱顶板受拉未屈服。此时,整个钢箱受拉而混凝土受压,构件受力相当于受拉区配超筋的钢筋混凝土构件。由于混凝土临近压碎前钢箱亦没有压碎,因此,破坏前构件没有明显预兆,破坏始于混凝土被压碎,属于脆性破坏。

(2)当钢箱底板厚度适当,钢箱顶板先受拉屈服,混凝土外缘达到约束极限压应变时。此时,整个钢箱受拉而混凝土受压,构件受力相当于受拉区配适筋的钢筋混凝土构件。由于荷载作用下,钢箱底板先屈服,中性轴向上移动,构件随着中性轴移动发生弯曲变形,在混凝土压碎前,构件表现出明显的破坏前预兆。破坏始于钢箱底板屈服,最终混凝土压碎破坏,为塑性破坏。

图 6.1-2 为脆性破坏与塑性破坏时截面应变分布图。

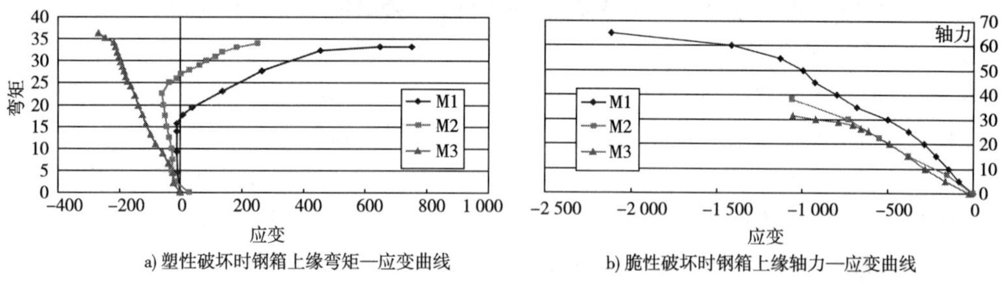

图 6.1-2　脆性破坏与塑性破坏时截面应变分布

区别两种破坏形态的判据为:混凝土外缘到达最大压应变时,钢箱顶板受压屈服。塑性破坏时,钢箱顶板受拉或受压但未屈服,当混凝土到达最大压应变时,钢箱顶板仍保持一定的受压能力,使得中性轴有一定的上升空间,变形从而继续发展。脆性破坏时,钢箱顶板在混凝土达到最大压应变时已经屈服,而相邻的腹板相比之下受压面积过小,从而使得混凝土外缘压碎。混凝土的抗压能力下降后,原本被混凝土支撑的钢箱顶板迅速屈曲变形,构件表现出失稳。

因此,作者借用钢筋混凝土构件大小偏压破坏的定义,在详细深入地分析了各种内力组合下构件后期受力行为的基础上,提出了钢箱—混凝土组合压弯构件的塑性破坏与脆性破坏的定义,由于该破坏形式与偏心距有明显关系,因此又可被称大偏心受压破坏与小偏心受压破坏。

受压区高度 x 与临界受压区高度之间的关系可以用来作为塑性破坏与脆性破坏的判据式。从图6.1-3可知,两者之间的分界点在于:

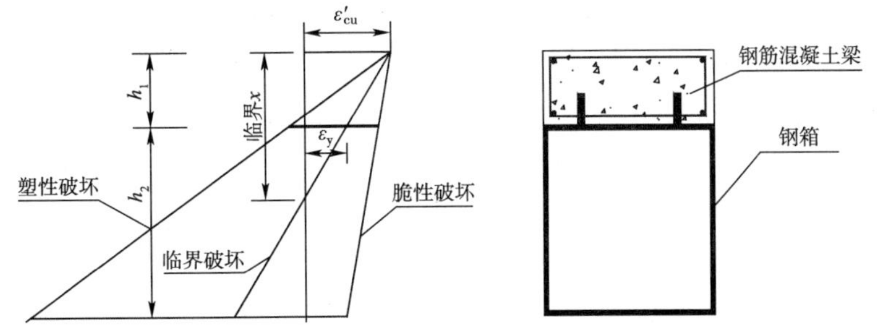

图6.1-3 受压区高度与破坏模式的关系

$$\frac{\varepsilon_y}{\varepsilon'_{cu}}=\frac{x-h_1}{x}\Rightarrow\frac{\varepsilon_y}{\varepsilon'_{cu}}=1-\frac{h_1}{x}\Rightarrow\frac{h_1}{x}=1-\frac{\varepsilon_y}{\varepsilon'_{cu}}\Rightarrow\frac{h_1}{x}=\frac{\varepsilon'_{cu}-\varepsilon_y}{\varepsilon'_{cu}}\Rightarrow\frac{x}{h_1}=\frac{\varepsilon'_{cu}}{\varepsilon'_{cu}-\varepsilon_y}$$

$$\text{临界受压区高度}\quad x=\frac{h_1\cdot\varepsilon'_{cu}}{\varepsilon'_{cu}-\varepsilon_y}\tag{6.1-1}$$

式中:ε'_{cu}——约束混凝土极限压应变,其值与应变梯度有关,可用 $\varepsilon'_{cu}=k_1\varepsilon_{cu}$ 表示,ε_{cu} 为单轴混凝土极限压应变,而 k_1 为约束混凝土增大系数;

ε_y——钢箱顶板钢材屈服压应变,可用 $\varepsilon_y=\dfrac{f_y}{E_s}$ 表示。

因此,当计算受压区高度 $x\geqslant\dfrac{h_1\cdot\varepsilon'_{cu}}{\varepsilon'_{cu}-\varepsilon_y}$ 时,钢箱—混凝土压弯构件发生脆性破坏。当计算受压区高度 $x<\dfrac{h_1\cdot\varepsilon'_{cu}}{\varepsilon'_{cu}-\varepsilon_y}$ 时,钢箱—混凝土压弯构件发生塑性破坏。

6.1.4 与钢筋混凝土压弯构件大小偏压破坏判据的比较

钢筋混凝土压弯构件在不同偏心距作用下,亦表现出两种有明显差异的破坏形式。一般来说,当偏心距较大时,破坏时受拉一侧钢筋先屈服,钢筋混凝土压弯构件中由于钢筋屈服流变出现的延性变形表现出明显的破坏前变形预兆,为塑性破坏;而当偏心距较小时,破坏时受拉钢筋没有屈服,混凝土的突然压碎使得此时的破坏没有预兆,为脆性破坏。

对钢筋混凝土压弯构件而言,大、小偏压破坏的判据为受压区混凝土外缘达到最大压应变时,另一侧钢筋受拉屈服。

而钢箱—混凝土组合压弯构件与钢筋混凝土构件的截面形式不同,由于钢箱—混凝土组合压弯构件的受拉侧或受压较小一侧基本上均为钢箱,因此,当钢箱外缘底板在拉应力作用下屈服后,未完全屈服的腹板将约束底板发生屈服流变,不致出现激增的变形和中性轴上升。考虑到腹板穿过或接近中性轴,钢箱—混凝土组合压弯构件事实上无法出现受拉侧所有钢板屈服的结果。这与钢筋混凝土压弯构件中受拉侧钢筋可以完全屈服发生屈服流变不同。

钢箱—混凝土组合构件与钢筋混凝土压弯构件另一显著受力区别在于其钢箱顶板,在不同的偏心距时,钢箱顶板受拉或受压。当其受拉时,整个钢箱均处于受拉区,发生破坏的原因由6.1.2节分析可知为混凝土受压导致的破坏,该破坏缘于混凝土受压破坏,因此破坏时表现出明显的脆性。当钢箱顶板受压且在混凝土达到最大压应变之前已经受压屈服,此时顶板受力过程改善了混凝土乃至构件的延性，但破坏仍是由于混凝土受压达到极限，破坏时的模式由混凝土受压破坏形态控制，仍然表现为脆性破坏。只有当钢箱顶板受压，且在混凝土达到最大压应变时顶板没有受压屈服，此时，受压区的合力增量由顶板提供，构件受压区的力学行为由钢箱顶板主导。当顶板最终受压屈服时，构件的破坏模型受钢箱顶板的受压破坏形态控制，表现为塑性破坏。

鉴于钢箱—混凝土组合压弯构件事实上无法出现受拉侧所有钢板屈服，而钢箱顶板的受力明显影响混凝土的力学行为，钢箱—混凝土组合压弯构件与钢筋混凝土构件有不同的大、小偏心破坏判据。

6.2 承载力影响因素及多参数拓展分析

6.2.1 承载力影响因素

钢箱—混凝土组合压弯构件的承载力影响因素与一般钢混凝土组合构件类似，主要有以下六点：

(1)材料强度，包括混凝土强度及钢材强度。

(2)截面形状及尺寸：由于截面形状中包括矩形混凝土梁、箱形钢梁等，此处截面尺寸包括截面宽度及总高，混凝土梁高及钢箱梁高，钢箱顶、底板及腹板厚度。

(3)钢筋混凝土梁配筋率。

(4)剪力键刚度及强度。

(5)偏心距：压弯构件受力时，偏心距反应的是弯矩和轴力之比。钢箱—混凝土组合压弯构件试验研究表明，当偏心距变化时，构件受力时的中性轴高度及破坏模式等均有不同。

(6)长细比：当构件长细比较大时，由于 $P-\Delta$ 效应产生的几何非线性，将会影响构件承载力。长细比越大，承载力越低。作者在分析中只考虑短柱。

6.2.2 多参数拓展分析

使用第6章所编写的针对钢箱—混凝土组合压弯构件、考虑界面滑移的非线性分析程序SCCA，进行钢箱—混凝土组合压弯构件的多参数拓展分析，基于作者计算方法的可靠性，采用上述结构分析方法，对钢板厚度、纵筋配筋率、混凝土强度、钢材强度、混凝土梁高度、钢箱高度等参数对构件受力的影响进行分析。此外，由于以上部分参数将会对PBH剪力联结构造抗剪刚度产生相应影响，这些影响在计算过程中已自动计入。分析中以受弯构件及偏压构件为例，以下分别讨论。

1)受弯构件参数分析

(1)钢箱的钢板厚度。图6.2-1分别为钢板厚度为10mm，12mm，14mm及16mm，其他参数不变的情况下的 M-ϕ 曲线比较，弹性工作阶段四者几乎重合，可以看出，钢板厚度的变化对弹性工作阶段影响较小，混凝土塑性点随钢板厚度增加而提高，钢箱的屈服点随钢板厚度成比例增加，破坏阶段，四条曲线基本平行，其中 M_u 分别为2 852kN·m，3 315kN·m，3 694kN·m及4 406kN·m，可以看出，M_u 与钢板厚度 t 成线性关系。

(2)纵筋配筋率。将纵筋直径取用16mm，20mm，22mm，图6.2-2可以看出，纵筋对整个曲线影响较小，各曲线的形状基本一样，纵筋配筋率的增加可以提高 M_u 的大小，M_u 分别为

3 241kN·m,3 342kN·m,3 376kN·m,可以看出,纵筋配筋率对 M_u 的影响亦较小。

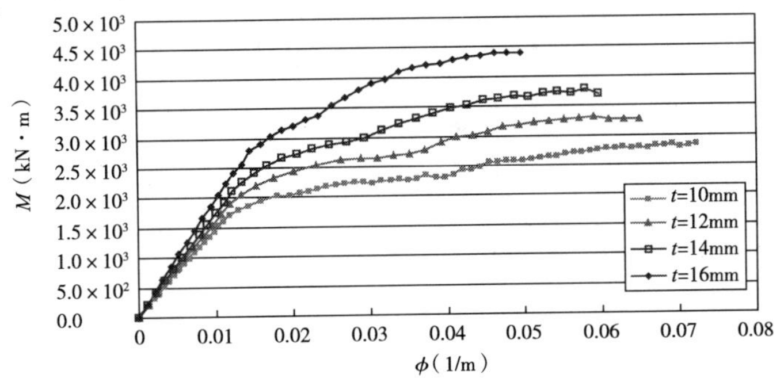

图6.2-1　纯弯梁的 M-ϕ 曲线随着钢板厚度的变化

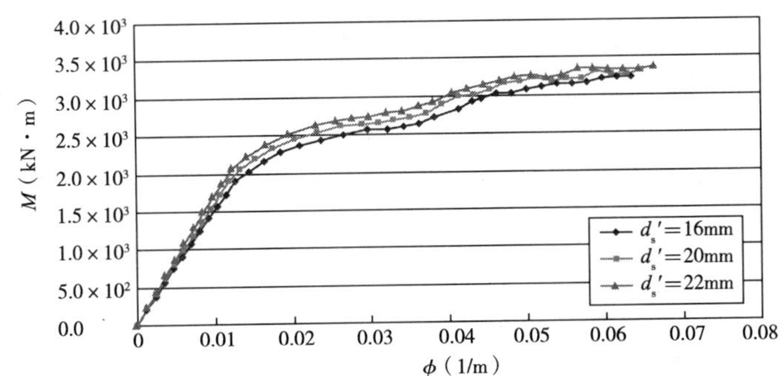

图6.2-2　纯弯梁的 M-ϕ 曲线随着钢筋直径的变化

(3)混凝土强度。混凝土强度分别考虑 C30,C40,C50 及 C60。计算所得的 M-ϕ 曲线(图6.2-3)显示,混凝土强度的变化对曲线的第一阶段完全没有影响,四条曲线在弹性工作阶段完全重合;钢箱屈服点和 M_u 随混凝土强度增加略有增加,M_u 分别为 3 102kN·m,3 315kN·m,3 537kN·m 及 3 684kN·m。通过提高混凝土强度对提高 M_u 的效果并不明显。

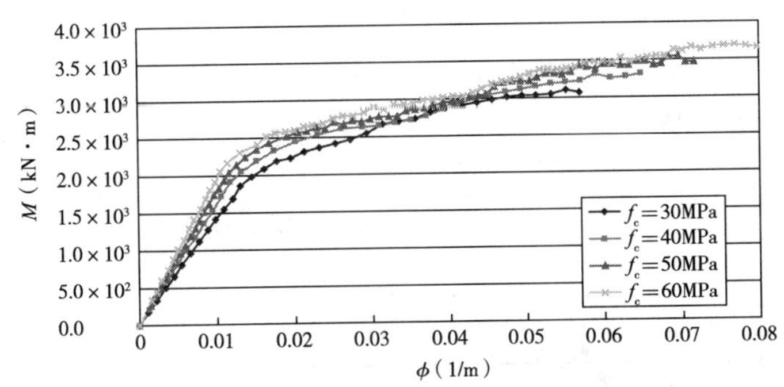

图6.2-3　纯弯梁的 M-ϕ 曲线随着混凝土强度的变化

(4)钢材强度。钢材强度分别考虑 235MPa,335MPa 及 375MPa 三种强度等级,M-ϕ 曲线(图6.2-4)显示,在弹性工作阶段三者完全重合;钢材强度提高显著地提高了钢箱屈服点和 M_u 点,且从图中可以看出,钢材强度越高,M_u 与钢箱屈服点间的差值越大,这表明,在破坏阶段钢材强度提高了构件的后期承载力。三种强度下的 M_u 分别为 3 315kN·m,4 276kN·m

及 4 568kN · m,计算结果表明,提高钢箱强度可以明显提高 M_u 值。

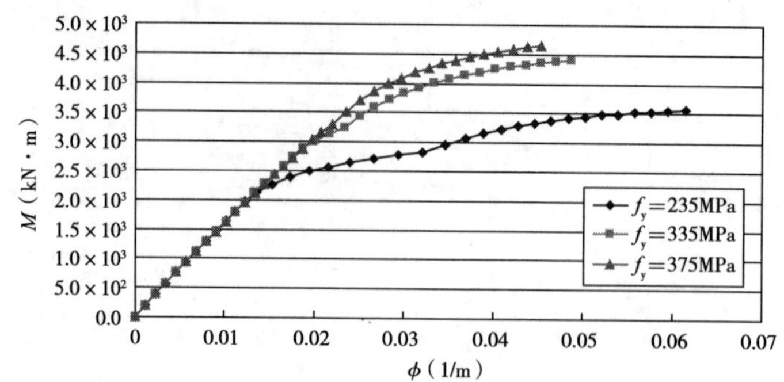

图 6.2-4　纯弯梁的 M-ϕ 曲线随着钢材强度的变化

(5)混凝土梁高度。混凝土梁高度分别考虑梁高 40cm、50cm 及 60cm 三种情况,M-ϕ 曲线(图 6.2-5)显示,混凝土梁越高,构件的延性越小,各构件的强度与混凝土梁高成正比,三种梁高下的 M_u 分别为 2 612kN · m,2 995kN · m,3 316kN · m,计算表明,提高混凝土梁高可以明显提高 M_u 值。

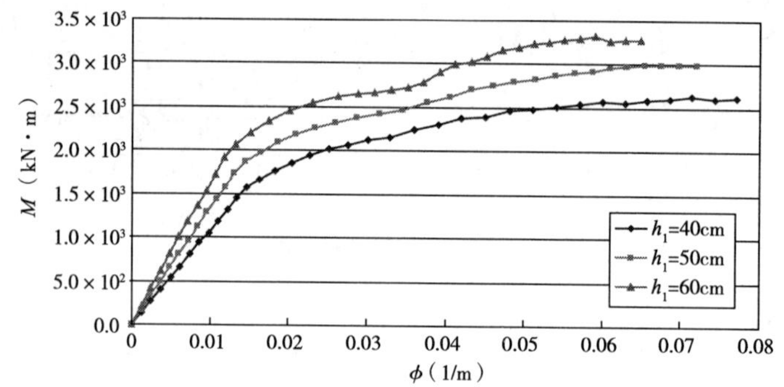

图 6.2-5　纯弯梁的 M-ϕ 曲线随着混凝土梁高度的变化

(6)钢箱高度。分别计算钢箱高度为 100cm,120cm 及 140cm 时的情景。M-ϕ 曲线(图 6.2-6)表明,钢箱高度越高,弹性工作阶段的刚度越大,曲线上的混凝土塑性点,钢箱屈服点及 M_u 点成比例增长,M_u 分别为 2 784kN · m,3 316kN · m 及 3 900kN · m。M-ϕ 曲线的弹塑性工作阶段与破坏阶段的曲线形状相似,相互平行。由图可知,提高钢箱高度可以提高构件工作刚度和承载力。

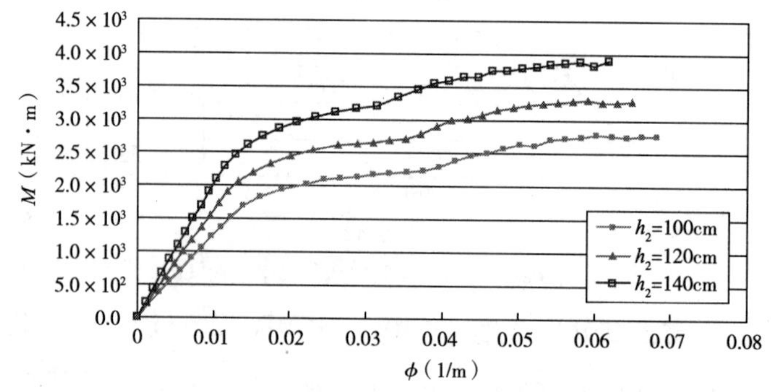

图 6.2-6　纯弯梁的 M-ϕ 曲线随着钢箱高度的变化

(7)钢箱与混凝土不同高度比。分析中保持构件总高 180cm 不变,混凝土高度分别为

20cm、30cm、40cm、50cm。其 M-ϕ 曲线(图6.2-7)显示,以上四个构件的曲线较为接近,而最终的变形量及强度略有不同。

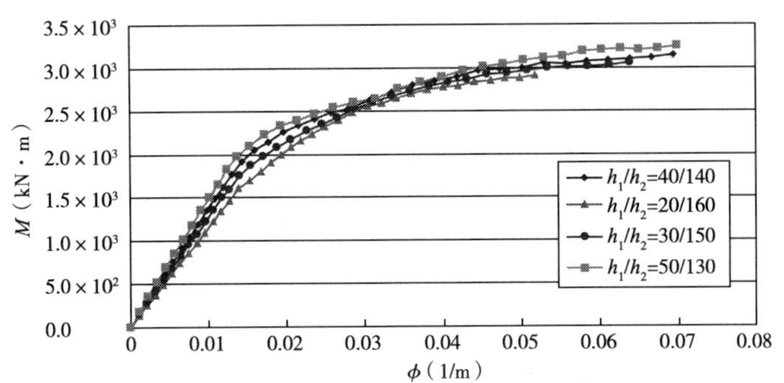

图6.2-7 纯弯梁 M-ϕ 曲线随着混凝土与钢箱高度比的变化

2)大偏压构件参数分析

此外,对偏压构件也进行了相应的参数分析,以下分别对不同参数下偏心距较大和偏心距较小的情况进行了全过程分析。大偏压构件破坏模型与受弯梁类似,因此,各参数影响与受弯梁亦类似。

(1)钢箱的钢板厚度。图6.2-8分别为钢板厚度为10mm,12mm,14mm及16mm,其他参数不变的情况下的 M-ϕ 曲线比较,弹性工作阶段四者几乎重合,可以看出,钢板厚度的变化对弹性工作阶段影响较小,混凝土塑性点随钢板厚度增加而提高,钢箱的屈服点随钢板厚度成比例增加,破坏阶段,四条曲线基本平行,构件的变形能力亦随强度混凝土强度增加而降低,对应的 M_u 分别为3 080kN·m,3 568kN·m,3 929kN·m及4 520kN·m,可以看出,M_u 与钢板厚度 t 成线性关系。

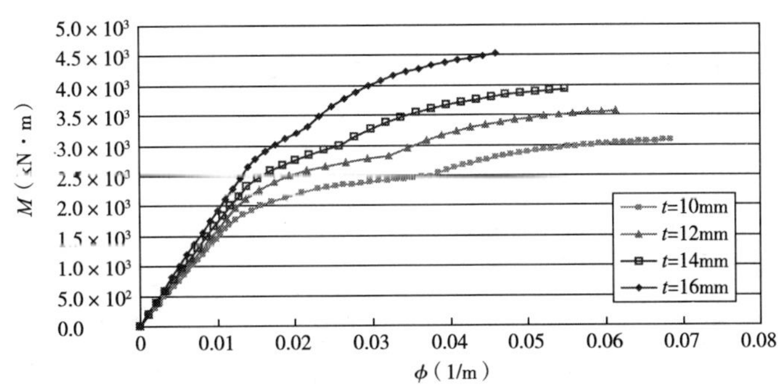

图6.2-8 大偏压构件 M-ϕ 曲线随着钢板厚度的变化

(2)纵筋配筋率。将纵筋直径取用16mm,20mm,22mm,从图6.2-9可以看出,纵筋对整个曲线影响较小,各曲线的形状基本一样,M_u 分别为3 635kN·m,3 568kN·m,3 475kN·m,可以看出,三条曲线基本重合,纵筋配筋率对 M_u 的影响非常小。

(3)混凝土强度。混凝土强度分别考虑C30,C40,C50及C60。计算所得的 M-ϕ,曲线(图6.2-10)显示,混凝土强度增加可以明显提高构件承载力;此外,混凝土强度对构件曲线刚度有明显影响,构件的刚度随混凝土强度提高而提高,且最大构件变形亦随混凝土强度增加而增加,钢箱屈服点和 M_u 随混凝土强度增加略有增加,M_u 分别为3 214kN·m,3 570kN·m,

3 786kN・m及3 984kN・m。通过提高混凝土强度对提高 M_u 的效果并不明显。

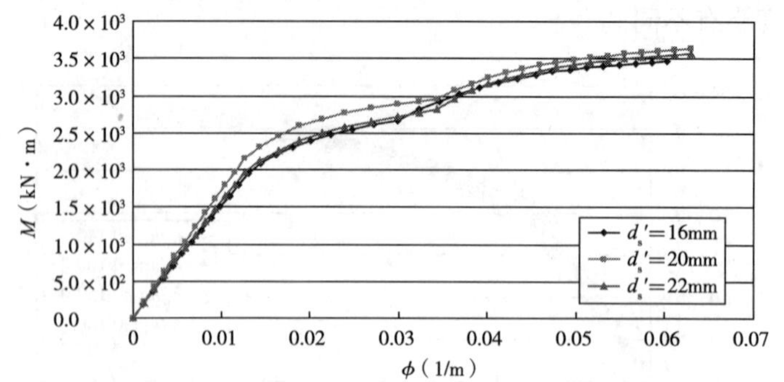

图 6.2-9 大偏压构件 M-ϕ 曲线随着受压钢筋直径的变化

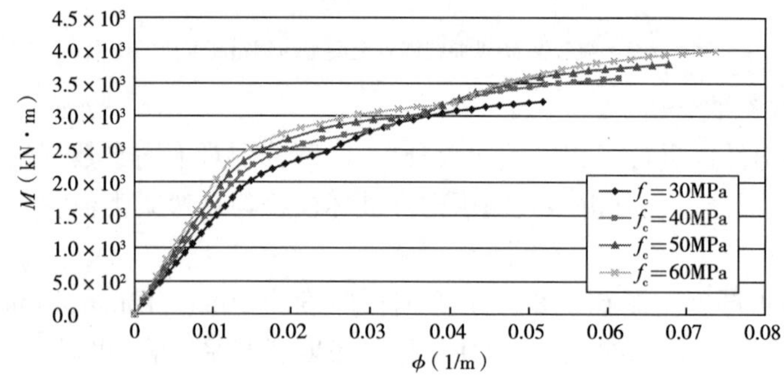

图 6.2-10 大偏压构件 M-ϕ 曲线随着混凝土强度的变化

(4)钢材强度。钢材强度分别考虑235MPa,335MPa及375MPa三种强度等级,M-ϕ 曲线(图6.2-11)显示,在弹性工作阶段三者完全重合;钢材强度提高显著地提高了钢箱屈服点和 M_u 点,且从图中可以看出,钢材强度越高,M_u 与钢箱屈服点间的差值越大,这表明,在破坏阶段钢材强度提高了构件的后期承载力。三种强度下的 M_u 分别为3 568kN・m,4 416kN・m及4 656kN・m,计算结果表明,提高钢箱强度可以明显提高 M_u 值。

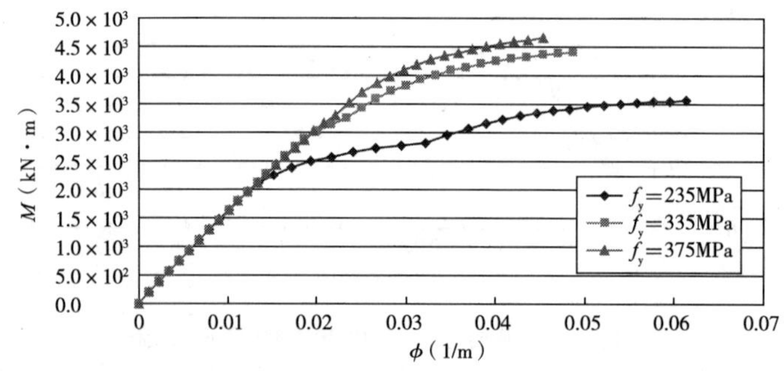

图 6.2-11 大偏压构件 M-ϕ 曲线随着钢材强度的变化

(5)混凝土梁高度。混凝土梁高度分别考虑梁高40cm、50cm、60cm三种情况,M-ϕ 曲线(图6.2-12)显示,混凝土梁越高,构件的延性越小,各构件的强度与混凝土梁高成正比,三种梁高下的 M_u 分别为2 656kN・m,3 161kN・m,3 568kN・m,计算表明,提高混凝土梁高可以明显提高 M_u 值。

(6)钢箱高度。分别计算钢箱高度为100cm,120cm及140cm时的情景。M-ϕ 曲线(图6.2-13)表明,钢箱高度越高,弹性工作阶段的刚度越大,曲线上的混凝土塑性点、钢

箱屈服点及 M_u 点成比例增长，M_u 分别为 2 969kN · m，3 568kN · m 及 4 198kN · m。$M\text{-}\phi$ 曲线的弹塑性工作阶段与破坏阶段的曲线形状相似，相互平行。由图 6.2-13 可知，提高钢箱高度可以提高构件工作刚度和承载力。

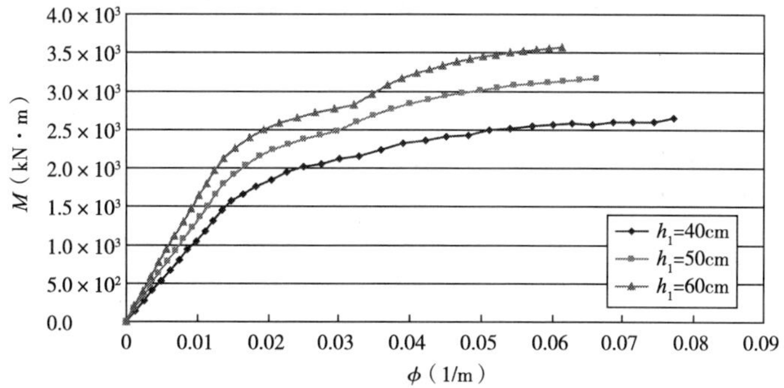

图 6.2-12　大偏压构件 $M\text{-}\phi$ 曲线随着混凝土梁高度的变化

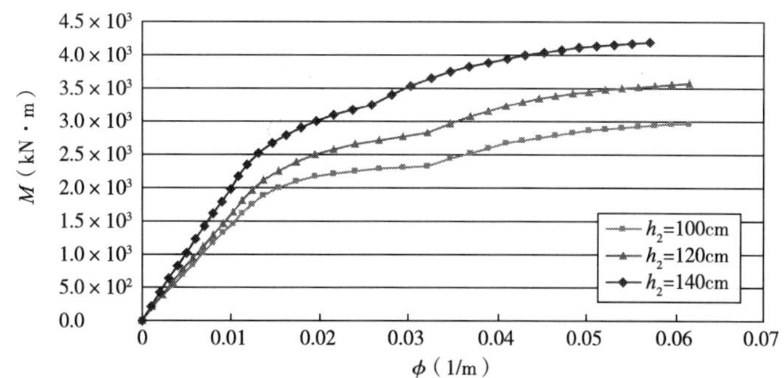

图 6.2-13　大偏压构件 $M\text{-}\phi$ 曲线随着钢箱高度的变化

（7）钢箱与混凝土不同高度比。分析中保持构件总高 180cm 不变，混凝土高度分别为 20cm、30cm、40cm、50cm。其 $M\text{-}\phi$ 曲线（图 6.2-14）显示，以上四个构件的 $M\text{-}\phi$ 曲线接近。当混凝土的高度为 20cm 和 30cm 时，M_u 和最大变形量较小，而当混凝土高度为 40cm、50cm 时，两条曲线的 M_u 和最大变形量明显提高。

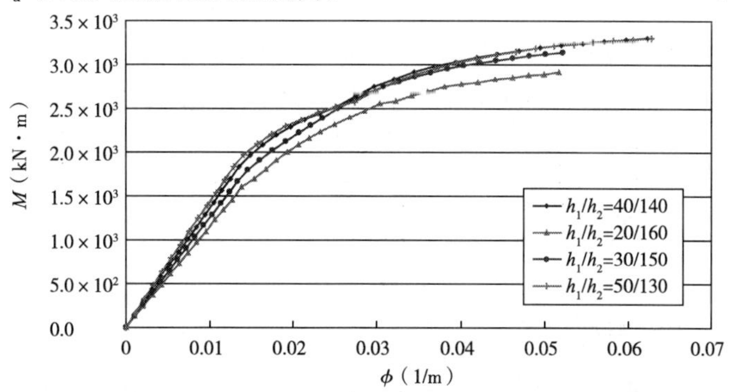

图 6.2-14　大偏压构件 $M\text{-}\phi$ 曲线随着钢箱与混凝土高度比的变化

3）小偏压构件参数分析

对于小偏压构件而言，由于破坏由混凝土抗压强度控制，因此，钢箱参数对构件承载力等影响与大偏压有明显不同。

(1)钢箱的钢板厚度。图6.2-15分别为钢板厚度为10mm,12mm,14mm及16mm,其他参数不变的情况下的M-ϕ曲线比较,四条曲线几乎重合,可以看出,钢板厚度的变化对弹性工作阶段影响非常小,其中M_u分别为2 522kN · m,2 568kN · m,2 649kN · m及2 795kN · m。

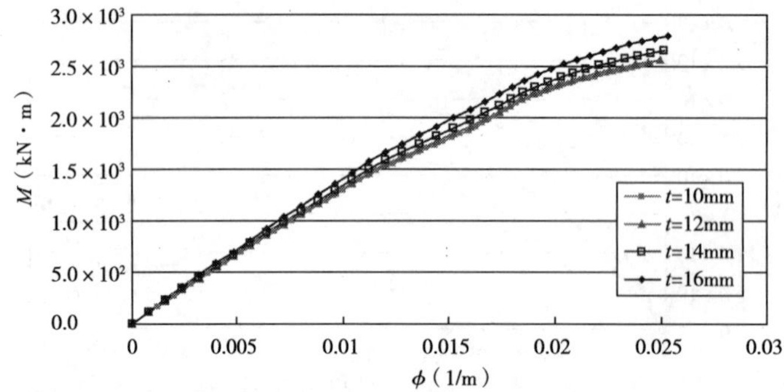

图6.2-15 小偏压构件M-ϕ曲线随着钢板厚度的变化

(2)纵筋配筋率。将纵筋直径取用16mm,20mm,22mm,从图6.2-16可以看出,纵筋对整个曲线影响较小,各曲线的形状基本一样,纵筋配筋率的增加可以提高M_u,M_u分别为2 402kN · m,2 532kN · m,2 730kN · m可以看出,纵筋配筋率对M_u的影响较明显。

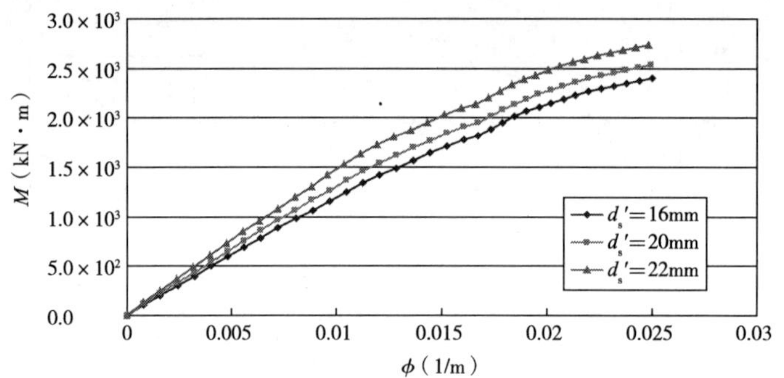

图6.2-16 小偏压构件M-ϕ曲线随着受压钢筋直径的变化

(3)混凝土强度。混凝土强度分别考虑C30,C40,C50及C60。计算所得的M-ϕ曲线(图6.2-17)显示,混凝土强度的变化对曲线的第一阶段完全没有影响,四条曲线在弹性工作阶段完全重合;钢箱屈服点和M_u随混凝土强度增加略有增加,M_u分别为2 162kN · m,2 532kN · m,2 952kN · m及3 350kN · m。通过提高混凝土强度对提高M_u的效果非常明显。

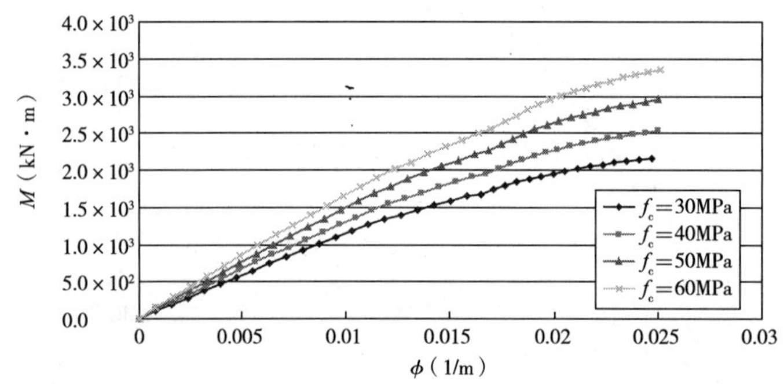

图6.2-17 小偏压构件M-ϕ曲线随着混凝土强度的变化

(4)钢材强度。钢材强度分别考虑235MPa,335MPa及375MPa三种强度等级,M-ϕ曲线(图 6.2-18)显示,三者在受力全过程中几乎完全重合;钢材强度提高对构件的延性、强度及刚度等几乎都没有影响,三种强度下的 M_u 分别为 2 568kN · m,2 747kN · m 及 2 770kN · m,计算结果表明,提高钢箱强度对提高 M_u 值效果不明显。

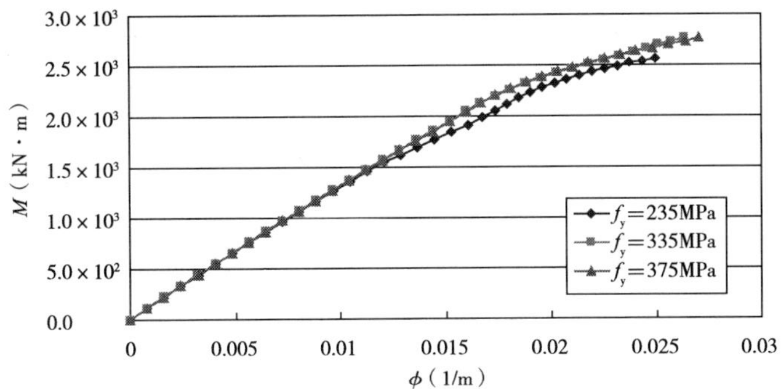

图 6.2-18　小偏压构件 M-ϕ 曲线随着钢材强度的变化

(5)混凝土梁高度。混凝土梁高度分别考虑梁高 40cm、50cm、60cm 三种情况,M-ϕ 曲线(图 6.2-19)显示,混凝土梁越高,构件的延性越小,各构件的强度与混凝土梁高成正比,三种梁高下的 M_u 分别为 1 999kN · m,2 269kN · m,2 568kN · m,计算表明,提高混凝土梁高可以明显提高 M_u 值。

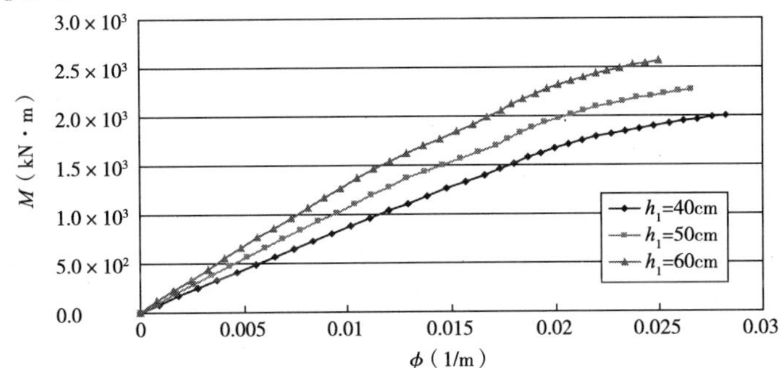

图 6.2-19　小偏压构件 M-ϕ 曲线随着混凝土梁高度的变化

(6)钢箱高度。分别计算钢箱高度为 100cm,120cm 及 140cm 时的情景。M-ϕ 曲线(图 6.2-20)表明,钢箱高度越高,弹性工作阶段的刚度越大,曲线上的混凝土塑性点、钢箱屈服点及 M_u 点成比例增长,M_u 分别为 2 345kN · m,2 568kN · m 及 2 693kN · m。M-ϕ 曲线的弹塑性工作阶段与破坏阶段的曲线形状相似,相互平行。由图 6.2-20 可知,提高钢箱高度可以提高构件工作刚度和承载力。

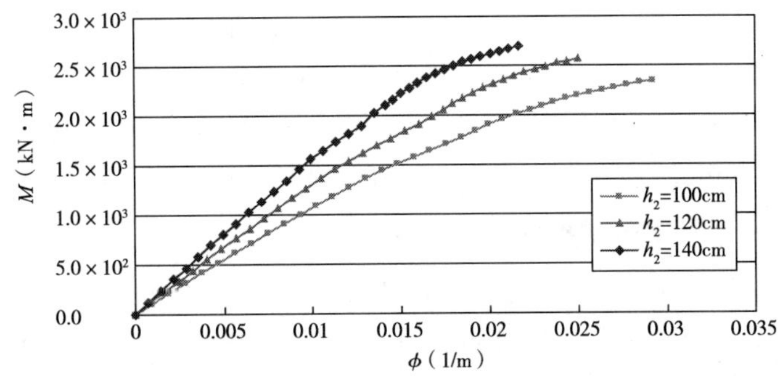

图 6.2-20　小偏压构件 M-ϕ 曲线随着钢箱高度的变化

(7)钢箱与混凝土不同高度比。分析中保持构件总高 180cm 不变,混凝土高度分别为 20cm、30cm、40cm、50cm。其 M-ϕ 曲线(图 6.2-21)显示,小偏压构件的 M_u 和最大构件变形量随混凝土高度的增加而增加。

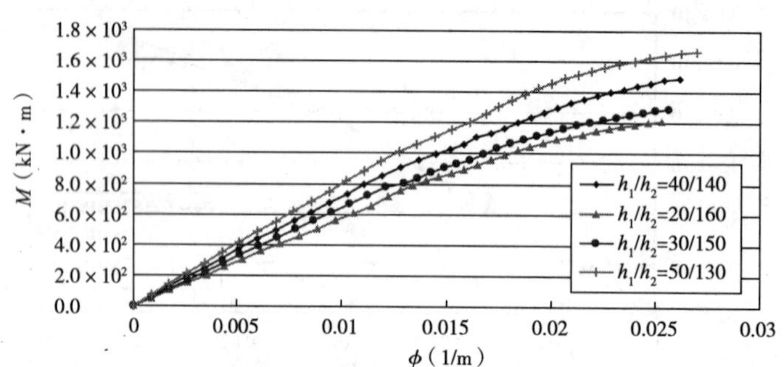

图 6.2-21　小偏压构件 M-ϕ 曲线随着钢筋与混凝土高度比的变化

6.2.3　参数分析结论

参数分析可以看出,钢箱—混凝土组合构件承受大偏压作用时,混凝土强度及受压钢箱配筋率变化对其 M-ϕ 影响不明显,而钢箱尺寸及强度变化对 M-ϕ 影响较明显。而混凝土与钢箱高度比对纯弯梁和大偏压构件而言,当混凝土与混凝土的高度比 $h_1/h_2>1/5$ 后,其强度和变形能力变化不大,而小偏压构件中,h_1/h_2 增加后其强度略有增加。工程应用中,混凝土高度的取值不仅需要考虑过高的混凝土造成的自重增加,亦需要考虑沿拱纵向的截面协调以及混凝土浇筑的最小高度。在已经进行的工程应用中,混凝土高度的取值范围为 $0.15h \sim 0.25h$,一般不宜小于 30cm。

对于钢箱—混凝土组合小偏压构件而言,提高混凝土强度、受压钢箱配筋率等受压混凝土参数时,影响较大,而对于提高钢箱厚度、钢箱强度等受拉钢箱参数时,影响较小。分析小偏压构件与大偏压构件对于钢箱参数不同的敏感程度的原因是因为:小偏压构件破坏时,不取决于钢箱承载力的提高,而主要是由混凝土抗压承载力及钢箱顶板的承载力决定,因此,对钢箱厚度及类似钢箱参数的提高对承载力及变形等影响较小。这亦与前述 6.1.3 节中分析得到的钢箱—混凝土组合构件小偏压破坏的破坏原因相互验证。

6.3　钢箱—混凝土压弯构件正截面承载力计算公式

6.3.1　钢箱—混凝土压弯构件 M-N 曲线简化图式(图 6.3-1)

图 6.3-1 中的曲线 a 即为实际的 M-N 相关曲线,该曲线中 A' 点为界限破坏特征点,其上方为小偏压破坏,下方为大偏压破坏。实际 M-N 曲线在工程设计中多有不便,因此作者采用简化的三折线 b(图中虚线)来偏安全地代替实际的 M-N 曲线,简化后的 M-N 曲线由轴压、纯弯、轴拉及 A 点相连接,其中 A 点为名义界限破坏特征点。

6.3.2　M-N 曲线计算公式推导基本假定

(1)拉区混凝土退出工作，拉力全由钢材承受。

(2)钢箱—混凝土组合压弯构件整体受力达到承载力极限状态时,钢和混凝土均满足理想刚塑性假设,钢梁截面上各点应力均为 $f_y=\gamma_1 f_{y,r}$,混凝土内主筋应力达到 $f'_s=\gamma_2 f'_{s,r}$,混凝土受压塑性区内各点均达到塑性极限抗压强度$f_c=\gamma_3 f_{c,r}$。

(3)钢箱与混凝土梁共同工作,不产生先于整体压弯破坏的剪力键黏结破坏。

(4)剪力键的抗剪刚度足够大,混凝土和钢箱破坏时两者曲率相等且符合平截面假定。

(5)考虑钢箱内加劲肋参与工作,并将加劲肋考虑位置为按面积均摊于腹板处,计算腹板厚度$t_2=t'_2+n_2a_2t_5/h_2$,其中t'_2为腹板厚度,n_2为腹板加劲肋数量,a_2为腹板加劲肋高度,t_5为腹板加劲肋厚度。

(6)混凝土内构造架立钢筋及开孔加劲肋采用混凝土强化系数的方式进行考虑。

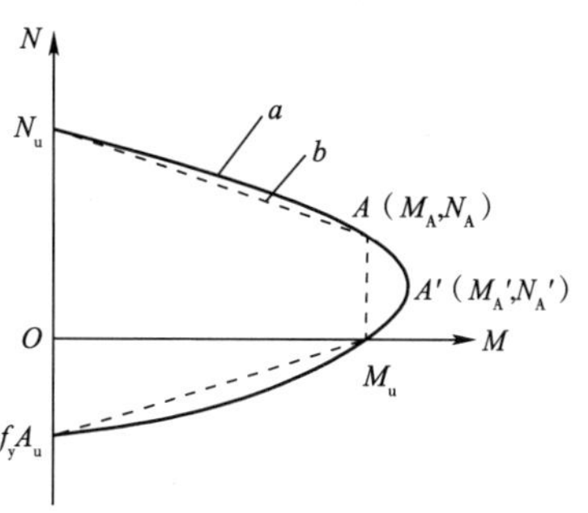

图6.3-1　钢箱—混凝土压弯构件 M-N计算简图

上述假设(1)是通为人知的,此处不再赘述。假设(2)的理由是:对通常截面尺寸的钢箱,破坏时拉区钢板大部分已达屈服,仅靠近中性轴的占拉区钢板总面积比例很小的小部分钢板未屈服,因此对钢腹板的总拉力乘以折减系数γ_1,这部分钢板应力的大小对正截面承载能力的计算结果影响不显著。

对于基本假定(3)而言,根据第6章分析结果显示,当剪力键构造满足其强度要求时,界面滑移对承载力大小的影响较小,因此,此假定不会明显影响承载力计算值。

6.3.3　*M-N* 曲线承载力分析公式

定义以下符号:

钢箱顶板面积:$A_{f1}=t_3b$

钢箱一侧腹板面积:$A_w=t_2(h_2-t_1-t_3)$

钢箱底板面积:$A_{f2}=t_1b$

底板加劲肋面积:$A_{b1}=n_1a_1t_4$

底板中心至受压钢筋中心距离:$C_1=h_1+h_2-a'_s-\frac{t_1}{2}$

腹板中心至受压钢筋中心距离:$C_2=h_1+\frac{h_2}{2}-a'_s$

顶板中心至受压钢筋中心距离:$C_3=h_1+\frac{t_3}{2}-a'_s$

底板加劲肋至受压钢筋中心距离:$C_4=h_1+h_2-a'_s-t_1-\frac{a_1}{2}$

1)轴心抗压承载力N_0计算

轴心受压承载力计算图式见图6.3-2:

$$b\cdot h_1\cdot f_c+A'_s\cdot f'_s+(A_{f1}+2A_w+A_{f2}+A_{b1})\cdot f_y=N_u \tag{6.3-1}$$

2)轴心抗拉承载力N_1计算

由于不计入混凝土受拉,因此轴心受拉承载力 - 钢筋受拉承载力 + 钢箱受拉承载力,即

$$A'_s\cdot f'_s+(A_{f1}+2A_w+A_{f2}+A_{b1})\cdot f_y=N_u \tag{6.3-2}$$

轴心受拉承载力计算图式见图6.3-3:

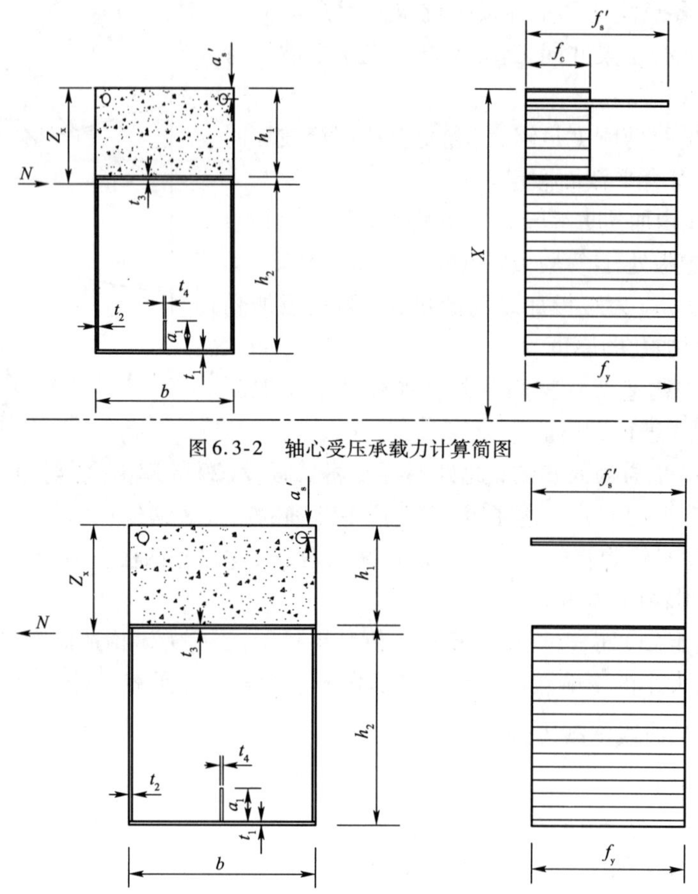

图 6.3-2　轴心受压承载力计算简图

图 6.3-3　轴心受拉承载力计算简图

3)抗弯承载力计算

从钢箱—混凝土组合拱结构的 M-N 曲线可知,受弯构件属于曲线下端塑性破坏,此时中性轴的位置应在混凝土中或钢箱中,根据以下公式判别中性轴具体位置:

$b \cdot h_1 \cdot f_c + A'_s \cdot f_s' > (A_{f1} + A_{f2} + 2A_w + A_{b1}) \cdot f_y$,此时钢筋混凝土梁内的混凝土和受压钢筋承载力合力大于钢箱部分,说明中性轴位置应位于混凝土内;

$b \cdot h_1 \cdot f_c + A'_s \cdot f_s' \leqslant (A_{f1} + A_{f2} + 2A_w + A_{b1}) \cdot f_y$,此时钢筋混凝土梁内的混凝土和受压钢筋承载力合力小于钢箱部分,说明中性轴位置应位于钢箱内。

当中性轴位于混凝土内时,受弯承载力计算图式见图 6.3-4:

$$\Sigma N = 0$$

$$b \cdot x \cdot f_c + A'_s \cdot f_s' = (A_{f1} + A_{f2} + 2A_w + A_{b1}) \cdot f_y \tag{6.3-3}$$

$$x = \frac{(A_{f1} + A_{f2} + 2A_w + A_{b1}) \cdot f_y - A'_s \cdot f_s'}{b \cdot f_c} \tag{6.3-4}$$

$$\Sigma M = M_u$$

$$b \cdot x \cdot \left(\frac{x}{2} - a'_s\right) \cdot f_c - (A_{f1} \cdot C_1 + 2A_w \cdot C_2 + A_{f2} \cdot C_3 + A_{b1} \cdot C_4) \cdot f_y = M_u \tag{6.3-5}$$

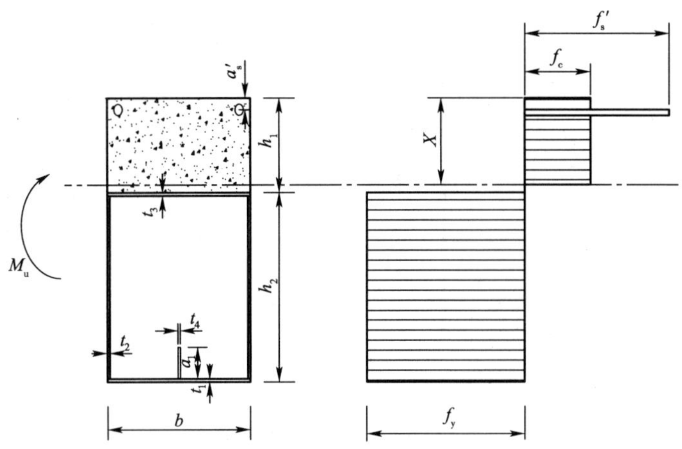

图 6.3-4　受弯（中性轴位于混凝土内）承载力计算简图

当中性轴位于钢箱内时，受弯承载力计算图式见图 6.3-5。

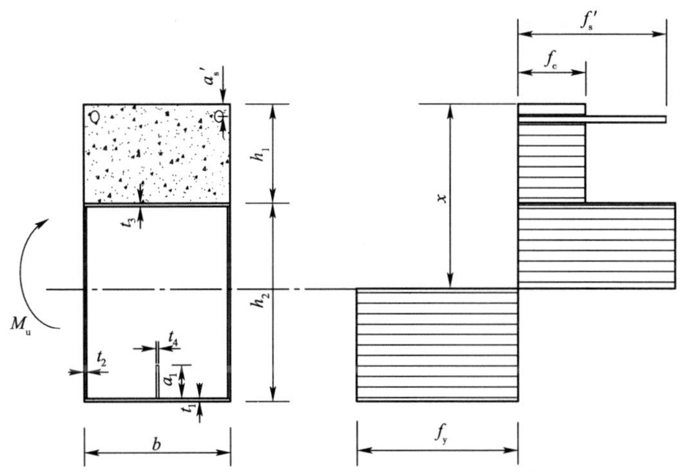

图 6.3-5　受弯（中性轴位于钢箱内）承载力计算简图

$$\Sigma N=0$$

$$b\cdot h_1\cdot f_c+A'_s\cdot f_s'+A_{f1}\cdot f_y+2\cdot(x-h_1-t_3)\cdot t_2\cdot f_y-[2\cdot(h_1+h_2-x-t_1)\cdot t_2+A_{f2}+A_{b1}]\cdot f_y=0 \tag{6.3-6}$$

$$\Sigma M=M_u$$

$$b\cdot h_1\cdot\left(\frac{h_1}{2}-a'_s\right)\cdot f_c+\left[A_{f1}\cdot C_1+2\cdot(x-h_1-t_3)\cdot t_2\cdot\left(\frac{x+t_3+h_1}{2}-a'_s\right)\right]\cdot f_y-\left[2\cdot(h_1+h_2-x-t_1)\cdot t_2\cdot\left(\frac{h_1+h_2-t_1+x}{2}-a'_s\right)+A_{f2}\cdot C_3+A_{b1}\cdot C_4\right]=M_u \tag{6.3-7}$$

4）名义界限破坏特征点承载力计算

名义界限破坏特征点弯矩承载力 M_A 等于构件受弯承载力 M_u，从 M-N 曲线及破坏模型判别可知，此时破坏为脆性破坏，中性轴位置应位于钢箱内，因此，选用受力图式如图 6.3-6所示：

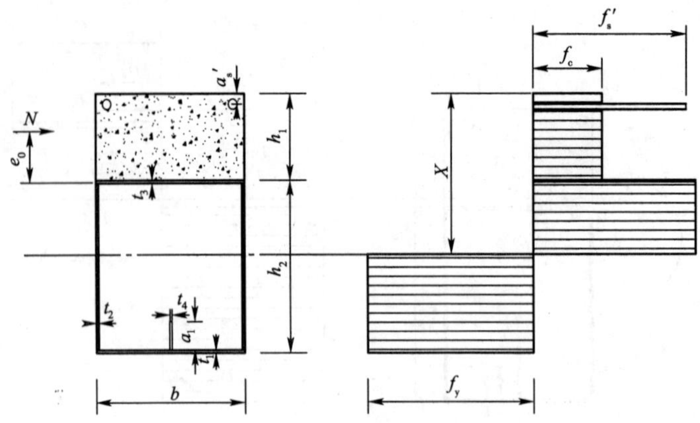

图 6.3-6 *A* 点承载力计算简图

$$\Sigma N = N_A$$

$$b \cdot h_1 \cdot f_c + A'_s \cdot f'_s + A_{f1} \cdot f_y + 2 \cdot (x - h_1 - t_3) \cdot t_2 \cdot f_y - [2 \cdot (h_1 + h_2 - x - t_1) \cdot t_2 + A_{f2} + A_{b1}] \cdot f_y = N_A \tag{6.3-8}$$

$$\Sigma M = M_A = M_u$$

$$M_u = -b \cdot h_1 \cdot \left(\frac{h_1}{2} - a'_s\right) \cdot f_c - \left[A_{f1} \cdot C_1 + 2 \cdot (x - h_1 - t_3) \cdot t_2 \cdot \left(\frac{x + t_3 + h_1}{2} - a'_s\right)\right] \cdot f_y + \left[2 \cdot (h_1 + h_2 - x - t_1) \cdot t_2 \cdot \left(\frac{h_1 + h_2 - t_1 + x}{2} - a'_s\right) + A_{f2} \cdot C_3 + A_{b1} \cdot C_4\right] \cdot f_y \tag{6.3-9}$$

第 7 章　钢箱—混凝土组合拱桥的主要构造细节

根据无铰拱桥在不利作用组合下的受力特征，钢箱—混凝土组合拱肋一般具有如图 7.0-1所示的立面和断面构造，图中粗线条表示钢箱及加劲肋，阴影部分表示混凝土。根据受力和构造特点，钢箱—混凝土组合拱肋从拱顶至拱脚通常可划分为四个区段：跨中区段——在钢箱顶板上浇筑混凝土，对应于轴压力和正弯矩作用；一般拱脚区段——在钢箱内浇筑底板混凝土，对应于轴压力和负弯矩作用；四分跨区段——在钢箱顶板上浇筑混凝土，同时在钢箱内浇筑底板混凝土，对应于轴压力和弯矩变化区域；拱座联结区段——在钢箱内满浇混凝土，作为钢箱—混凝土组合拱肋与实体拱座的过渡联结区段。下面将逐一介绍各关键部位的构造细节。

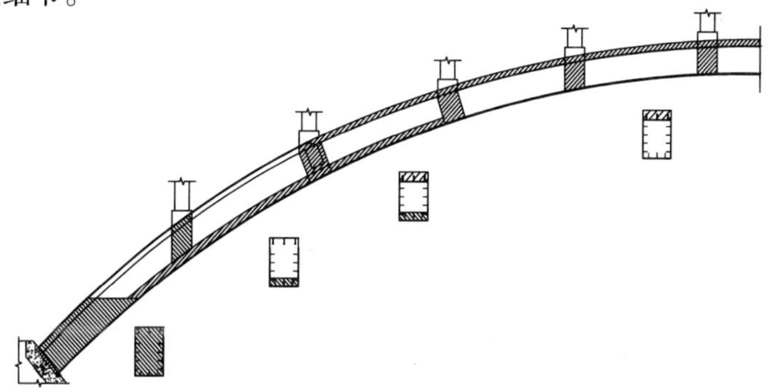

图 7.0-1　钢箱—混凝土组合拱总体构造图

7.1　钢箱拱肋的构造

7.1.1　截面形式

1）截面形式的选择

截面形式的选择有两种方案（图 7.1-1）。方案一是采用将顶板、底板与腹板边缘直接相连的方式来形成钢箱，而方案二则是将钢箱两侧腹板分别往钢箱内侧收缩 10mm（依据焊缝尺寸的大小可适当增大）的方式来形成钢箱。考虑到钢箱组装和焊接的难易程度，最终选择了第二种方案，以方便钢箱组装成形和焊接工作的顺利进行，降低施工难度。

2）拱肋变高度区段

拱肋可以根据桥梁跨径、桥面宽度、钢箱尺寸及桥梁用途等参数，来确定钢箱拱肋沿桥跨方向是等截面还是变截面形式。对于小跨径、窄桥面、钢箱尺寸小的人行天桥的情况，全跨范围内可采用等截面形式；对于跨径较大、桥面较宽、钢箱尺寸也较大的公路桥的情况，通常在拱肋 $L/4$ 偏下的立柱位置，为满足近跨中区段钢箱上浇筑顶板混凝土的需要，将拱肋钢箱高度着意降低，其降低值即为顶板混凝土的厚度。钢箱过渡区段高度变化可按 1：1 或

1∶2(高度:长度)的比例来完成(图7.1-2)。

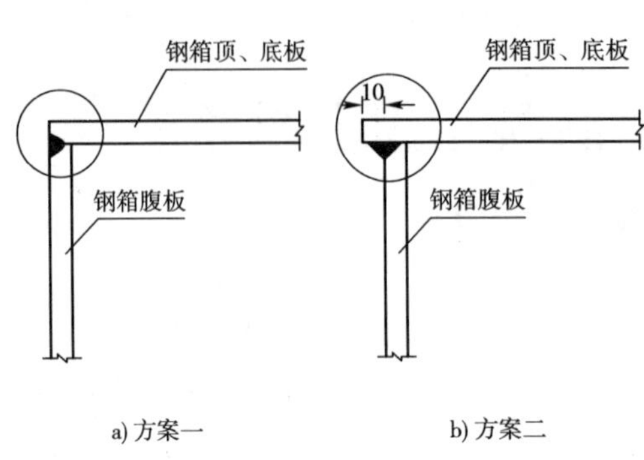

图7.1-1　钢箱顶底板与腹板的连接方式

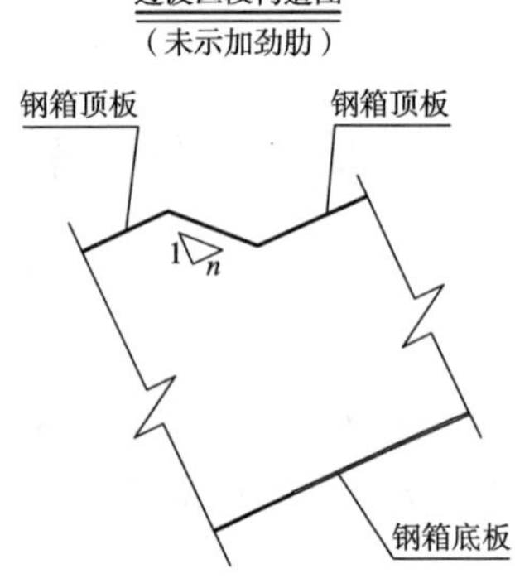

图7.1-2　钢箱过渡区段构造图

7.1.2　钢箱拱肋节段划分

由于钢箱拱肋要在工厂分段预制,就必然存在如何划分钢箱节段的问题。钢箱拱肋节段划分的原则如下:

(1)由于接缝处是个薄弱环节,故节段的划分要根据全桥模型的计算结果,尽可能地将接缝设在受力较小,且受力较明确的位置。钢箱—混凝土组合拱的受力总体是明确的,节段划分宜注意避开截面突变和过渡区段。

(2)根据实际地形和吊装能力,控制好每一节段的吊装重量,确保拱肋钢箱吊装过程安全、可靠。在此基础之上,尽可能地减少钢箱节段数量。

(3)节段划分应尽可能地避开拱上立柱和横系梁所在的局部位置,以防焊缝位置出现集中荷载的作用。

7.1.3　钢箱内纵向加劲肋和横隔板的构造

钢箱—混凝土组合拱桥的结构设计计算未计入加劲肋和横隔板的作用,这里仅需按照箱形截面钢结构压弯构件局部稳定的构造要求来设置钢箱内纵向加劲肋。

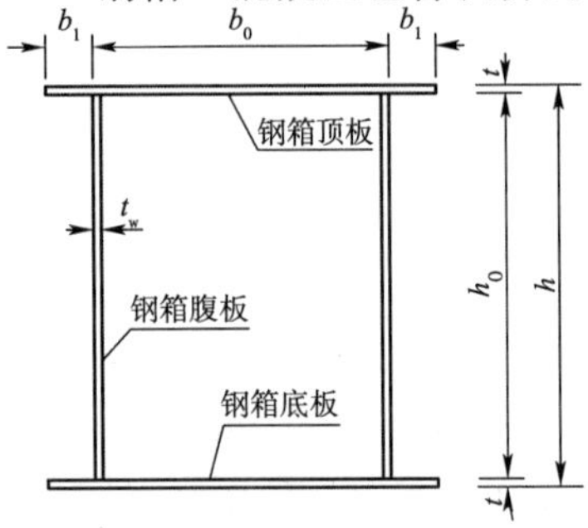

图7.1-3　钢箱截面尺寸

1)纵向加劲肋设置

对于钢箱—混凝土组合拱桥(压弯构件)的箱形截面(图7.1-3),其计算高度 h_0、受压翼缘板在两腹板之间的无支承宽度 b_0 以及受压翼缘板的自由外伸长度 b_1 应满足以下要求:

$$b_0/t \leqslant \sqrt{235 f_y} \tag{7.1-1}$$

当 $0 \leqslant \alpha_0 \leqslant 1.6$ 时　$$h_0/t_w \leqslant 0.8(16\alpha_0 + 0.5\lambda + 25)\sqrt{235 f_y} \tag{7.1-2}$$

当 $1.6 \leqslant \alpha_0 \leqslant 2.0$ 时　$$h_0/t_w \leqslant 0.8(48\alpha_0 + 0.5\lambda - 26.2)\sqrt{235 f_y} \tag{7.1-3}$$

$$\alpha_0 = (\sigma_{max} - \sigma_{min})/\sigma_{max} \tag{7.1-4}$$

$$b_1/t \leqslant 13\sqrt{235 f_y} \tag{7.1-5}$$

式中:σ_{max}——腹板计算高度边缘的最大压应力,计算时不考虑构件的稳定系数和截面塑性发展系数；

σ_{min}——腹板计算高度另一边缘相应的应力，压应力取为正值，拉应力取为负值；

λ——构件在弯矩作用平面内的长细比；当 $\lambda<30$ 时，取 $\lambda=30$；当 $\lambda>100$ 时，取 $\lambda=100$。

如果式(7.1-1)~式(7.1-5)不能满足要求时，则可通过设置纵向加劲肋和横隔板来满足设计构件的局部稳定性要求。设置纵向加劲肋之后，式中的 h_0 与 b_0 也相应地变化为加劲肋之间的距离。

在钢箱内配置的纵向加劲肋，其截面尺寸应符合下列两点要求：

(1)外伸宽度：$b_s \geqslant 10t_w$。

(2)厚度：$t_s \geqslant 0.75t_w$。

2)横隔板的设置

在钢箱内配置的横隔板，其截面尺寸应符合下列两点要求：

(1)外伸宽度：$b_s \geqslant h_0/30+40$。

(2)厚度：$t_s \geqslant b_s/15$。

其厚度通常取值与腹板同厚，且要满足以上要求。

拱肋钢箱中横隔板的间距不得大于拱肋钢箱截面长边尺寸的9倍和8m。

以上所述构造要求均为跨中钢箱内未填混凝土区段的加劲肋和横隔板构造要求。

除以上构造要求外，尚应注意以下几点：

(1)对于拱脚钢箱内满填混凝土区段[图7.1-4a)]来说，纵向加劲肋之间的间距可以适当放宽，但是要根据钢箱截面尺寸的大小，需进行细部处理。当钢箱截面尺寸较小时，可事先在纵向加劲肋上开孔，以保证加劲肋与混凝土更好的黏结受力；当截面尺寸较大时，可在钢箱内部设置拉条，以防在浇筑箱内混凝土时发生爆裂或局部屈曲现象。

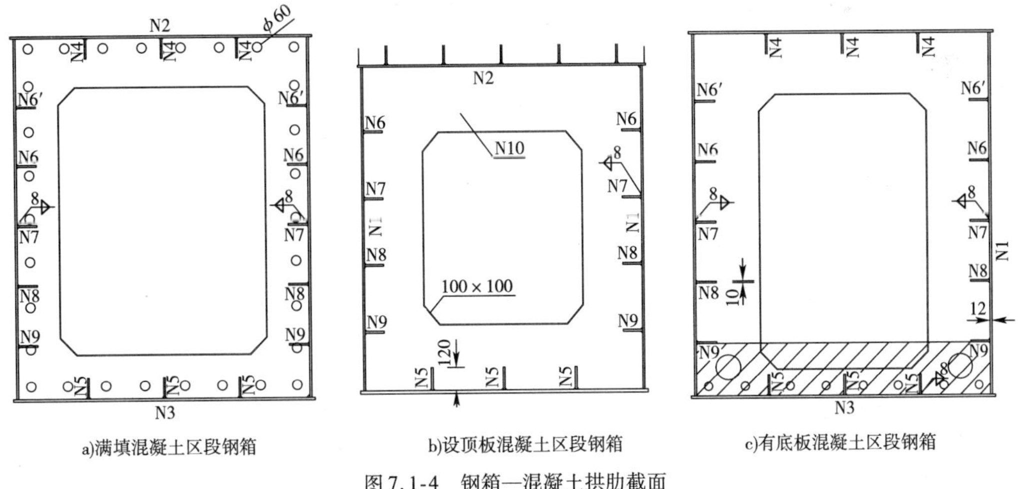

图7.1-4　钢箱—混凝土拱肋截面

(2)为了防止节段钢箱在运输过程中发生扭曲现象，必须在距节段钢箱端部约50cm处设置横隔板以增强其抗扭性能。

(3)在拱上立柱与主拱肋交接处，两侧均须设置横隔板，并在该两横隔板之间满灌混凝土，以增强其局部扭转刚度。

(4)在钢箱上设置有顶板混凝土的跨中区段[图7.1-4b)],钢箱顶板的纵向加劲肋应设置在钢箱顶板外上侧,并在纵向加劲肋板上开孔,穿入其上混凝土中钢筋骨架的箍筋,达到同时兼作混凝土与钢箱顶板的剪力联结构造的目的。

(5)设置有底板混凝土的拱脚区段钢箱[图7.1-4c)]底板的纵向加劲肋板也应按设计要求开孔,并穿入其上混凝土中钢筋骨架的箍筋,达到同时兼作混凝土与钢箱底板的剪力联结构造的目的。

7.2 钢箱拱肋变高度区段构造

为满足拱肋总高度不变,而在跨中区段钢箱上浇筑顶板混凝土的需要,通常在拱肋 $L/4$ 附近的位置将拱肋钢箱高度着意降低,其降低值即为顶板混凝土的厚度。由于钢箱拱肋的高度变化,使钢箱顶板在此处发生两次弯转,将导致钢箱顶板传力的不平顺,为此必须采用适当的构造措施来改善此处钢箱顶板的传力性能。

7.2.1 钢箱拱肋变高度的位置选择

当钢箱拱肋变高度处的上下拱肋区段均为空心钢箱—混凝土组合截面时,钢箱拱肋变高度处宜设置于拱上建筑结构的立柱下方,并在该局部区段钢箱内满填混凝土,以弱化钢箱高度变化带来的钢箱顶板传力的不平顺的影响,如图7.2-1所示。

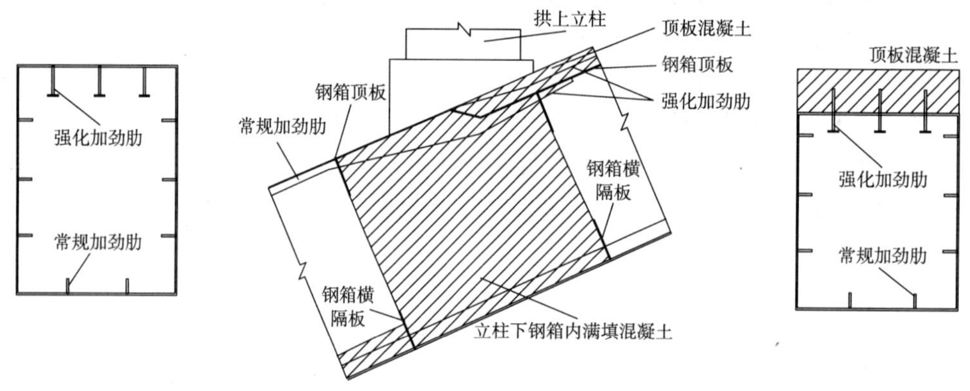

图7.2-1 不等高钢箱顶板连接部位

当钢箱拱肋变高度处位于拱肋满填混凝土区段时,钢箱拱肋变高度处位置主要根据拱肋结构内力变化需要来设置。

7.2.2 钢箱拱肋变高度强化加劲肋的设置

该部位钢箱顶板两次弯转,其传力的平顺刚度主要靠设置强化加劲肋板来保证,所谓强化加劲肋板,即在区域的加劲肋应适当加密;加劲肋增厚;加劲肋下方可带包边;钢箱高度变低后顶板上下加劲肋均用变高形式,如图7.2-2、图7.2-3所示,至过渡到常规区段后恢复到常规加劲肋。该强化加劲肋板的设置必要时应进行局部区域精细有限元分析,以论证其合理性和可靠性。

7.2.3 钢箱拱肋变高度区域钢筋构造

钢箱高度变低后,钢箱顶板混凝土内须设置钢筋骨架,其顶部纵筋应穿过钢箱变高转折板,箍筋下方应穿过加劲肋的开孔形成 PBH 剪力联结构造,为保证该区域混凝土不被强化加劲肋板显著分割，故在强化加劲肋板上开设数个直径 50～80mm 的孔（但开孔位置、数量和大小不应对强化加劲肋板的传力有明显削弱），以保持混凝土的连续性，如图 7.2-4 所示。

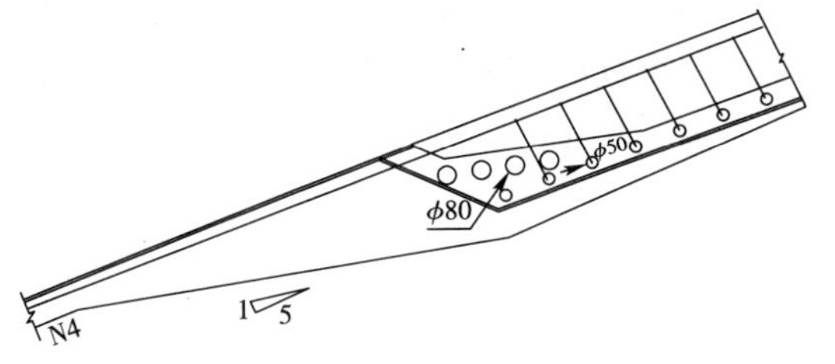

图 7.2-2　钢箱顶板及加劲肋变化大样

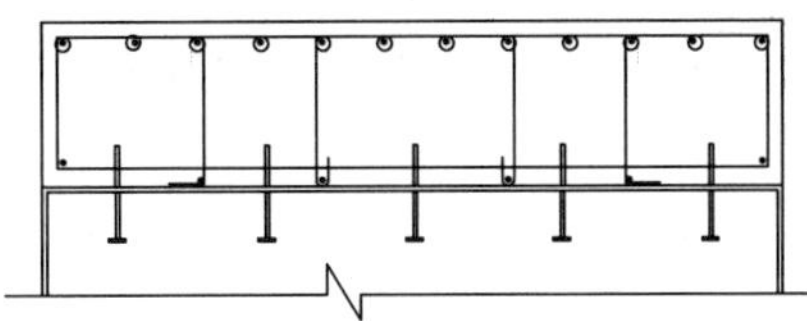

图 7.2-3　钢箱顶板混凝土钢筋构造

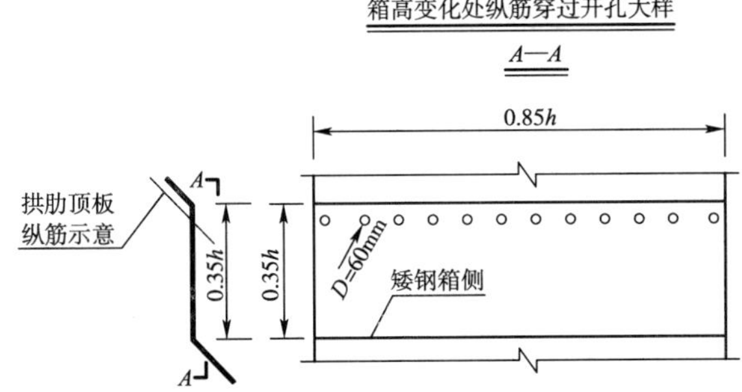

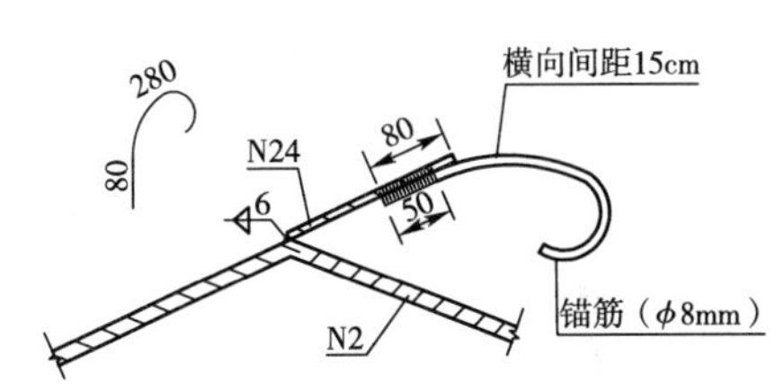

图 7.2-4　钢箱变高部位细部构造图

7.2.4　钢箱拱肋变高度区域钢箱与混凝土的结合

在拱肋变高度区域，沿拱肋纵向有顶板混凝土的纵向主钢筋穿过，竖向有立柱及立柱座的主钢筋穿入钢箱内，另有位于立柱下方钢箱内实体混凝土两侧的钢横隔板，在拱肋上缘钢箱顶板与混凝土的交界处，特意将钢箱顶板向混凝土侧延伸约 20cm（也可用其他钢板代替），以确保此处的钢箱与混凝土不致出现局部剥离。

7.2.5　钢箱内混凝土的过渡方式

拱肋从钢箱内满填混凝土过渡至空心箱形截面，有以下几种方式（图 7.2-5）：

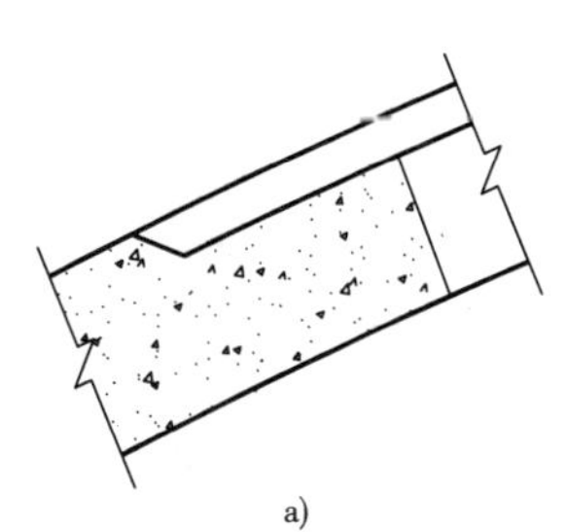

a)

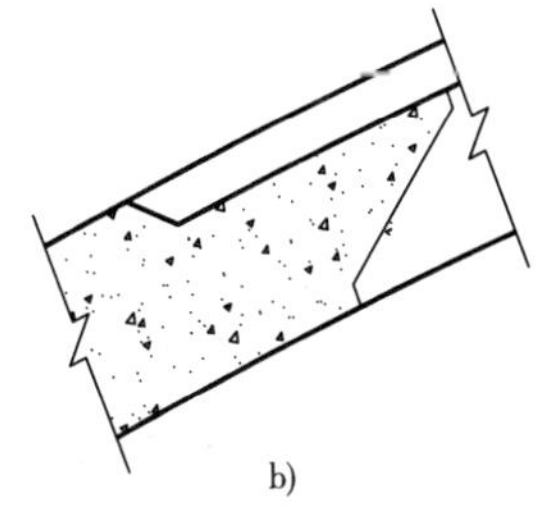

b)

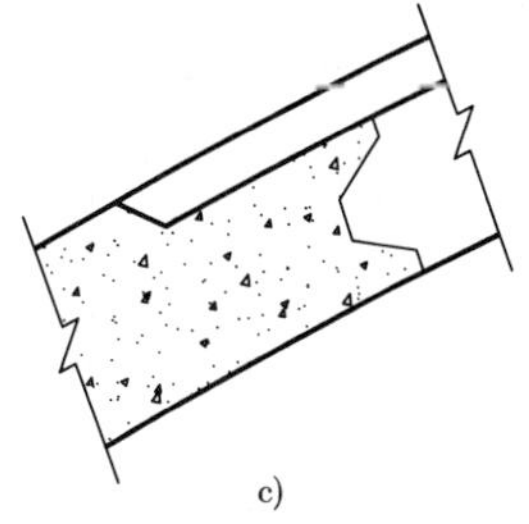

c)

图 7.2-5　钢箱内混凝土的过渡方式

当拱桥跨径不大时，为简化构造，方便施工，从拱脚至钢箱拱肋变高度处上方均可采用钢箱内满填混凝土截面，钢箱内混凝土的过渡方式可有图 7.2-5 中 a）、b）、c）三种方式可选择。方案 a）箱内混凝土过渡没有渐变，而且末端没有设置横隔板，方式简单、施工方便。方案 b）箱内混凝土逐渐线性渐变，从拱肋底板向顶板过渡，这样能够保证与拱肋顶板上混凝土衔接，刚度可以渐变，保证结构受力合理，内力传递顺畅。为了保证这种渐变方式的可行性，施工方便，设计与其渐变方式相应的横隔板构造。方案c)这种设计形式相对复杂,而且施工时较繁琐。

拱桥跨径较大时可采用图7.2-6的结构布置方案,拱肋的拱脚区段下部为钢箱内满填混凝土的组合截面,为便于施工,此时混凝土顶面可采用水平面形成自然的截面渐变过渡区段;钢箱拱肋变高度处则应设置在满足受力需要的一个立柱下方,为弱化此处前后组合截面变化的不利影响,此处宜采用放大尺寸的实体混凝土横隔板。

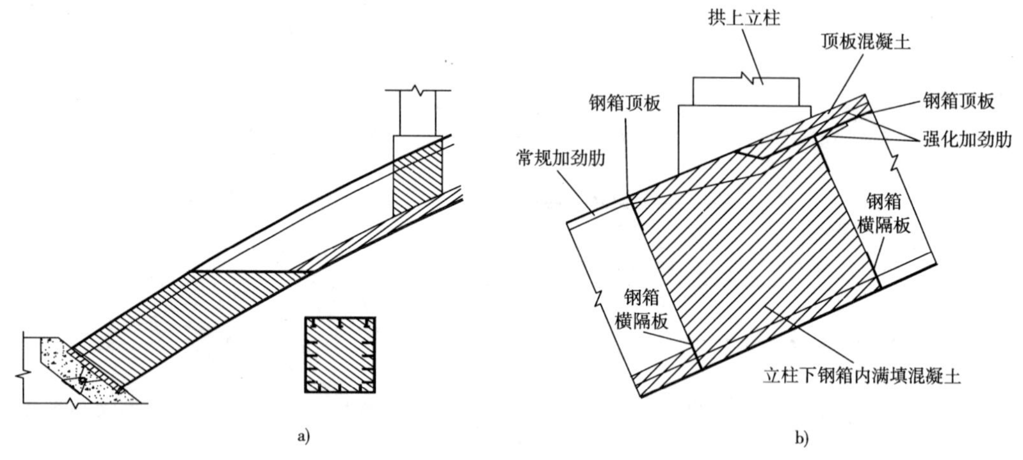

图7.2-6　钢箱内混凝土的过渡方式

7.3　钢箱—混凝土组合拱肋构造

7.3.1　拱肋钢箱与混凝土的联结钢筋构造

钢箱—混凝土组合拱桥的主拱肋中,混凝土均采用C40以上柔性纤维混凝土(柔性纤维掺量0.8~1.0kg/m^3);钢箱与混凝土组合截面有如图7.3-1所示的三种形式,即①钢箱内满填混凝土,②钢箱内底板混凝土,③钢箱上顶板混凝土。

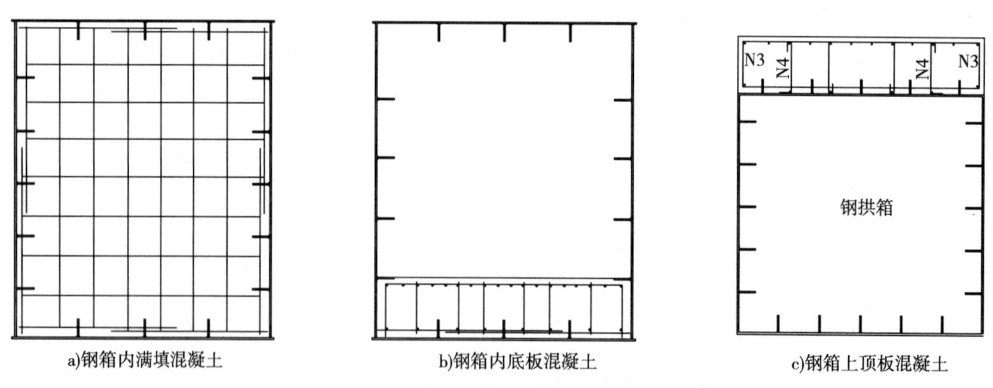

图7.3-1　钢箱—混凝土组合拱肋钢筋构造截面示意图

钢箱与混凝土的联结可靠性是保证钢箱—混凝土组合结构共同工作的前提条件,下面逐一简述钢箱与混凝土结合的构造措施。

(1)钢箱内满填混凝土:通常在钢箱内横向、竖向及纵向均设置构造钢筋,以在钢箱内形成立体钢筋网[图7.3-1a)]。强调横向和竖向钢筋在有条件位置应穿过钢箱内纵向加劲肋的开孔，以形成 PBH 剪力联结作用；在横隔板处，为保持纵向钢筋的连续性，可在横隔板相应位置开孔以便纵向钢筋穿过；在钢箱内满填混凝土与仅在钢箱内设置底板混凝土的交界面处应设置沿交界面的钢横隔板。

(2)钢箱内底板混凝土：钢箱内底板混凝土应设置纵向钢筋和箍筋，每道箍筋下肢应穿过钢箱内纵向加劲肋的开孔；为便于箍筋下肢穿过钢箱内纵向加劲肋的相应开孔，箍筋可制作成如图 7.3-2 所示形式；为避免钢腹板与混凝土出现可能的界面分离，在混凝土顶面与钢腹板交界处应设置纵向加劲肋板[图 7.3-1b)]。

(3)钢箱上顶板混凝土：钢箱上顶板混凝土应设置纵向钢筋和箍筋[图 7.3-1c)]，每道箍筋下肢应穿过钢箱顶板纵向加劲肋的相应开孔；为便于箍筋下肢穿过钢箱顶板纵向加劲肋的相应开孔，箍筋可制作成如图 7.3-3 所示形式；为避免钢箱顶板边缘与混凝土出现可能的界面分离，通常沿钢箱顶板边缘焊接弯折成为如图 7.3-4 所示形状的 8mm 直径钢筋。

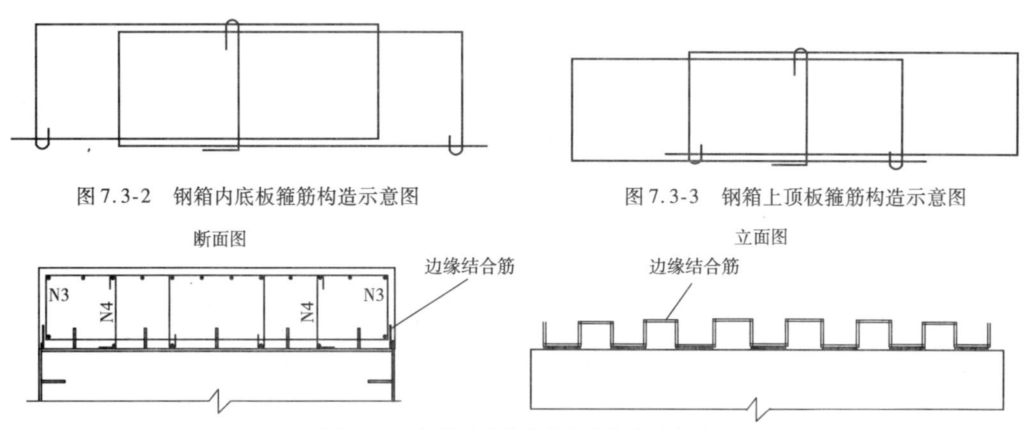

图 7.3-2　钢箱内底板箍筋构造示意图

图 7.3-3　钢箱上顶板箍筋构造示意图

图 7.3-4　钢箱边缘抗分离钢筋构造示意图

7.3.2　剪力联结构造

钢箱—混凝土组合拱桥推荐的钢箱与混凝土间采用 PBH 剪力联结构造，关于 PBH 剪力联结构造的构造原理、传力机制和力学性能在第 3 章、第 4 章中已有详细介绍，此处不再赘述。这里强调混凝土内钢筋骨架的每道箍筋下肢应穿过钢箱纵向加劲肋的开孔；为便于箍筋下肢穿过钢箱内纵向加劲肋的相应开孔，箍筋可制作成如图 7.3-5 所示形式；为避免钢腹板与混凝土出现可能的界面分离，在混凝土顶面与钢腹板交界处应设置纵向加劲肋板，图 7.3-5为实际钢箱顶板与其上混凝土顶板的 PBH 剪力联结构造。

a)

b)

图 7.3-5　钢箱顶板与其上混凝土板的 PBH 剪力联结构造

7.3.3 钢箱节段对接构造

钢箱在竖向拼装时至少有两个钢箱节段，对于跨径较大的桥梁则不止两个节段，因此为了保证钢箱节段对接的紧密和施工的对接方便，对钢箱节段的端部采取有效合理的结构是必要的。

半拱肋的钢箱分成多节段，按立柱吊装焊接而成。为了方便拱肋吊装对接，采用了阴阳接头的构造（图7.3-6），即将先装钢箱节段的加劲肋伸出钢箱端部100mm并做成楔形，称之为阳接头，后装钢箱节段的加劲肋缩短至距端部105mm，称之为阴接头，这样阴接头在阳接头的引导下迅速地将两段钢箱对接。对于第二至四节段钢箱，因顶板没有加劲肋，可在其箱角焊接粗钢筋，并向内微弯。这样的构造形式使得下一节段的钢箱沿着粗钢筋的引导方向与前一节段的钢箱的安装更快捷，同时也保证了施工精度。

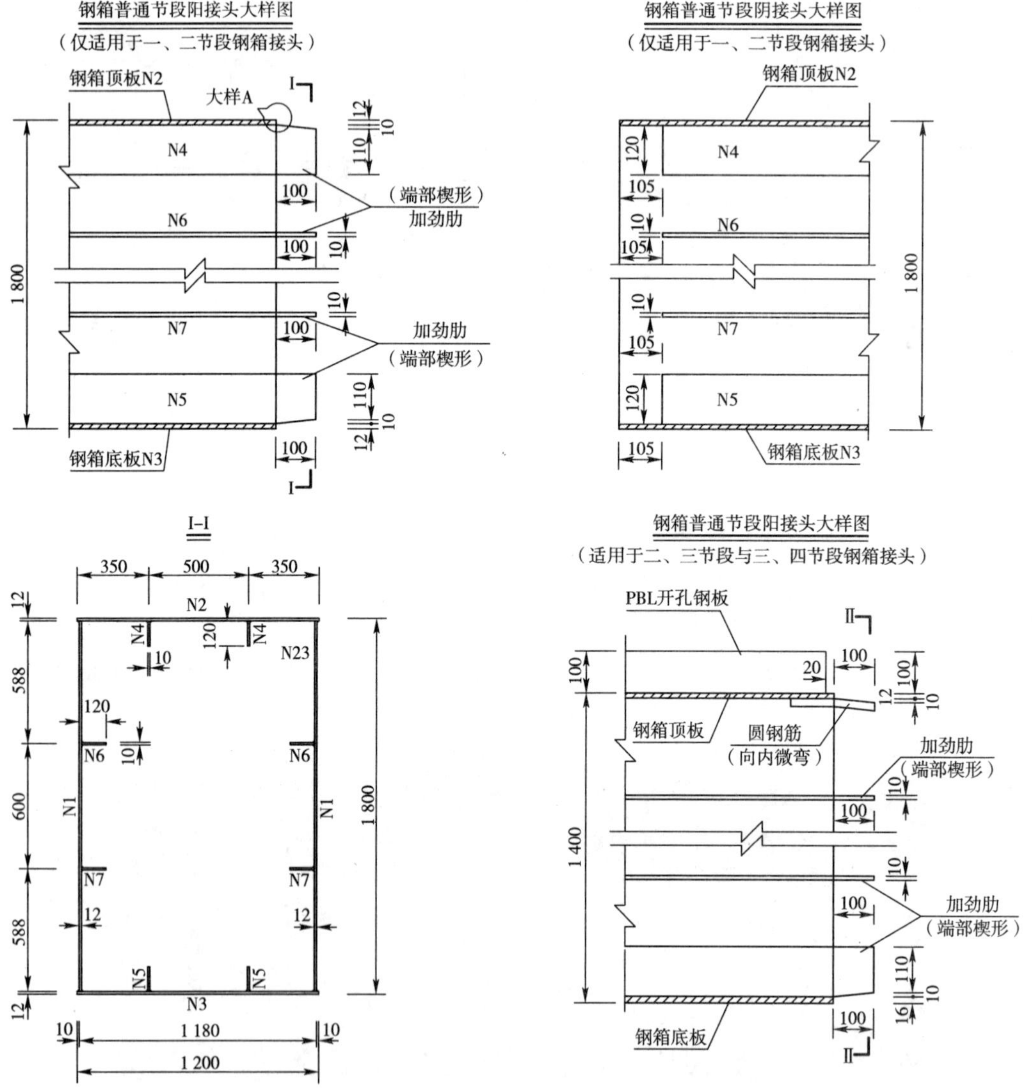

图 7.3-6

钢箱普通节段阴接头大样图
（适用于二、三节段与三、四节段钢箱接头）

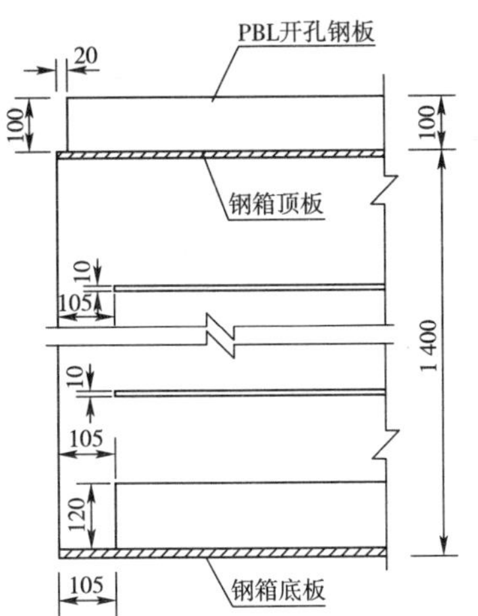

Ⅱ-Ⅱ

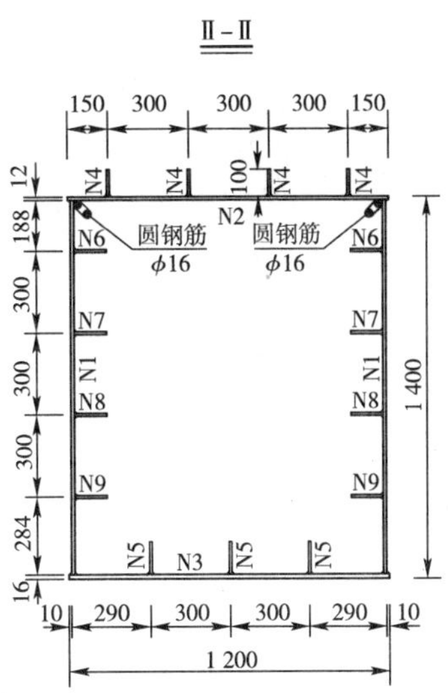

图7.3-6　钢箱接头细部构造(尺寸单位:mm)

在立柱状态填充箱内混凝土(亦可在钢箱成拱后填充),待混凝土达到设计强度后,由上而下竖转成拱,再浇筑钢箱上缘的混凝土。整个拱肋合理地将钢与混凝土组合在一起参与受力,最大限度地发挥了这两种材料的特性,与常规混凝土或者钢拱桥相比,施工方便快捷,风险期短,安全性高。

7.3.4　拱肋合龙段构造

拱肋钢箱接头分两种情况:一种是节段间接头,另一种是跨中合龙接头。两种接头所采取的方式大同小异,均采用阴、阳接头导入式拼接或合龙,保证合龙期间结构的刚度能够满足施工需要,而不需另外的设备来提供合龙期间的刚度(图7.3-7)。

图7.3-7　阴阳接头合龙方式示意图

跨中合龙其细部构造如图7.3-8、图7.3-9所示,从图中可以看出:

(1)阳接头侧,部分纵向加劲肋向外伸出钢箱50~100mm(依据钢箱尺寸大小);阴接头侧,相应位置的纵向加劲肋向内缩入钢箱55~105mm,使阴阳两侧加劲肋之间留有5mm的空隙;对于其余的纵向加劲肋,阴阳接头两侧均要缩短2~3mm,以免安装时发生冲突。

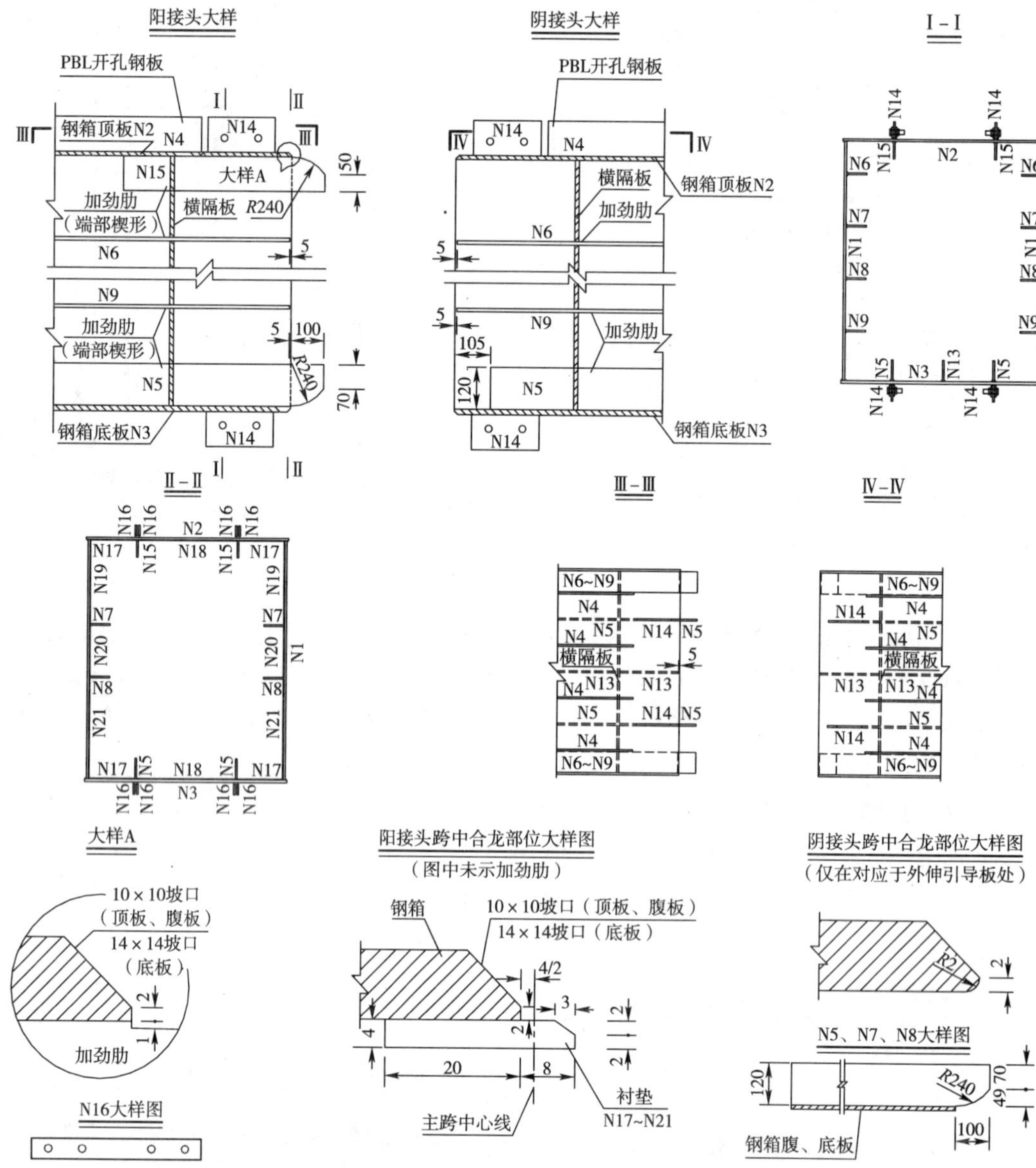

阳接头大样

PBL开孔钢板
钢箱顶板N2
N4 N14 N15 大样A
加劲肋（端部楔形）
横隔板 R240
N6 N9 N5
钢箱底板N3
50 5 100 70 R240

阴接头大样

PBL开孔钢板
N14 N4
横隔板 钢箱顶板N2
加劲肋
N6 N9 N5
5 5 105 120
钢箱底板N3

I-I

N14 N15 N2 N6 N7 N1 N8 N9 N5 N3 N13

II-II

N16 N2 N15 N17 N18 N19 N7 N20 N1 N8 N21 N5 N3

III-III

N6~N9 N4 N5 N14 横隔板 N13 5

IV-IV

N6~N9 N4 N14 N5 横隔板 N13

大样A

10×10坡口（顶板、腹板）
14×14坡口（底板）
2 1
加劲肋

N16大样图

阳接头跨中合龙部位大样图
（图中未示加劲肋）

钢箱 10×10坡口（顶板、腹板）
14×14坡口（底板）
4/2 3 4 2 2 2 20 8
衬垫 N17~N21
主跨中心线

阴接头跨中合龙部位大样图
（仅在对应于外伸引导板处）

R2 2

N5、N7、N8大样图

120 R240 70 49 100
钢箱腹、底板

图7.3-8 合龙段接头构造图

a) 阳接头构造

b) 阴接头构造

图7.3-9 钢箱接头构造图

(2)阳接头侧外伸的纵向加劲肋的端部加工成光滑圆弧状,其目的是便于节段钢箱的阴接头顺利导入阳接头,尽可能地减小导入时的摩擦力(加劲肋与钢箱壁之间的摩擦),缩短节段安装的时间。外伸加劲肋不仅具有导向的功能,还限制了节段钢箱在焊接过程中经常发生的扭转变形。

(3)钢箱的四个角隅处分别有一根向钢箱内侧微弯(圆滑过渡)的光圆钢筋,其作用是阴接头侧钢箱在安装过程中的初始定位和导向。

(4)阴阳接头处设置了临时联结,其作用是保证节段间的焊接在无应力的状态下进行。待节段间的焊接完成后将其割除。

采用阴阳接头导入式合龙方式是钢箱双肋乃至多肋快速顺利合龙的关键技术,且双肋乃至多肋合龙方式大大提高了转体过程中钢箱拱肋的稳定性,提高了合龙精度,大大减少了合龙时间,降低了转体合龙过程的风险。

鉴于合龙段受力比较复杂,为正弯矩最大区域,合龙区段又是焊接连接的集中区域,容易产生应力集中及疲劳破坏,属各连接断面中受力最薄弱断面,因此,设计中考虑在合龙段附近箱内满填混凝土,以增强连接及结构刚度,封填混凝土后的合龙段构造图如图 7.3-10 所示。

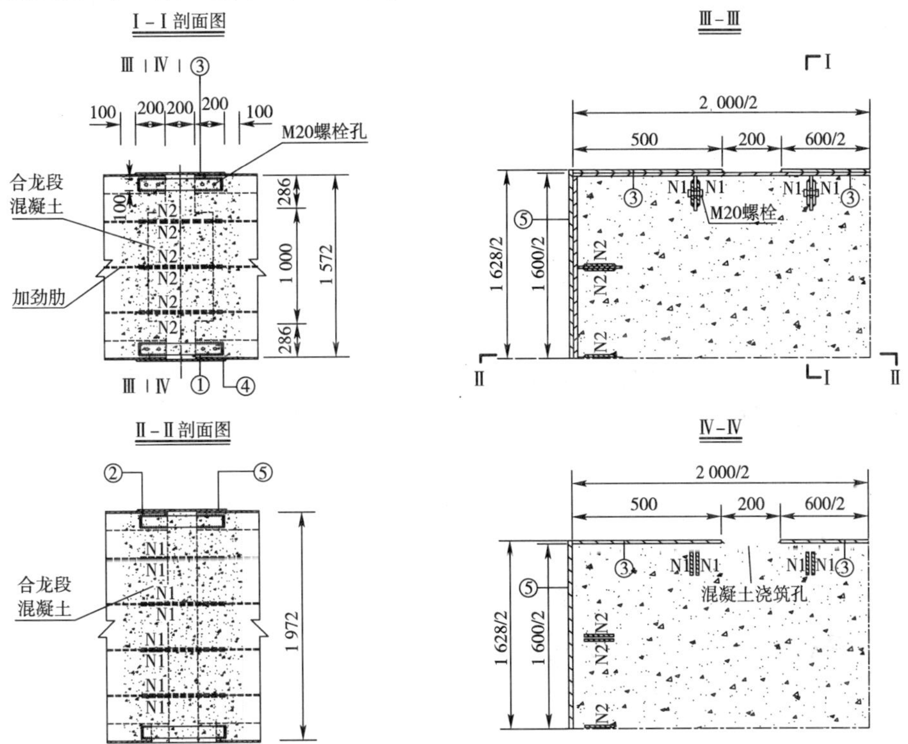

图 7.3-10　合龙段填混凝土构造图(尺寸单位:mm)

7.4　拱上立柱、横系梁与钢箱拱肋的联结构造

7.4.1　拱上立柱与钢箱拱肋的联结构造

钢箱—混凝土组合拱桥的拱上建筑设计成立柱的形式。立柱为钢筋混凝土柱,立柱与钢箱拱联结的可靠性是保证拱上结构能够可靠传力至钢箱—混凝土组合拱的重要

环节。

其主要联结构造如下(图7.4-1):

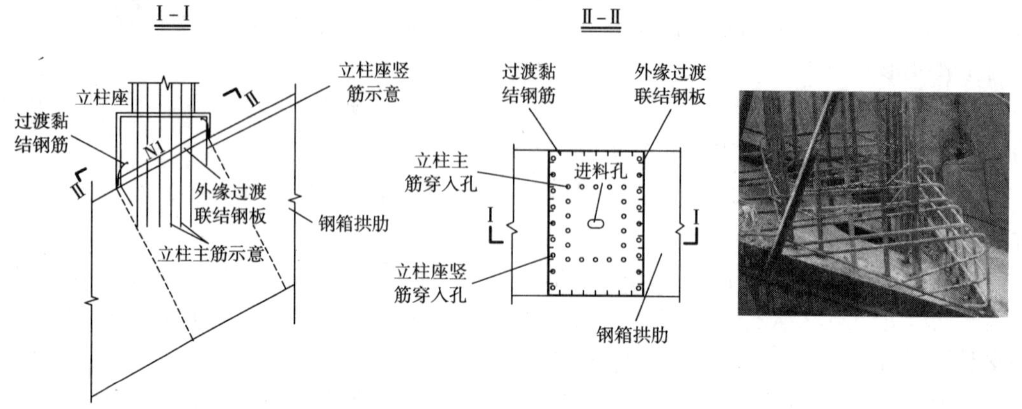

图7.4-1 钢筋混凝土立柱与钢箱—混凝土组合拱肋的联结构造

(1)钢筋混凝土立柱座(或称垫墙)下相应的钢箱拱肋内满填混凝土,既满足了承受竖向压力的需要,对钢箱拱肋又起到了实质性的刚性横隔板作用。

(2)在钢箱拱肋顶板对应于钢筋混凝土立柱竖向主筋位置开孔,以便钢筋混凝土立柱的竖向主筋通过钢箱拱肋顶板开孔伸入钢箱拱肋内,其伸入长度应不小于竖向主筋的锚固长度。

(3)在钢箱拱肋顶板对应于立柱底座竖向主筋位置开孔,以便立柱底座竖向主筋通过钢箱拱肋顶板开孔伸入钢箱拱肋内,其伸入长度应不小于相应的锚固长度。

(4)为便于浇筑立柱底座下方钢箱内混凝土,可在钢箱顶板的立柱座中心位置开孔作为进料和振捣孔。

(5)为保证钢筋混凝土立柱座与钢箱顶板联结的可靠性,在与钢箱顶板交界的立柱底座外围边缘,应设置下方与钢箱顶板焊接的钢板(厚6~10mm,高100mm),作为钢筋混凝土立柱底座与钢箱拱肋间的外缘过渡联结钢板。

(6)为进一步保证外缘过渡联结钢板与立柱底座混凝土联结的可靠性,在外缘过渡联结钢板内侧周边按适当间距焊接有混凝土与钢板间的过渡黏结钢筋(通常采用8mm直径钢筋)。

7.4.2 横向联系与钢箱拱肋的联结构造

钢箱—混凝土组合拱桥横向联系为钢筋混凝土结构,横向联系将拱肋联结成为一个整体,增加了拱桥的抗扭刚度,使之能够更好地共同工作。横向联系更重要的作用在于它可以增加拱肋的横向稳定性。横向联系的存在能够改变结构的稳定特征向量,使低阶特征值上升为高阶特征值,从而使结构的稳定承载力有较大的提高。拱顶横向联系在提高结构稳定性方面所起的作用较大,由于拱顶横系梁的存在,结构原来的一个半波向量转化为两个半波向量。跨度四等分点处的横撑可以进一步使两个半波向量转化为三个半波向量。横向联系在稳定方面所起的作用的大小取决于其沿拱肋切平面的抗弯刚度、拱肋的抗扭刚度和横撑的间距。所以横向联系对保证结构的整体性起到一定的作用。横系梁与拱肋之间的联结同拱上立柱一样,为混凝土结构和钢箱结构之间的联结。横向联系与拱肋的联结要保证受力均匀，在联结处应该采取加强措施。

横向联系与钢箱拱肋联结的构造要求如下（图 7.4-2）：

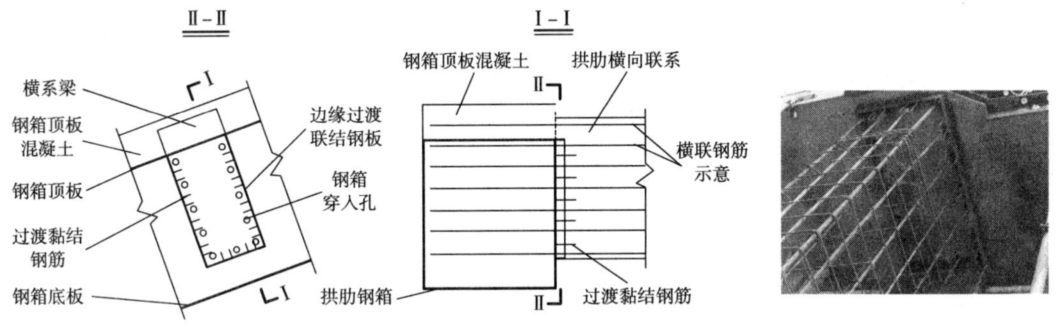

图 7.4-2　拱肋横向联系与拱肋的联结构造

（1）在拱上立柱与钢箱—混凝土组合拱肋交界处的两拱肋间均应设置横向联系。

（2）在钢箱拱肋腹板对应于钢筋混凝土横向联系纵向主筋位置开孔，以便钢筋混凝土横向联系纵向主筋通过钢箱拱肋腹板开孔伸入钢箱拱肋内，其伸入长度应不小于纵向主筋的锚固长度。

（3）为保证钢筋混凝土横向联系与钢箱腹板联结的可靠性，在与钢箱腹板交界处的横向联系外围边缘，应设置端部与钢箱腹板焊接的钢板（厚 6 ~ 10mm，高 100mm），作为钢筋混凝土横向联系与钢箱拱肋腹板间的外缘过渡联结钢板。

（4）为进一步保证外缘过渡联结钢板与横向联系混凝土联结的可靠性，在外缘过渡联结钢板内侧周边按适当间距焊接有混凝土与钢板间的过渡黏结钢筋（通常采用 8mm 直径钢筋）。

7.5　转动铰构造及其力学性能分析

7.5.1　转动铰构造形式

利用转体施工工艺来完成的桥梁结构体系，转动铰（转动体系）在整个结构体系形成过程中起着决定性的作用。同样在竖转钢箱—混凝土组合拱桥的形成过程中，转动铰也起着举足轻重的作用。它在整个体系形成过程中，承担着体系转换的重要责任。结构体系通过转动铰的变化（从临时固结→铰接→永久固结）而不断地发生着转换（图 7.5-1）。因此，转动铰的构造合理与否，制作与安装的精度差异均对整个结构体系起着至关重要的作用。本节将着重从转动铰的构造、制作与安装的角度，来对转动铰进行全面的分析研究。

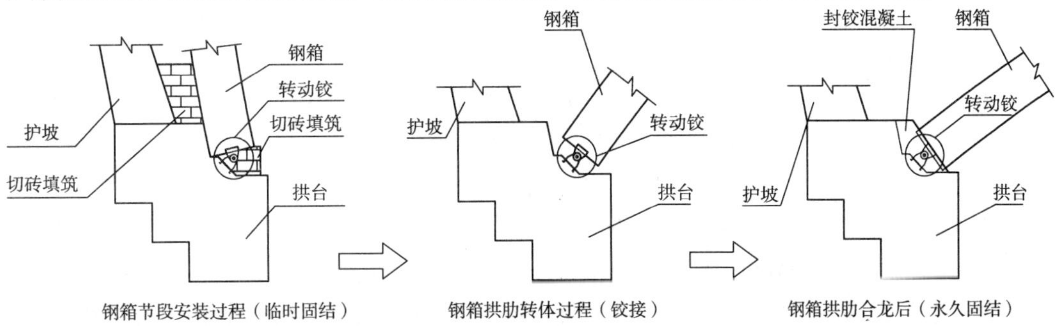

图 7.5-1　转动铰在整个体系形成过程中的三个阶段

无论是平转、竖转还是平转与竖转相结合的施工工艺,转动体系的构造均应满足强度、稳定性及可动性要求。

1)强度要求

在转动体系开始受力,一直到转体合龙的整个过程中,转动体系要有足够的强度来承受静荷载或动荷载的作用。如果转动体系的强度得不到保障,那么将对整个工程产生巨大的经济损失和不可估量的安全隐患。所以强度要求是设计转动体系构造形式的最基本出发点。

2)稳定性要求

在整个体系转动过程中,要有相应的辅助设施来保证整个体系的安全,防止出现杆件的局部失稳和转动体系的整体失稳现象。保证转动过程正常、安全地进行。

3)可动性要求

在强度和稳定性要求保障的基础之上,要求在转动的过程中,尽可能地降低转动体系内部的摩擦,使得转动所需的起动力和牵引力最小。从而简化牵引系统的构造,降低工程造价。

竖转钢箱—混凝土组合拱桥的转动铰的构造形式在满足强度、稳定性和可动性三点基本要求的基础之上,并结合钢箱—混凝土组合拱桥转动铰的构造特点,最终成型的转动铰由上座、下座和转轴三部分组成(图 7.5-2、图 7.5-3)。其中,上座为焊接于钢箱两侧腹板上的耳板 N4;而下座则是由一块平面钢板 N2 与焊接于上的耳板 N1 所组成;而转轴 N3 则要根据跨径、钢箱尺寸的不同,可以是标准规格的贝雷销,也可以是钢管混凝土构件。

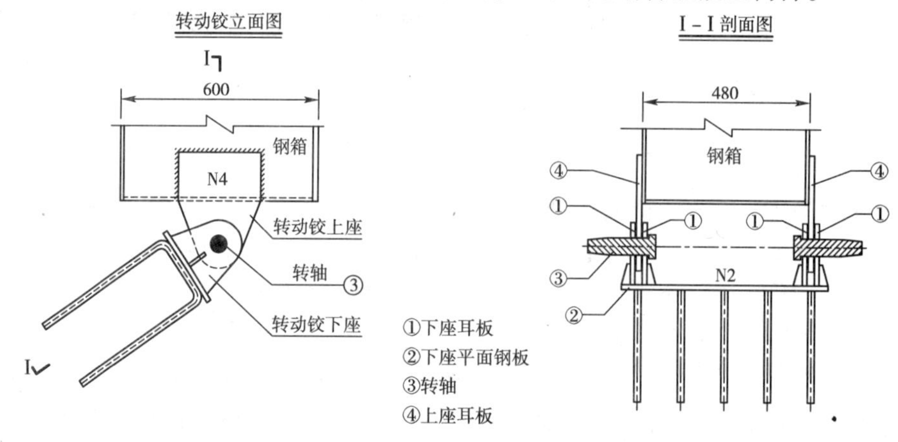

图 7.5-2 转动铰构造图(尺寸单位:mm)

由于拱桥跨径、上部结构以及桥面宽度的不同,转动铰的构造也不同。对于小跨径和窄桥面的情况,其自重相对较小,转动铰的构造比较简单(图 7.5-2):上座仅需在两侧腹板各焊接一块耳板即可;由于钢箱尺寸较小,可以将一个拱肋上的两个下座连成一个整体,即下座耳板焊接于同一块平面钢板上;转轴可以通过标准规格的贝雷销来实现。对于跨径较大和桥面较宽的情况,其自重相对较大,转动铰的构造相对比较复杂(图 7.5-3)。根据受力性能的要求,上座可在钢箱两侧腹板上分别焊接两块耳板(目的要保证焊缝承受的剪应力要满足相关规范要求);由于钢箱尺寸较大,为了定位的方便起见,可以将一个拱肋上的两个下座分开来实现;转轴可以通过钢管混凝土构件来实现。

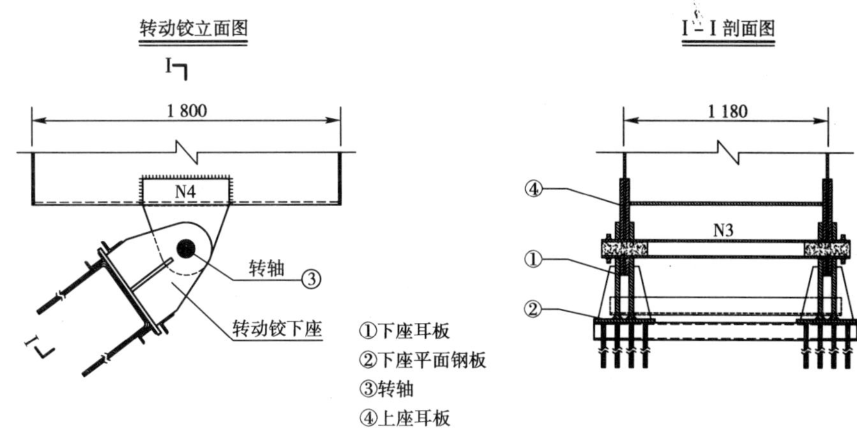

图 7.5-3　万盛藻渡大桥转动铰构造图(尺寸单位:mm)

转动铰各组成部件的尺寸是根据它们的受力性能来确定的。对于上、下座,主要是考虑开孔钢板局部受压的强度要求;对于转轴,主要是考虑贝雷销或者钢管混凝土构件的抗剪切的强度要求。

7.5.2　转动铰的力学性能

1)转动铰的有限元模型分析

现仅对万盛藻渡大桥的转动铰进行有限元模型分析。由于竖转前拱肋竖向拼装完成时,转动铰下座与半拱肋重心垂线之间存在一个夹角,此时转动铰的受力状态较复杂,有必要进行受力分析;而成桥后虽然拱脚部位内力增大,但是封铰措施已经完成,封铰混凝土参与受力,可以认为此时不是转动铰的最不利受力状态,所以对于成桥状态这里不进行讨论。

本计算模型对于拱肋竖向拼装完成时(竖转前)的半拱肋质量取 120t,转动铰下座与拱肋重心垂线之间的夹角分别取实际值 135°和假定的最不利值 90°。

(1)模型简化。模型分析的目的是研究转动铰的力学性能,固可在不影响计算目的的前提下对实际结构中的结构进行一定的简化:

①相对于上座来说,转动铰下座的受力更为不利,于是仅建立转动铰下座与转轴的实体模型,而对上部的拱肋以及转动铰上座不予考虑。

②为了与实际情况尽可能吻合,将力直接施加在转动铰下座钢板之间的转轴区域上,并通过设置接触单元模拟转动铰下座与转轴之间的接触,以获得较真实的应力分布情况。

③由于结构和受力均存在对称性,且对称结构的两边互相之间仅有保证稳定性的连接,在分析时仅建立一半下座即可达到分析效果。

④下座上的非主要受力构件,如保证稳定性的角钢、槽钢及与拱座连接的锚筋等在模型中也不予考虑。

⑤因为并不关心转轴实际应力分布,所以转动轴在模型中用等半径、长 200mm 的实心短钢棒代替。

通过以上简化,铰下座计算模型参数及转动铰有限元计算模型如图 7.5-4 和图 7.5-5 所示。

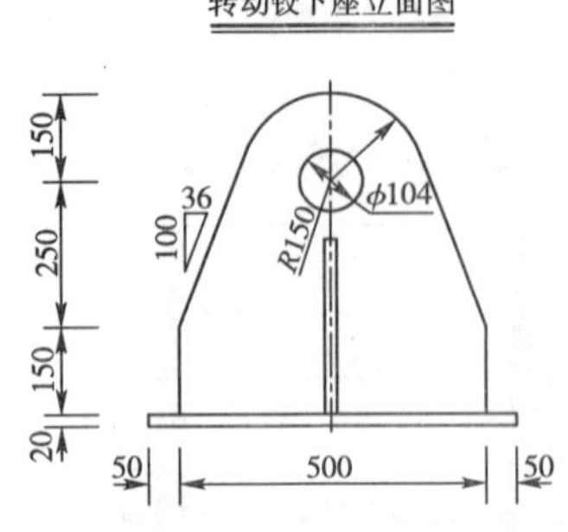

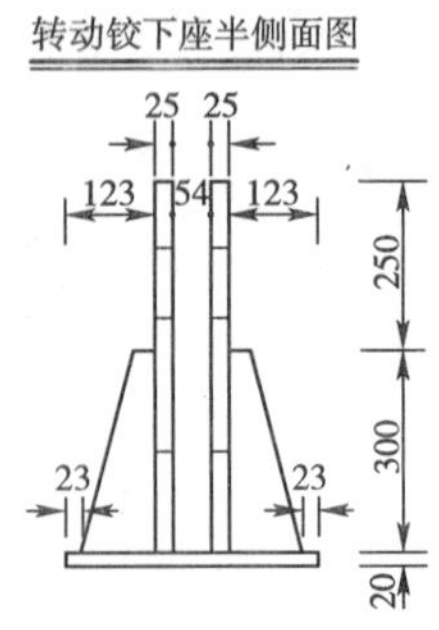

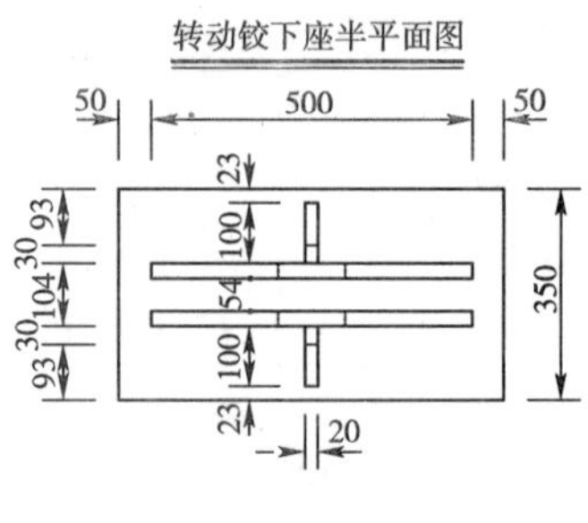

图 7.5-4 转动铰下座构造图(尺寸单位:mm)

(2)计算及结果分析。接触问题是一种高度非线性问题,一般存在两个难点:其一,在求解问题之前,不知道接触区域。表面之间是接触还是分开是未知的,这随荷载、材料、边界条件和其他因素而定;其二,大多数接触问题需要计算摩擦,有几种摩擦模型供挑选,他们都是非线性的,摩擦使问题的收敛性变得困难。

一般接触分为两种接触类型:刚体—柔体接触和柔体—柔体接触。

ANSYS 支持 3 种接触方式:点—点,点—面,面—面的接触。计算时利用了有限元软件 ANSYS 进行了实体单元的面—面接触分析。接触将中转动轴接触面作为刚性目标面采用 conta170 单元,转动铰下座接触面作为柔性接触面采用 conta174 单元。由于需要在初始接触存在的条件下使用力荷载作为模型边界条件,所以模型建立时所设定的初始接触区域(模型计算中取为一个极小的值)和理论及真实情况会存在微小的误差。但是这种误差在应力分布中仅表现为集中应力最大处的局部数值微小差别,而理论上这里的局部钢板已经屈服,其具体数值并不影响整体的应力分布。所以可以认为 ANSYS 作构件面—面接触分析所得结果是可靠的。

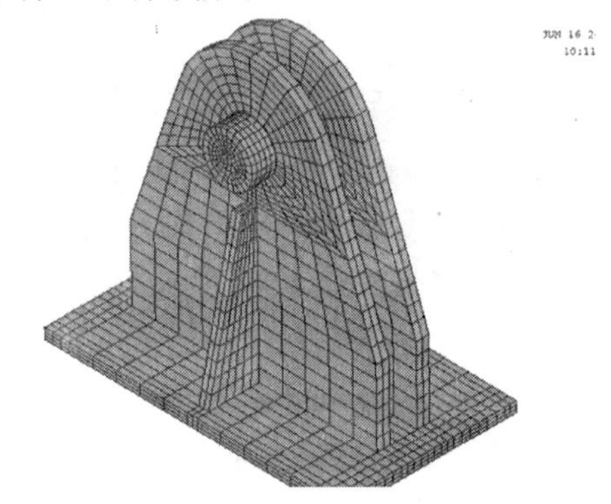

图 7.5-5 转动铰有限元模型

计算实际施工中转动铰下座与拱肋重心垂线之间的夹角 135°时得到应力分布图,如图 7.5-6、图 7.5-7 所示。

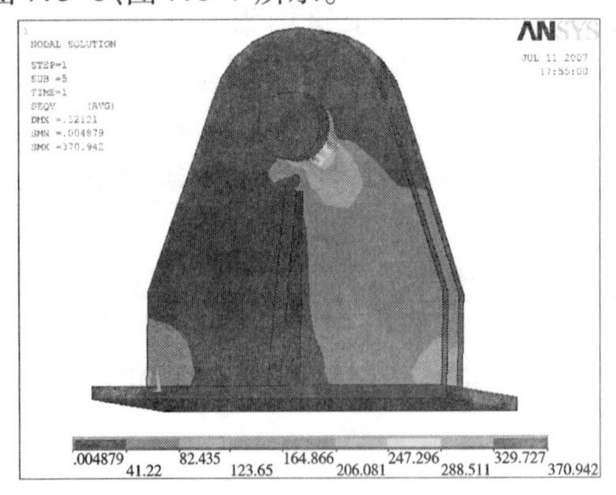

图 7.5-6 转动铰模型应力分布图

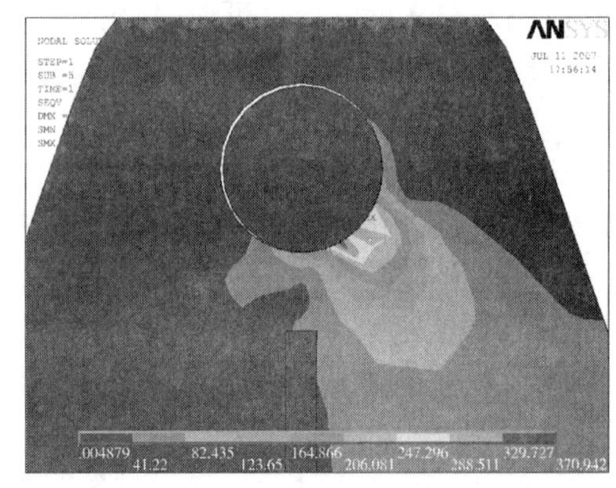

图 7.5-7 转轴附近耳板的应力分布

计算结构最不利状态下转动铰下座与拱肋重心垂线之间的夹角 90°时得到应力分布图，如图 7.5-8、图 7.5-9 所示。

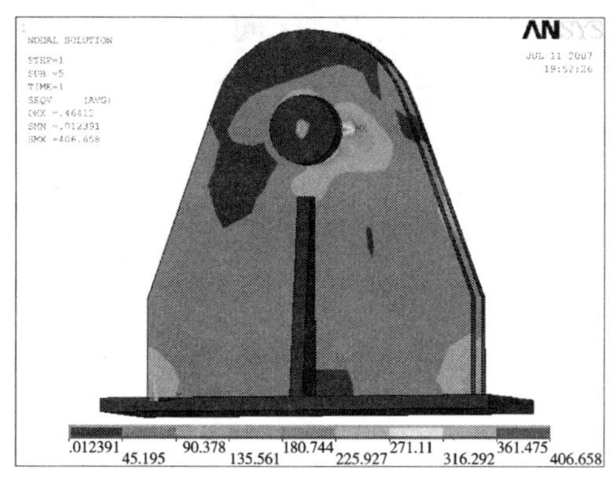

图 7.5-8　转动铰模型应力分布图

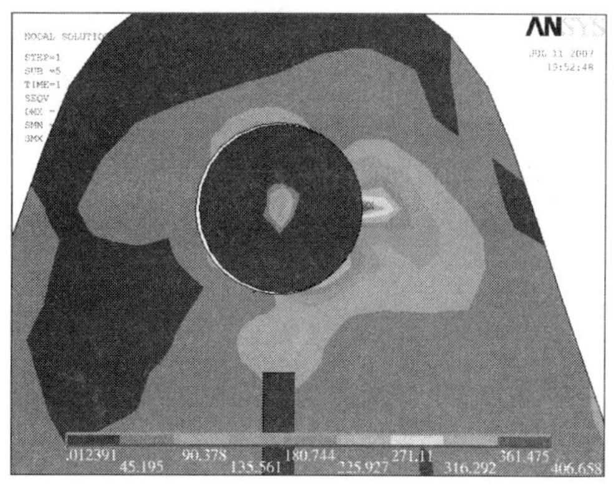

图 7.5-9　转轴附近钢板的应力分布

由有限元分析结果可知：

①在实际竖直拼装完成的状态下，该转动铰下座应力分布可以划分为 6 个区域，如图 7.5-10所示。图中区域应力平均值分别为：Ⅰ区大于 200MPa，Ⅱ区、Ⅲ区、Ⅳ区、Ⅴ区、Ⅵ区分别为 100MPa，41MPa，85MPa，41MPa，0.004 8MPa。

可知Ⅲ区、Ⅳ区、Ⅴ区、Ⅵ区的应力较Ⅰ区、Ⅱ区要小，在保证Ⅰ区、Ⅱ区应力满足要求的前提下，Ⅲ区、Ⅳ区、Ⅴ区、Ⅵ区的应力无需考虑。Ⅰ区、Ⅱ区应力较大，为我们所关心的区域，尤其是Ⅰ区，按照静载强度准则，Ⅰ区承受压力会出现塑性流动或蠕变。因此在今后转动铰设计时应注意Ⅰ区、Ⅱ区应力分布范围，并留出足够的空间以防止结构屈服破坏。

②当转动铰下座处于不利受力状态时，应保证轴孔到钢板边缘的距离 L 满足要求，控制参数如图 7.5-11 所示。

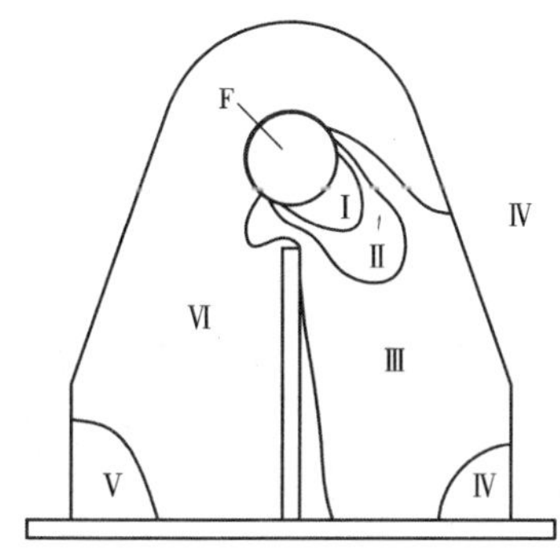

图 7.5-10　转动铰下座应力分布示意图

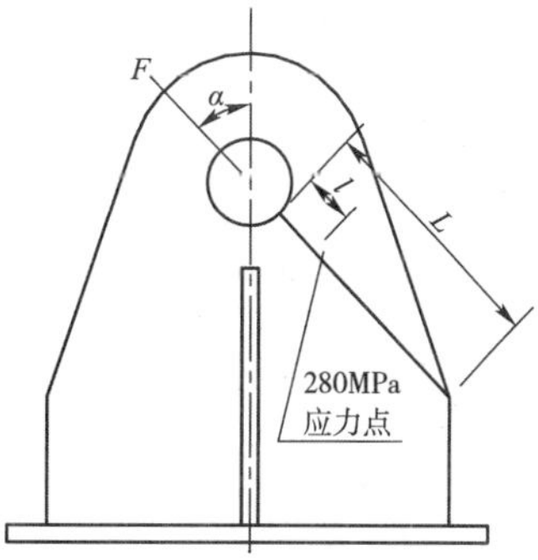

图 7.5-11　控制参数示意图

为控制轴孔到钢板边缘的距离，提出

$$L \geq \varepsilon l \tag{7.5-1}$$

式中：L——轴孔到钢板边缘的最小距离，mm；

l——着力方向上最大允许计算应力值（16Mn 钢计算抗压强度为 280MPa）产生点到轴

孔着力点的距离,mm;

ε——安全系数,$\varepsilon > 1$。

由于结构是短期使用的,所以影响最大允许应力产生点的主要因素可忽略摩擦与温度,而仅考虑为作用力 F、钢板厚度 t(总作用宽度)与轴孔直径 D。

于是针对三个影响参数分别做出三种计算模式以取得它们与 l 的相互关系。

模式一:固定 F,t,将 D 作为可变参数。计算结果如表 7.5-1 所示。

l 与 D 的关系表(t = 50mm,F = 100t)　　表 7.5-1

	D(mm)	l (mm)
模型 1	64	27
模型 2	104	28

由表 7.5-1 可知孔径 D 对 l 的影响并不大。

模式二:固定 t,将 F 作为可变参数。计算结果如表 7.5-2 所示。

l 与 F 的关系表(t = 50mm)　　表 7.5-2

	模型 1	模型 2	模型 3	模型 4	模型 5	模型 6
F(t)	40	60	100	140	180	220
l(mm)	14	18	27	42	52	65

将以上数据转化成图形表示,如图 7.5-12 所示。

由图 7.5-12 可知,在 t 不变的情况下,l 与 F 近似拟合为一条直线 $l = 0.287\ 4F$,我们认为 F 与 l 有成正比例的关系。

模式三:固定 F,将 t 作为可变参数。计算结果如表 7.5-3 所示:

l 与 t 的关系表(F = 100t)　　表 7.5-3

	模型 1	模型 2	模型 3	模型 4	模型 5
t(mm)	20	30	40	50	60
l(mm)	63	44	32	28	17

将以上数据转化成图形表示,如图 7.5-13 所示:

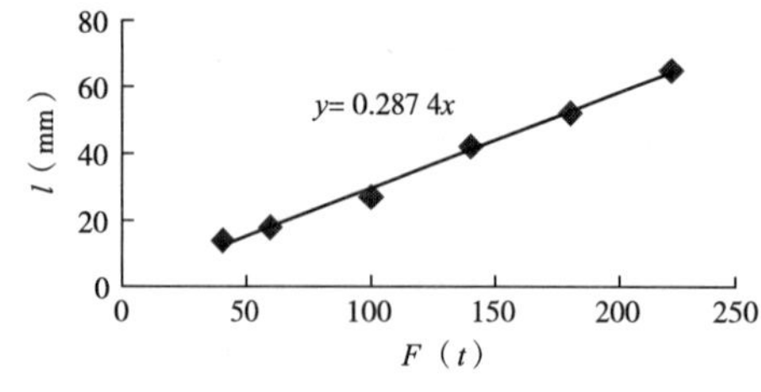

图 7.5-12　l 与 F 的关系图(t = 50mm)

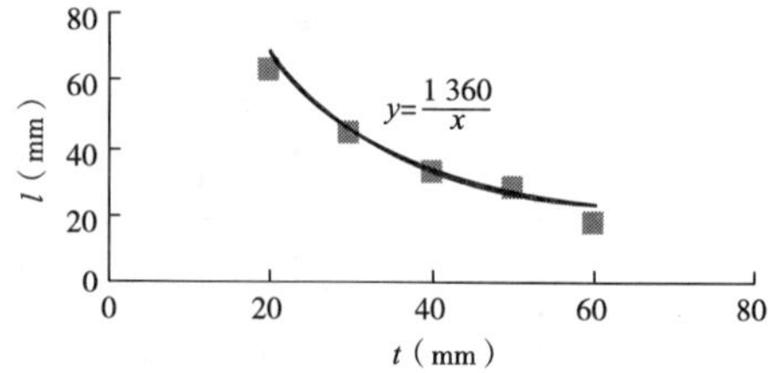

图 7.5-13　l 与 t 的关系图(F = 100t)

由图 7.5-13 可知,在 F 不变的情况下,l 与 t 近似拟合为 $l = 1\ 360/t$,我们认为 t 与 l 有成反比例的关系。

总结上述关系,这里提出公式:$l = k\dfrac{F}{t}$。

上式中 F 的单位为 t,t 的单位为 mm。针对 16Mn 钢的 k 推荐取值范围在 12.8 ~ 14.4

之间。

为验证公式，再次变化参数取 $F = 60\text{t}$ 与 $t = 30\text{mm}$ 时，k 取平均值 13.6，按公式计算得到：

$$l = 13.6\frac{F}{t} = 13.6\frac{60}{30} = 27.2(\text{mm})$$

有限元软件计算得到：$l = 26\text{mm}$

比较两者的结果，误差在 5% 以内，可得此公式具有一定的精度。不足之处在于公式仅对 16Mn 钢材适用，对于其他钢材未作分析。

2）转动铰与混凝土拱腿的连接设计

（1）上座耳板的厚度 t 的确定。转动铰上座耳板（图 7.5-14、图 7.5-15）是一个临时性的传力结构，待转动铰完全封铰之后将不起作用。此外，依据两座依托工程的耳板的实际结构尺寸及受力情况，得知耳板内的平均应力均处于低应力水平。由于耳板尺寸小、用材少，并考虑到足够的安全系数，建议在今后的设计中上座耳板的厚度 t 取为腹板厚度 t_0 的 1.2～1.4 倍，即 $t = (1.2 \sim 1.4)t_0$。

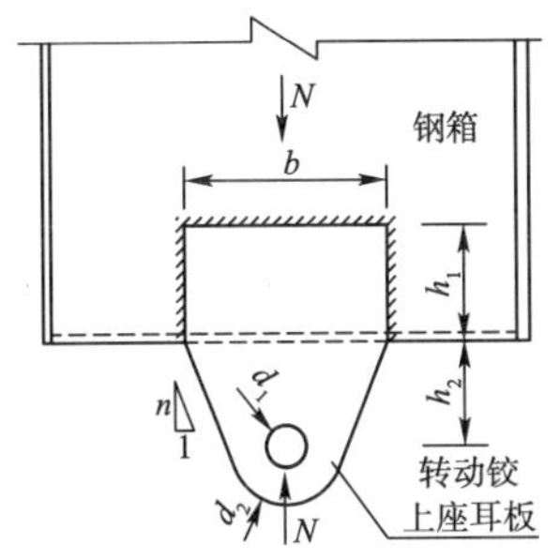

图 7.5-14　转动铰上座耳板的细部尺寸

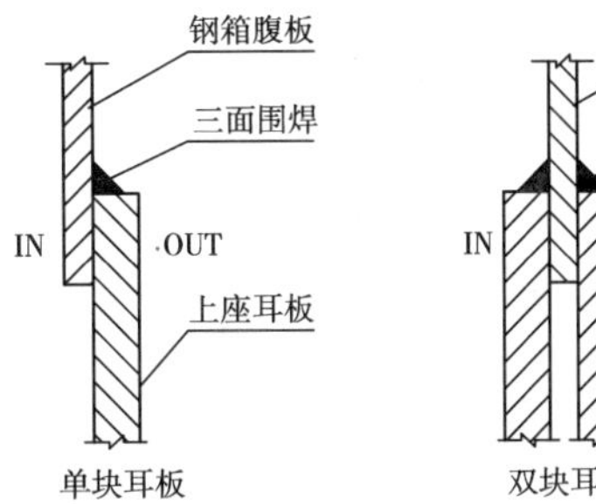

图 7.5-15　转动铰上座耳板与腹板联结构造

（2）耳板宽度 b、高度 h_1 的确定。根据实际依托工程的实施经验可知，对于小跨径桥梁，仅需根据侧面角焊缝最小计算长度的要求来确定尺寸 h_1；对于大跨径桥梁，需按照侧面角焊缝的强度要求和构造要求共同来确定尺寸 h_1。对于尺寸 b 可按照端焊缝的强度要求和构造要求共同来确定。

对正面角焊缝，$N_y = 0$，只有垂直于焊缝长度方向的轴心力 N_x 作用：

$$\sigma_f = \frac{N_x}{h_e l_w} \leqslant \beta_f f_f^w \tag{7.5-2}$$

式中：σ_f——某点处焊缝的正应力；

h_e——焊缝的计算厚度，mm；

l_w——焊缝的计算长度，mm；

β_f——正面角焊缝强度的增大系数。

对侧面角焊缝，$N_x = 0$，只有平行于焊缝长度方向的轴心力 N_y 作用：

$$\tau_f = \frac{N_y}{h_e l_w} \leqslant f_f^w \tag{7.5-3}$$

式中：τ_f——某点处焊缝的剪应力。

由于转动铰在封铰之前始终是铰接，可以认为拱肋钢箱在上座耳板区域不受弯矩

($M=0$)的作用,而仅考虑轴向力 N 的作用,且对于焊缝来说是中心受压构件,即通过焊缝形心的受压、受剪作用。这样便可依据式(7.5-2)和式(7.5-3)进行结构设计和焊缝强度验算。

(3)d_1、d_2 的确定:

①转动轴直径 d 的确定:

a. 转动轴材料的选择。机械结构中的轴材料主要是碳钢和合金钢。钢轴的毛坯多数用轧制圆钢和锻件,有的直接用圆钢。由于碳钢比合金钢价廉,对应力集中的敏感性较低,同时也可以用热处理或化学热处理的办法提高其耐磨性和抗疲劳强度,故采用碳钢制造轴尤为广泛,其中最常用的是 45 号钢。对于竖转钢箱—混凝土组合拱桥的转动轴这一临时构件,推荐选用 45 号钢。

b. 直径大小的确定。转动轴的受力特点类似于普通剪力螺栓的受力情况,连接构造如图 7.5-16 所示。其常见转动轴破坏形式有:转动轴被剪断、转动轴产生过大的弯曲变形。下面将分别对以上两种破坏形式进行讨论:

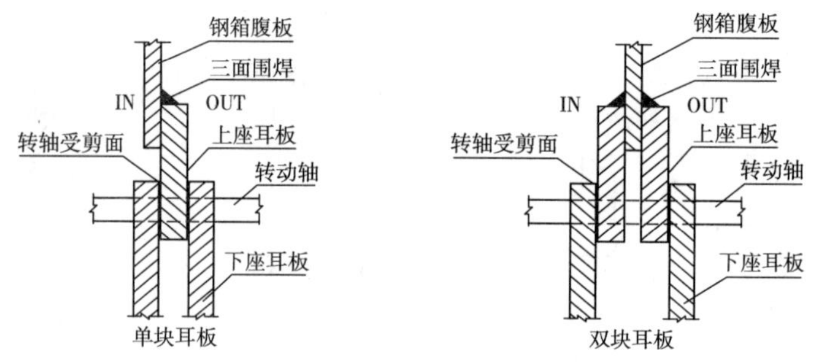

图 7.5-16　转动轴的连接构造图

a)转动轴被剪断。出现此情况,主要是由于转动轴过细,抗剪强度不足。为了避免这种情况的出现,可以按照普通螺栓的抗剪强度来进行设计,以保证转动轴在整个受力过程中不会出现转动轴的剪切破坏。

$$d \geqslant 0.86\sqrt{\frac{N}{f}} \tag{7.5-4}$$

式中:f——钢材抗剪设计强度值,N/mm^2。

b)转动轴产生过大的弯曲变形。出现此情况,主要是由于转轴的承压强度不足。为了避免这种情况的出现,可以按照普通螺栓的承压强度来进行设计,以保证转动轴在整个受力过程中不会出现转动轴的弯曲破坏。

对于单块耳板形式时,

$$d \geqslant \frac{0.7N}{t \cdot f_{ce}} \tag{7.5-5a}$$

对于双块耳板形式时,

$$d \geqslant \frac{0.35N}{t \cdot f_{ce}} \tag{7.5-5b}$$

式中:t——上座耳板厚度,mm;

其余符号意义同前。

由式(7.5-4)、式(7.5-5a)或式(7.5-5b)可确定转动轴直径 d,取两式计算值较大者作为设计值,取 5 的整数倍。

②轴孔直径 d_1 的确定。轴与轴孔之间的间隙越小,耳板或钢轴的局部承压越均匀,但之间的摩擦越大,不利于转动。这里参考普通螺栓的相关规定和实际工程实施的经验,可按照下式进行取值:

$$d_1 = d + d_0 \tag{7.5-6}$$

式中:d_1——转动轴轴孔的直径;

d——转动轴的直径;

d_0——轴与轴孔之间的预留间隙。根据桥梁跨径 L、转动轴直径 d 的不同,可取 $d_0 = 1 \sim 3\text{mm}$,跨径越大、转轴直径越大,d_0 取值越大。

③d_2 的确定。d_2 为与转动轴轴孔的同心圆的直径。根据竖转钢箱—混凝土组合拱桥转动铰的构造及受力特点,位于上座耳板轴孔以下部位基本上不受力。但是为了安全起见,防止施工过程中的意外发生,取 $d_2 \geqslant 3.0d_1$,取 5 的整数倍。

④高度 h_2 的确定。h_2 为转动轴轴孔中心至拱肋拱脚截面的距离,为了防止耳板的局部屈曲,h_2 取值须尽可能的小,且须满足下座耳板能顺利转动的构造要求,取 $h_2 = d_2/2 + (10 \sim 20\text{mm})$,取 5 的整数倍。

⑤转动铰上座耳板稳定性分析。由于转动铰上座耳板的边界条件为加载固定和简支形式,非加载边为自由形式,宽度方向没有约束,很容易发生稳定性破坏。其受力特点类似于桁架的节点板受力特点,这里利用桁架节点板的相关研究成果来分析转动铰上座耳板的稳定性。

根据对双角钢桁架所作试验和有限元弹性分析的结果,建议自由边宽厚比不超过 $912/\sqrt{f_y}$,当 $f_y = 235\text{N/mm}^2$ 时为 60。为了满足转动铰上座耳板稳定性的要求,对其构造有如下要求:

$$b/t \leqslant 70\sqrt{235/f_y}, h_2/t \leqslant 35\sqrt{235/f_y} \tag{7.5-7}$$

式中符号意义同前。

3)转动铰与拱座的连接设计

转动铰下座的构造如图 7.5-17 所示,具体的细部尺寸拟定如下:

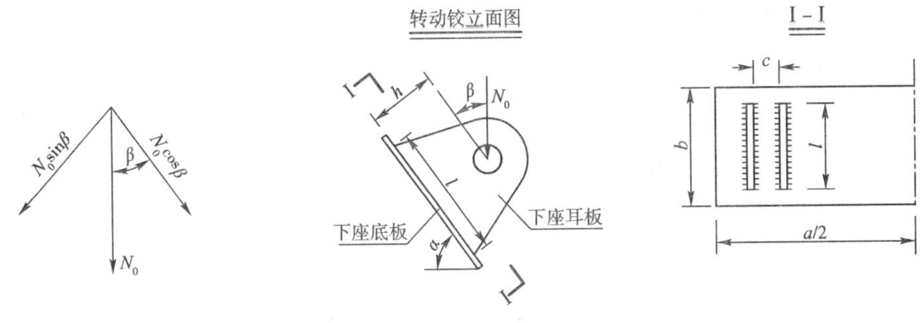

图 7.5-17　转动铰下座构造图及力学图示

(1)下座耳板的尺寸拟定。根据构造和受力特点来说,下座耳板厚度 t_1 可以参照上座耳板厚度 t 来确定。根据等强度理论,当上座耳板采用单块形式时,下座耳板的厚度可取为上座耳板的一半;当上座耳板采用双块形式时,下座耳板的厚度可取与上座耳板相等。

根据下座耳板的构造特点和受力特点可知，易发生横向侧倾。为了增大横向刚度，这里作如下规定：无论上座耳板采用何种形式（单块或双块），下座耳板的厚度始终取与上座耳板相同。

下座耳板底边长度 l 取值采用与上座耳板的宽度 b 相同，且焊脚尺寸与焊缝的计算厚度也同上座耳板。角焊缝计算长度 $l_w = l - 2h_f$。

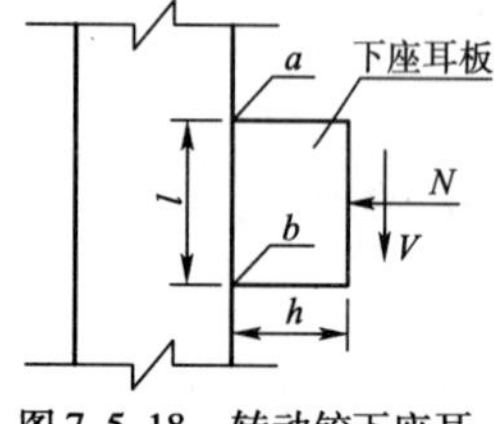

图 7.5-18　转动铰下座耳板的焊缝验算力学图示

下座耳板的其他构造尺寸均与上座耳板相同（详见转动铰上座的计算方法）。

（2）下座耳板与底边焊缝强度的验算。由转动铰下座的构造图可知，下座耳板间隙较小，两块耳板的内侧角焊缝的焊接质量难以保证，这里考虑安全的缘故，仅考虑下座耳板外侧角焊缝参与受力。根据实际受力情况（图 7.5-17），可知其焊缝计算图示如图 7.5-18 所示：

由前面推导的公式可得，a、b 两点的应力状态均应满足式(7.5-8)：

$$\sqrt{\left(\frac{\sigma_f}{\beta_f}\right)^2 + \tau_f^2} \leqslant f_f^w \tag{7.5-8}$$

式中：σ_f——某点处焊缝的正应力；

τ_f——某点处焊缝的剪应力；

β_f——正面角焊缝强度的增大系数，取 $\beta_f = 1.22$。

（3）转动铰下座底板的设计。

①底板厚度 t_p 的确定。转动铰下座底板的受力特性与钢结构柱脚的受力特性基本相同，这里参照柱脚的相关理论成果（图 7.5-19 ~ 图 7.5-22）来进行转动铰下座底板的设计。

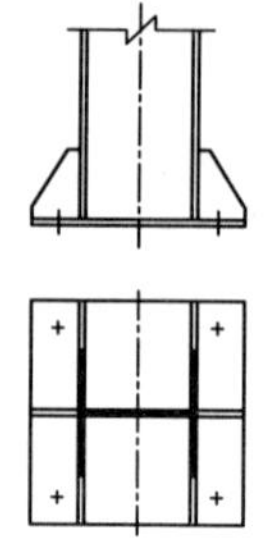

图 7.5-19　柱脚构造图

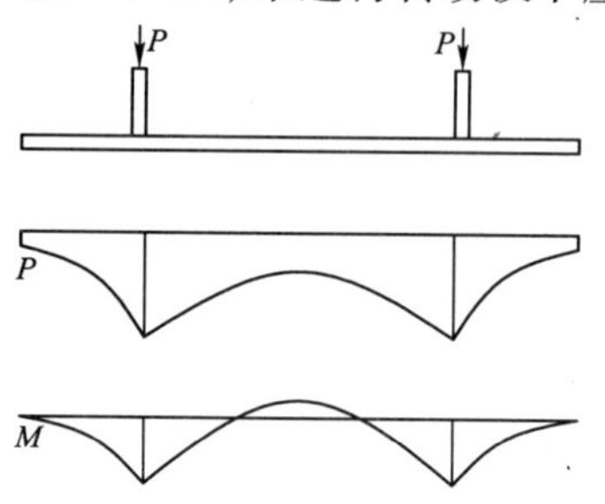

图 7.5-20　底板下压力分布和底板弯矩

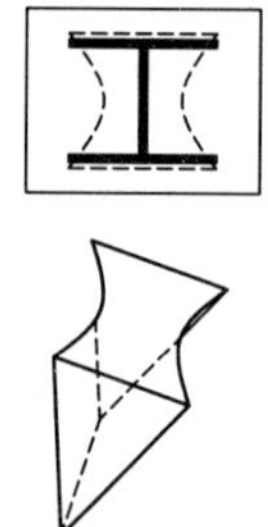

图 7.5-21　柱脚基础破坏形式

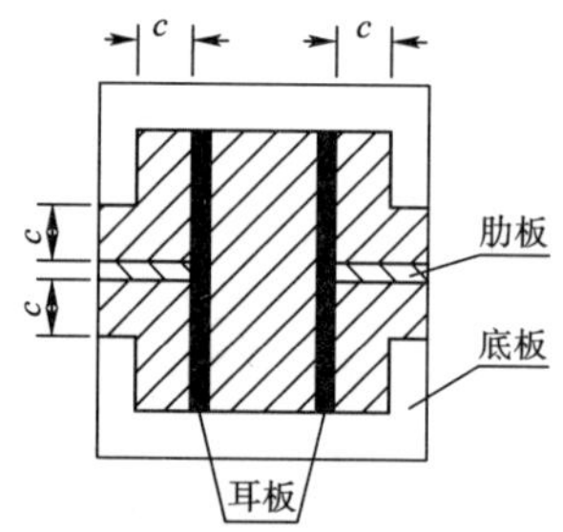

图 7.5-22　底板下承压面积计算图示

$$t_p \geqslant 3.4\frac{N}{f\sum l} \tag{7.5-9}$$

式中：N——转动铰在封铰前，单肋拱脚截面轴向压力最大值的一半，N；

f——转动铰下座底板抗拉强度设计值，N/mm^2；

$\sum l$——转动铰下座耳板和三角形肋板长度之和，mm。

②底板上肋板的尺寸拟定。使板的临界应力不低于材料的屈服点，可得宽厚比限值。实用设计公式如下：

当 $0.5 \leqslant l/h \leqslant 1.0$ 时

$$\frac{l}{t} \leqslant \frac{656}{\sqrt{f_y}} = 42.8\sqrt{\frac{235}{f_y}} \tag{7.5-10a}$$

当 $1.0 \leqslant l/h \leqslant 2.0$ 时

$$\frac{l}{t} \leqslant \frac{656(l/h)}{\sqrt{f_y}} = 42.8\frac{l}{h}\sqrt{\frac{235}{f_y}} \tag{7.5-10b}$$

对于竖转钢箱—混凝土组合拱桥的转动铰来说，肋板的尺寸拟定（图 7.5-19）应满足式（7.5-10）条件要求。即

$$0.5a_3 \leqslant a_2 \leqslant a_3 \tag{7.5-11}$$

$$t_2 \geqslant a_2\sqrt{f_y}/656 \tag{7.5-12}$$

在满足以上两式要求外，还需满足相应的构造要求

$$a_3 \approx 0.8h \tag{7.5-13}$$

$$a_1 \approx 0.2a_2 \tag{7.5-14}$$

式中：f_y——肋板的屈服强度，N/mm^2；

t_2——肋板的厚度，在满足式（7.5-12）的条件下，取值为 $0.8t_p$，mm。

其余符号意义如图 7.5-23 所示。

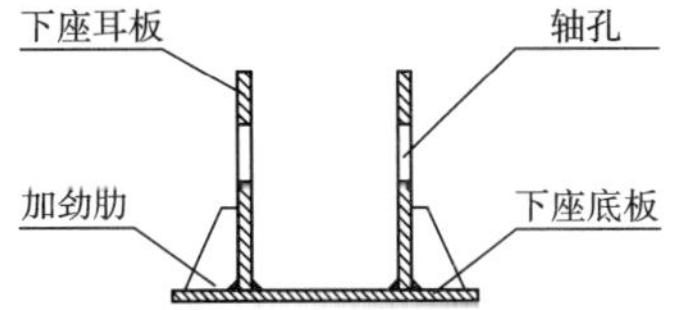

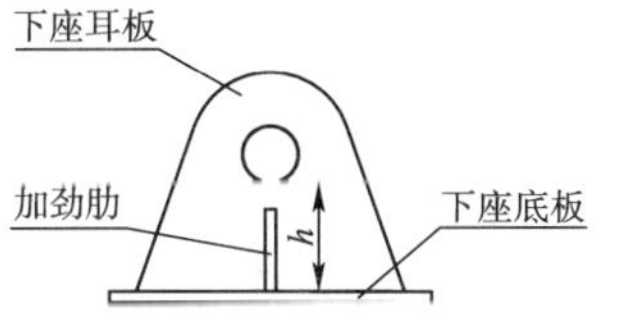

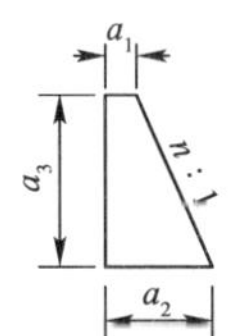

图 7.5-23　转动铰下座加劲肋示意图

以上参数 a_1、a_2、a_3 的取值均为 5cm 的整数倍。

为了防止转动铰下座耳板的横向侧倾，采用了如图 7.5-24 所示的构造措施。在不影响拱肋转体所需空间的情况下，可在下座耳板上焊接型钢，以增强横向稳定；随着跨径和耳板尺寸的增大，同样可在两块钢板下侧施加横向联系的型钢。

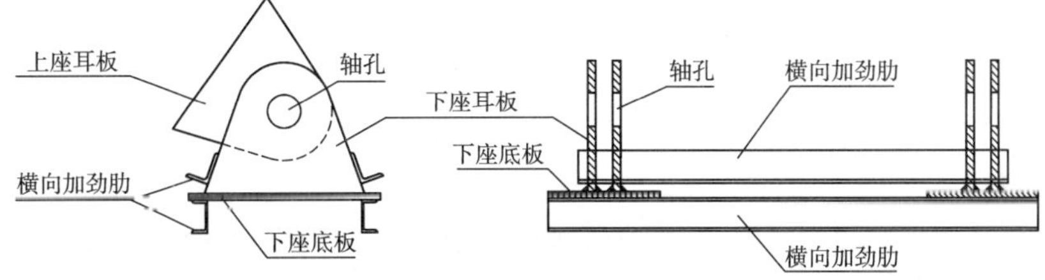

图 7.5-24　转动铰下座横向加劲肋示意图

③下耳板间距 c 的确定(图 7.5-24)。转动铰制作和定位过程中必然存在一定误差,从而影响转动铰的顺利安装。为了钢箱拱肋能顺利插入下座耳板间的预留槽口,应满足以下构造要求。

当上座耳板为单块形式时,$c = t + (2 \sim 3\text{mm})$($t$ 为上座耳板厚);

当上座耳板为双块形式时,$c = 2t + t_0 + (2 \sim 3\text{mm})$($t$ 为上座耳板厚,t_0 为钢箱腹板厚)。

④下座底板尺寸 a、b 的确定:

对单肋来说,

左、右下座共钢板时,

$$b = l + 2t_p \tag{7.5-15}$$

$$a = a_0 + t + c + 2t_1 + 2a_2 + 2t_p \tag{7.5-16}$$

左、右下座不共钢板时,

$$b = l + 2t_p \tag{7.5-17}$$

$$a = c + 2t_1 + 2a_2 + 2t_p \tag{7.5-18}$$

式中:b——下座底板的宽度(顺桥向),mm;

a——下座底板的长度(横桥向),mm;

l——下座耳板宽度;

t_1——下座耳板厚度;

c——下座耳板间净距;

a_2——下座耳板加劲肋下边缘宽度;

t_p——下座底板厚度;

a_0——钢箱两侧腹板外边距;

t——上座耳板厚度。

7.5.3 转动铰的制作

转动铰是由钢构件组成的,因此转动铰的制作要符合相关钢结构制作规范的要求,此外还应满足设计对其制作精度的特殊要求。

钢构件的制作是从材料进厂并通过检验合格后方可进行以下的构件制作。其基本制作内容包括放样、号料、切割、矫正和弯曲、边缘加工、制孔、组装、焊接、焊缝检验、杆件矫正、摩擦面处理、除锈、预拼装、厂内涂装、验收等一系列成套的制作工艺。

转动铰的制作同样要从材料进厂并通过检验合格后方可进行构件制作。其基本制作过程如下:首先,钢构件制作单位(以下简称钢构厂)要依据设计文件的意图来确定转动铰上、下座的各零部件的实际下料尺寸,并进行放样、切割、边缘加工等工作;其次,进行组装和焊接工作(转动铰下座);最后,对焊缝以及钢构件出厂的尺寸进行相关检验,并对每一个构件进行编号、记录其实际尺寸和误差值。

转动铰的制作精度直接影响着竖转体系跨中能否顺利合龙。在转动铰的制作过程中,要尤其注重以下两个问题。

1)如何保证转轴同心

实际上指的是在转动铰下座的组装过程中,如何保证焊接在钢板上的耳板的轴心是同一条直线。具体的解决措施如下:

(1)按照设计尺寸的要求,将转动铰下座的任意一块耳板点焊定位于平面钢板上。

(2)选择一根较耳板上的圆孔直径小 0.5mm 的直钢管,并穿过已经定位好的耳板,然后再将另外一块耳板穿过直钢管,并不断调整未定位耳板的尺寸(主要是通过打磨耳板与平面钢板的接触面来实现),以保证直钢管能够从耳板上的圆孔中自由穿插、不受阻,方可将其点焊定位于平面钢板上。按照同样的方法点焊定位其余的耳板。

(3)待所有耳板均定位完成以后,按照上述的方法来进行最后检验(穿插直钢管),并进行安装尺寸检验,满足设计要求后方可进行最后的焊接工作。否则需要进行调整,直到满足设计要求。

2)如何保证转动铰上座顺利插入下座预留槽

由于钢箱尺寸的制作误差与转动铰下座耳板的安装误差均会影响转动铰上座顺利插入下座预留槽,所以具体的解决措施如下:

先将转动铰下座一侧的耳板按照设计要求的尺寸焊接于平面钢板上,然后再定位另外一侧的耳板。定位另外一侧的两块耳板时,分别将耳板往两边扩展 2mm,相当于比已定位一侧耳板之间的间隙宽 4mm。这样既能保证转动铰上座顺利插入下座预留槽,也不影响钢箱的竖转工作。

以上谈到的第二个问题仅适合于转动铰下座左右两侧耳板焊接于同一块平面钢板上,且转动铰下座在钢箱形成之前焊接完成的情况。如果转动铰下座在钢箱形成之后焊接,那么转动铰下座的耳板必须按照钢箱的实际尺寸来进行定位并焊接。

转动铰下座在出厂之前要与钢箱进行预拼装,并将其与钢箱进行一一对应作好记录,以便在施工现场能加快安装速度,减小施工现场风险。

在确定转动铰上座的耳板尺寸时,应根据转动铰下座在施工现场安装之后的实际轴心距离,使得钢箱形成之后的预拼装的转轴轴心距离与之相等,并保证两侧对称定位上座耳板,从而确定转动铰上座的耳板尺寸。最后确定的上座的耳板尺寸若与设计所给尺寸不符合的话,必须由设计单位进行验算通过之后,方可下料成形,并最后焊接于钢箱腹板上。最终,要保证施工现场安装的转动铰下座轴心之间的距离与钢构厂预拼装的转动铰上座的轴心之间的距离相等。

7.5.4　拱脚无转动铰的联结

当钢箱拱肋采用平吊安装成拱(图 7.5-25)时,拱脚无需设置转动铰,而采用在拱座预埋钢箱节段方式,此时钢箱拱肋与拱座的联结即成为钢箱节段间的联结(图 7.5-26)。

图 7.5-25　平吊安装成拱施工

图 7.5-26　钢箱拱肋与拱座的联结

第 8 章　钢箱—混凝土组合拱桥的工程应用

8.1　四川遂宁界福路人行桥

四川遂宁界福路人行桥（图 8.1-1）采用竖转钢箱—混凝土组合拱桥，于 2008 年 5 月建成通车，至今使用正常。

图 8.1-1　建成后的遂宁界福路人行桥

8.1.1　桥梁总体情况

（1）桥梁净跨度 $L=40\mathrm{m}$；桥梁宽度 = 0.25m（栏杆）+0.80m（自行车道）+3.40m（人行道梯步）+0.80m（自行车道）+0.25m（栏杆）=5.50m。

（2）设计荷载：人群荷载为 $4.0\mathrm{kN/m^2}$。

（3）桥位地质情况：桥位地处中纬度亚热带的四川盆地中部，桥位区位于涪江西岸Ⅰ级冲积阶地后缘，处于南北堰河槽两岸，两岸呈 U 字地形，地面高程 285.00 ~288.86m，桥梁横跨南北堰（渠河），为人工河道，河床坡降小于0.5‰。拟建桥位所在的遂宁市在地质构造位置上处于四川沉降拗褶带的川中褶皱带，基岩稳定，构造简单，区域内未发现有断裂及隐覆断裂存在。桥位岩土层由河流冲洪积土层和砂质泥岩组成。

（4）主要材料：

①混凝土。拱台（承台）采用 C30 混凝土，旋喷桩采用 C20 混凝土；主拱肋钢箱内填混凝土和拱座混凝土（不含封铰混凝土）为 C40 混凝土；主拱混凝土板和拱座封铰混凝土采用 C40 纤维混凝土（C40 纤维混凝土中掺入高强聚炳烯纤维，掺量为 $0.9\mathrm{kg/m^3}$）。人行踏步板、自行车道板和栏杆基座均为 C30 混凝土。

②型钢和钢材。拱肋钢箱采用 Q235-B 钢板，材质技术条件符合标准 GB/T 700—2006；本桥所用型钢和其他钢材采用普通热轧型钢 Q235 结构钢。

③普通钢筋。钢筋为 R235 级和 HRB335 级两种钢筋。

（5）遂宁界福路人行桥立面图，如图 8.1-2 所示。

8.1.2　设计概要

本桥主拱结构的拱脚区段为矩形截面钢箱拱肋内满填混凝土；跨中区段在钢箱拱肋顶面整体浇筑混凝土板；拱脚区段与跨中区段之间为过渡区段，钢箱拱肋内由满填混凝土逐渐变化为空箱，钢箱顶部混凝土的宽度与两拱肋距离相同；除拱脚区段外的钢箱底板和腹板的加劲肋板设于钢箱内侧，钢箱顶板的加劲肋板设于钢箱顶面上，该加劲肋板为开孔加劲钢板，以便后浇顶部混凝土内的钢筋穿过开孔加劲肋板成为混凝土与钢箱顶板联结的PBH剪力键；钢箱拱肋内设置钢横隔板。

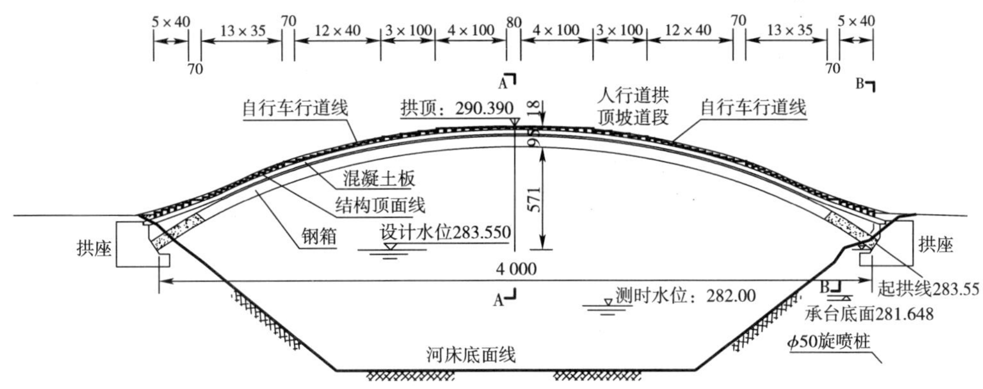

图8.1-2　遂宁界福路人行桥立面图(尺寸单位:cm;高程单位:m)

1)上部结构

(1)本桥上部结构为净跨40m,净矢高5.71m,矢跨比1/7,拱轴系数为2.514,钢箱拱肋肋间净距2.5m,高0.6m,宽0.5m;钢箱壁厚10mm(钢箱底板壁厚16mm)。主拱混凝土顶板厚35cm,板宽5.5m(与桥同宽)。

(2)在钢箱拱肋1/4处和跨中设横系梁以加强两钢箱拱肋在施工期间和成桥的稳定性,横系梁均采用焊接工字梁(梁高40cm)。

(3)拱上建筑:人行道踏步板和自行车道板均为预制混凝土板,采用砖砌体支承。栏杆采用混凝土立柱,扶手、桥面装修和光彩工程由建设单位根据城市规划要求确定。

2)下部结构

鉴于桥梁北岸为城市交通要道,施工场地十分受限;所跨河流水深流急,应尽量减小水对基础施工的影响;两岸覆盖土层极厚,承载能力较低。综合上述因素,并考虑基础承受水平推力的需要,拟定桥梁基础方案为:下部采用旋喷桩基础,承台高3.5m,在承台尾增加一排旋喷桩,桩顶与承台齐平。以达到既减小开挖范围、降低水的不利影响,又能保证竖向承载能力和提高基础水平抗力的目的。旋喷桩底部位于卵石质土的底部区域,桩底承载力不小于500kPa,旋喷桩施工按《建筑地基处理技术规范》(JGJ 79—2002)进行。如果开挖后地质情况与设计预期不符,应及时告知设计单位,以便及时采取措施。

3)设计验算主要结果(表8.1-1、表8.1-2)

根据《公路桥涵钢结构及木结构设计规范》(JTJ 025—1986)1.2.5条,Q235钢的容许应力[σ]=145MPa;根据《公路钢筋混凝土及预应力混凝土桥涵设计规范》(JTG D62—2004)3.1.3条和7.1.5条,C40混凝土的抗拉强度设计值和受压区混混凝土的最大压应力限值分别是1.65MPa和13.4MPa。表中钢材最大应力值是123MPa,混凝土的最大拉应力和压应力分别是1.49MPa和10.3MPa,均满足规范要求。

完成主拱混凝土顶板浇筑后钢箱拱肋的应力计算值(单位:MPa)　　表 8.1-1

拱脚		1/4L		1/2L	
上缘	下缘	上缘	下缘	上缘	下缘
44	-0.633	25.3	44	57.9	15.6

注:1. 钢箱拱肋的应力为钢板的应力(不含钢箱内填混凝土的应力)。

2. 应力以拉为负,压为正。

主拱结构控制截面在不利组合下的应力计算值(单位:MPa)　　表 8.1-2

	拱脚				1/4L				1/2L			
	上缘		下缘		上缘		下缘		上缘		下缘	
	最大	最小	最大	最小	最大	最小	最大	最小	最大	最小	最大	最小
钢箱	123	13.5	95.2	9.30	75	32.10	111	35.8	106	64.2	67.8	-5.54
混凝土顶板					1.41	-1.4	1.31	-1.47	2	-1.05	0.918	-1.3

注:1. 应力以拉为负,压为正。

2. 表中的应力组合按《公路桥涵设计通用规范》(JTG D60—2004)4.1.7 短期效应组合。

8.1.3 施工方法

鉴于本桥所跨河流水深流急,不宜支架现浇;桥位北岸为城市交通要道,施工场地十分有限;本设计采用的主要工艺程序(图 8.1-3 ~ 图 8.1-5)为:在工厂制作钢箱拱肋(全桥共分四段),在两岸拱座处分别沿竖向安装拱脚区段(第一节段)钢箱拱肋,其下端与拱座通过转动铰连接后再作临时固结处置;在拱脚区段钢箱内填灌混凝土,再沿竖向逐段拼装第二节段钢箱拱肋,并同步完成相应钢横向联系的安装,形成直立的半跨钢箱拱排架;用钢缆绳系住钢箱拱排架,拆除钢箱拱肋下端与拱座的临时固结还原为转动铰连接,控制钢缆绳的放松速度,使两岸的钢箱拱排架绕转动铰缓慢转动至跨中合龙联结成拱;然后现浇封铰混凝土使合龙后的钢箱拱肋成为两端固结的无铰钢箱拱结构;浇筑钢箱拱肋顶层混凝土形成整体的钢箱—混凝土组合拱结构。

图 8.1-3　阶段安装

图 8.1-4　拱肋竖转

主要施工步骤(图 8.1-6):

1)基础和拱台施工

(1)施工旋喷桩。

(2)浇筑拱台基础一期混凝土。

(3)安装转动铰的下座并精确定位,转动铰轴线的水平及竖向定位允许误差为 ±1mm,转动铰耳板横桥向定位允许误差也为 ±1mm,为保证精确定位,在转动铰下方可设定位钢架(定位钢架由施工单位自行确定,图中未计其工程量)。

(4)绑扎拱座的普通钢筋,并预埋预留钢筋;浇筑拱台二期混凝土(拱座)。

图 8.1-5　拱肋合龙

2)钢箱拱肋安装和合龙

在工厂分段完成钢箱拱肋的制作,含转动铰上座和钢箱拱肋的底部焊接和剪力键,做好钢箱内、外表面防护处理,并运输至现场,钢箱在工厂制作完成后,应进行预拼装。

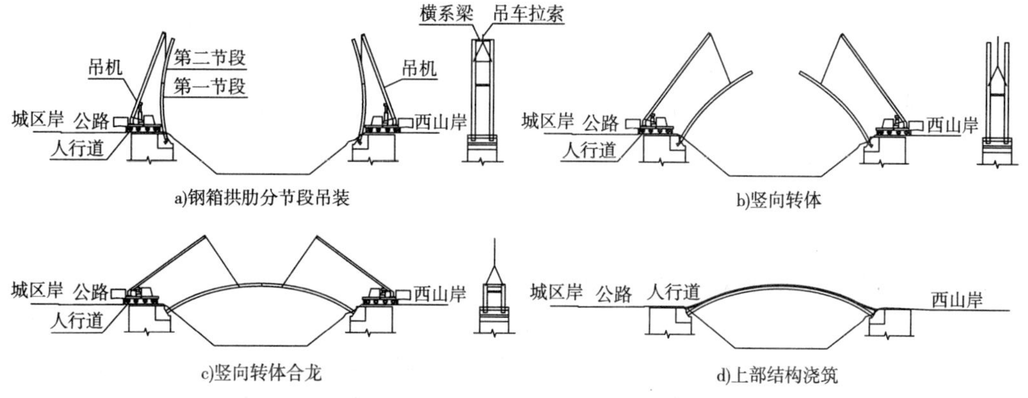

图 8.1-6　遂宁市界福路人行天桥施工工艺

安装第一段钢箱拱肋并在其下部作临时固结处置;

安装第二段钢箱拱肋,并与第一节段焊接联结,同步完成半跨拱两肋间的横系梁安装,形成半跨钢箱拱排架;

拆除拱脚临时固结,使之变为铰接,通过放张千斤顶或其他方式控制钢缆绳的放松速度,使两岸钢箱拱排架绕其下转动轴缓慢转体、逐步就位,使阳接头伸入阴接头内,缓慢放松扣索,使阴接头在阳接头的引导下就位,调整合龙误差至满足精度要求,通过螺栓连接实施钢箱快速合龙定位(此时不松索),然后焊接跨中接缝,形成钢箱拱结构。跨中合龙时的钢箱拱背设计高程为 289.920m(已包括 6cm 的预拱度)。

待钢箱拱合龙固结后,对称缓慢完全放松竖转控制缆绳。

特别注意事项:

(1)上述临时设施均由施工单位负责设计并制作实施,应确保安全可靠。

(2)合龙时可通过控制缆索的松、放微调竖向合龙位置,通过手拉葫芦逆向错位对拉的方式微调水平合龙位置,和阴、阳接头自动导入的方式控制钢箱合龙精度。

(3)转体前应考虑设置转体后便于人员上拱操作的通道和施工平台。

3)拱脚封铰、主拱顶板混凝土浇筑和拱上建筑施工

(1)在15℃ ±3℃气温下,用C40纤维混凝土现浇封铰混凝土使合龙后的钢箱拱肋成为两端固结的无铰钢箱拱结构,应采取切实可行的措施确保混凝土的密实性。

(2)从拱脚至跨中均衡、对称地浇筑拱顶板混凝土(顶板混凝土为C40纤维混凝土,柔性纤维掺量1.0kg/m^3),并在拱顶板增设带肋钢筋焊网(钢筋焊网的保护层厚度为15mm)。

(3)安装人行道踏步板、自行车道板和栏杆等拱上建筑施工。

(4)特别注意事项:拱上建筑施工务必保持均衡、对称、缓慢地加载。

8.1.4 施工监控概况

1)监控主要内容

根据遂宁市界福路人行桥的结构特点和施工特点,施工监控的主要内容如下:

(1)结构复核验算。结构复核验算包括整个结构的复核验算,这是现场施工监控的前期对设计和施工措施的复核工作。

(2)转动铰的安装位置及主拱钢箱拱肋安装过程中的精度监测。转动铰的安装位置准确是保证准确合龙的前提,在安装过程中应主要控制转动铰中心的几何位置;根据主拱钢箱拱肋制作和安装过程中的误差分析与控制的研究结果,控制钢箱拱肋的制作和安装精度。

在钢箱拱肋节段的安装过程中,节段的准确定位是保证准确、快速合龙的前提。在安装过程中,应测量钢箱拱肋节段的几何位置,并通过吊车对索的张拉来调整拱轴线的高程和通过对浪风的张拉来调整拱肋的平面位置,以使其与设计相符合,保证结构准确合龙。为对结构的施工过程进行监测,必须随时注意吊装系统的关键构件的内力和吊车工作状态,将其控制在允许范围以内。

(3)拱肋控制点应力(应变)及变形测试。在每一施工阶段的各主要工况作用前后,测试钢箱拱肋控制截面的应力(应变)和混凝土顶板的应力(应变),并且特别注意钢箱拱肋合龙前后的应力(应变)变化情况。应力(应变)采用预埋性能稳定的钢弦计传感器及采用相应的测试仪表进行测试。

2)测点设置

为了确保施工控制的顺利实施,施工过程中各项技术参数的准确测定至关重要,它是施工控制的必要初始参数,它为施工计算提供了实测依据,是最终实现施工控制目的的最关键一步。

(1)高程、几何位置测点。首先在两岸设置独立的永久不动的高程和横向位置观测基点,观测基点能通视满足钢箱拱在立柱状态下的观测要求,并以此作为整个高程和几何观测系统的基准点。

第一,保证两岸腹板共面的控制方法和步骤。在钢箱拱节段的上端附近截面的上、下缘设置高程测点和几何位置测点,同一截面设置2个测点,如图8.1-7所示。

测试方法如下:

①在拱肋外侧布置基点(可布置在两岸桥台上),两岸基点连接即形成观测基线,观测基线设计为距拱肋外侧50cm,观测基线与拱肋平行。

②拱肋拼装和竖转过程中,在拱肋接头处上下缘各安置自制标尺,然后在观测基线上安

置仪器，以对岸基线为后视，对标尺进行观测，即可控制拱肋的横向偏位。每段拱肋上接头处上下弦均需设置观测标尺，可观测拱肋扭转情况，及时调整。标尺与拱肋连接采用临时连接。

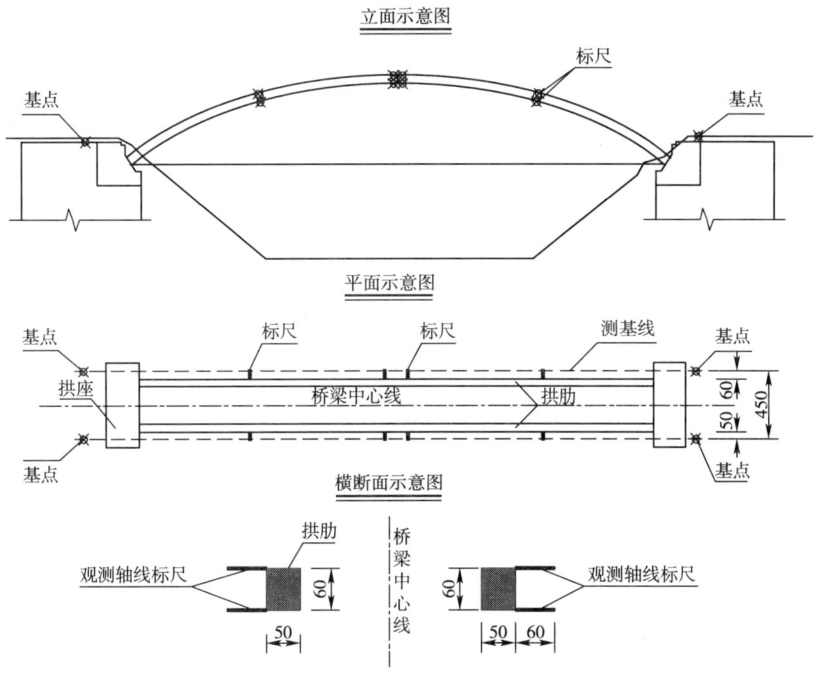

图 8.1-7　拱肋拼装、竖转轴线控制观测布置图(尺寸单位:mm)

第二，保证两岸拱肋安装线形的控制方法和步骤。为保证拱肋的线形满足设计要求，必须对拱肋线形进行控制。因为该桥每半个拱肋分两个节段在工厂内制作完成，而第一段的线形在现场不必进行控制，因此仅在安装第二节段时对线形进行控制。控制方法和步骤如下：

首先测出转动铰铰心的立面坐标，如图 8.1-8 所示。然后在距第一节段顶面一定位置设置一测点并测出该点的立面坐标（该坐标与铰心采用同一坐标系）。根据设计拱肋的线形确定第二节段测点的坐标，在安装第二节段过程中予以控制。

(2)拱肋应力应变测点。在老城区岸和新城区岸的每片钢箱拱肋的拱脚（距拱脚端面 0.10m）、钢箱—混凝土变截面处两个截面、$L/4$、$3L/8$、$L/2$ 处分别设置应力（应变）测点，每一个截面选择上下两个钢箱拱肋底板和顶板各预埋 1 个附着式钢弦计传感器，全桥共计 24 个，应变测点见图 8.1-9。混凝土顶板应变测点布置在钢箱—混凝土变截面处两个截面、$L/4$、$L/2$ 处分别设置应力（应变）测点，每个截面预埋埋入式钢弦计传感器，全桥共 15 个，布置见图 8.1-10 ~ 图 8.1-12。

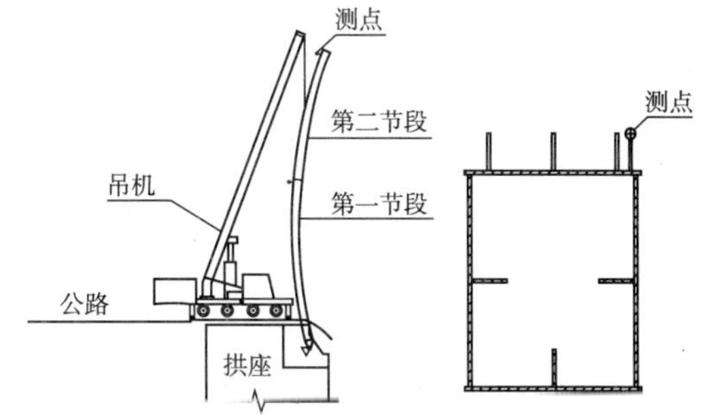

图 8.1-8　拱肋线形控制测点布置图

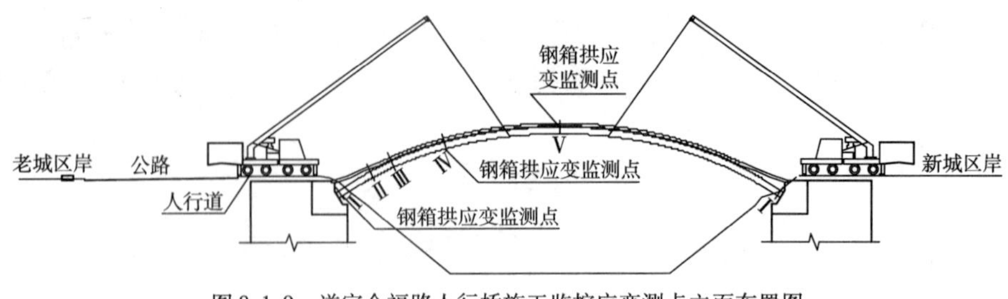

图 8.1-9 遂宁介福路人行桥施工监控应变测点立面布置图

图 8.1-10 应变测点横断面布置图(Ⅰ-Ⅰ断面)

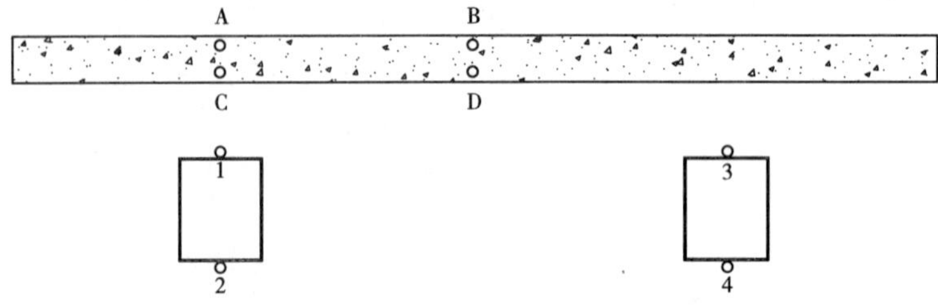

图 8.1-11 应变测点横断面布置图(Ⅱ-Ⅱ断面)

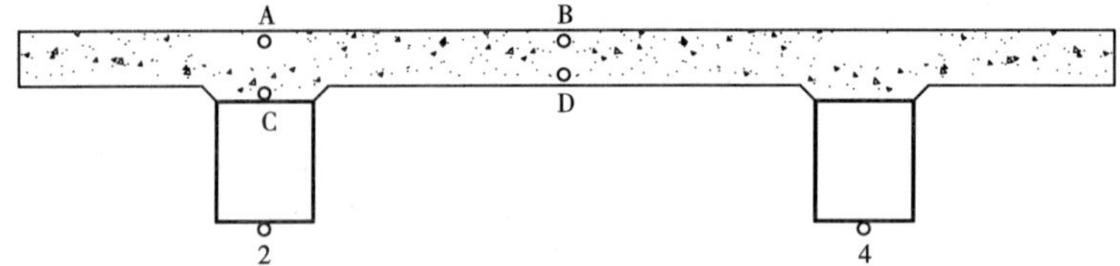

图 8.1-12 应变测点横断面布置图(Ⅲ-Ⅲ、Ⅳ-Ⅳ和Ⅴ-Ⅴ断面)

8.1.5 与混凝土肋拱的比较

表 8.1-3 为钢箱—混凝土组合拱桥与常规混凝土肋拱桥两者主拱的主要经济指标比较(均按常规状态下的理想状况计算)。

主拱经济效益比较表 表 8.1-3

项　目	钢箱—混凝土组合拱桥(竖转合龙方案)	常规混凝土肋拱桥(缆索吊装方案)	常规混凝土肋拱桥(竖转合龙方案)
主拱混凝土	C50 混凝土 7.6m^3,0.46 万(钢箱内混凝土 600 元/m^3)	C40 混凝土 36.3m^3,2.9 万(800 元/m^3)	C40 混凝土 36.3m^3,2.9 万(800 元/m^3)
钢箱及制作	20.0t,20.0 万(10 000 元/t)	—	—
钢筋		8.4t,5.4 万(6 500 元/t)	8.4t,5.4 万(6 500 元/t)
主拱结构总质量	39t	93.8t	93.8t
主拱安装施工设备及措施费	2 台 25t 吊机做钢箱竖向拼装;2 台 100t 吊机做钢箱拱肋竖转合龙成拱,14 万元	60m 跨缆索吊装系统,最大吊重 17t,2×3 =6 片拱肋吊装成拱。40 万元	混凝土拱竖向立模现浇制作;2 台 300t 吊机做混凝土拱肋竖转合龙成拱。30 万元

续上表

项　　目	钢箱—混凝土组合拱桥（竖转合龙方案）	常规混凝土肋拱桥（缆索吊装方案）	常规混凝土肋拱桥（竖转合龙方案）
主拱肋现场施工时间（不计拱肋节段预制）	钢箱拱肋竖向拼装7d，转体合龙1d，现浇钢箱内混凝土2d，共10d（不含现场钢箱制作）	吊装系统安装时间15d，拱肋节段安装4d，共19d（不含混凝土拱肋预制）	拱肋混凝土施工28d，转体合龙1d，共29d
主拱施工风险期持续时间	1d（不含工厂钢箱制作）	4d（不含混凝土拱肋预制）	1d
施工时间增加产生工地运行费	—	（19－10）×0.3＝2.7万（3 000元/d）	（29－10）×0.3＝5.7万（3 000元/d）
主拱费用合计	35.0万元	51万元	44.4万元

由上表比较可知，与同跨径竖转合龙施工钢筋混凝土肋拱桥相比，钢箱—混凝土组合拱肋的建设成本节省13%，不计拱肋节段预制的拱肋现场施工时间缩短约50%，主拱转体合龙过程高风险持续时间较缆索吊装混凝土拱桥主拱吊装合龙减少70%。

8.2　万盛区藻渡大桥

重庆万盛区藻渡大桥（图8.2-1）采用竖转钢箱—混凝土组合拱桥方案，于2008年9月建成通车，至今使用正常。

8.2.1　桥梁总体情况

依据重庆万盛区交通局出具的《万盛区藻渡大桥勘测设计委托书》，该桥的技术标准如下。

（1）桥跨参数：净跨75m，净矢高12.5m，矢跨比1/6，拱轴系数为1.756。

（2）桥梁宽度：净-9m（行车道）+2×0.35m（防撞护栏）+2×1.15m（人行道）+2×0.25m（人行道栏杆）=12.50m。

图8.2-1　万盛区藻渡大桥

（3）设计荷载：汽车荷载为公路-Ⅰ级，人群荷载为3.5kN/m^2。

（4）桥位地质情况：藻渡大桥桥位区两岸属丘陵区构造剥蚀地貌，地形起伏较大，地面高程在333.23～367.91m，相对高差34.68m，万盛岸为顺河流延伸的砂岩陡崖，陡崖长度约50m，高程约13.60m。倾角90°，綦江岸为陡斜坡，坡面上覆盖填筑土，斜坡高度26.30m，平均角约43°。

（5）万盛区藻渡大桥立面图，如图8.2-2所示。

8.2.2　设计概要

该桥主拱结构的拱脚区段为矩形截面钢箱拱肋内满填混凝土；跨中区段在钢箱拱肋顶面浇筑混凝土；拱脚区段与跨中区段之间设过渡区段，钢箱拱肋内由满填混凝土逐渐变化为空箱，钢箱顶部混凝土的宽度与钢箱同宽；除拱脚区段外的钢箱底板和腹板的加劲肋板设于钢箱内侧，钢箱顶板的加劲肋板设于钢箱顶面上，该加劲肋板为开孔加劲钢板，以便后浇顶部混凝土内的钢筋穿过开孔加劲肋板成为混凝土与钢箱顶板联结的PBH剪力键；钢箱拱肋内设置钢横隔板；在立柱下方的拱肋处设置钢筋混凝土横系梁；立柱下方的拱肋局部钢箱内满填混凝土,以便混凝土横系梁的钢筋伸入钢箱混凝土内锚固,同时作为钢箱的劲性横隔板。

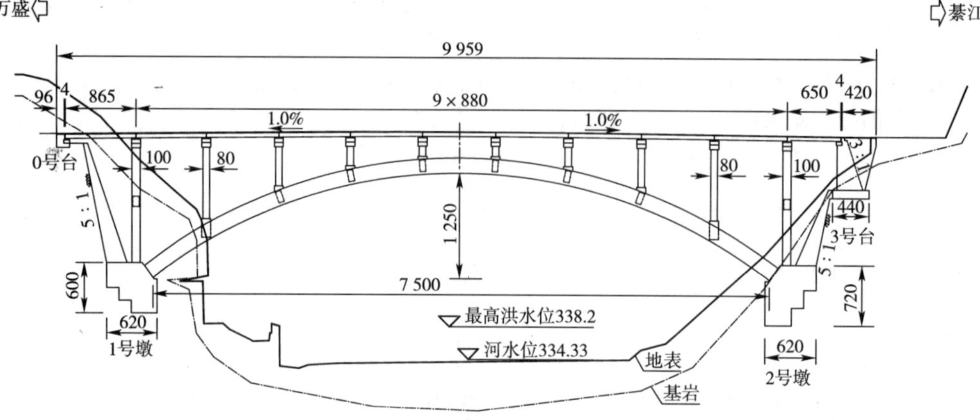

图 8.2-2 万盛区藻渡大桥立面图(尺寸单位:cm,高程单位:m)

1)拱脚转动铰(图 8.2-3)

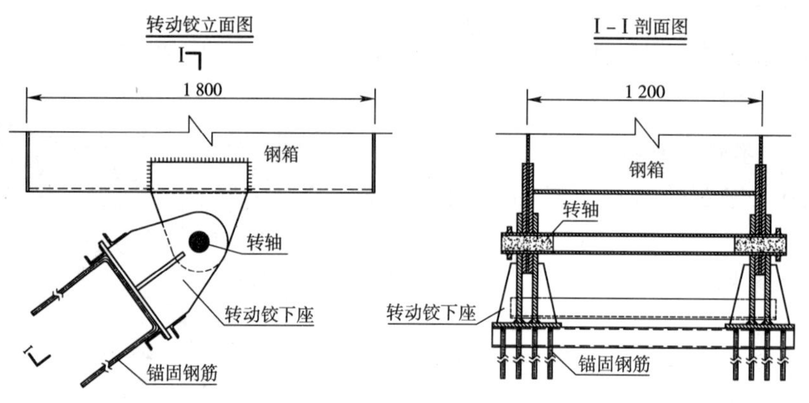

图 8.2-3 拱脚转动铰构造(尺寸单位:mm)

2)主拱圈构造

图 8.2-4 为主拱肋的 1/2 构造图。拱脚附近箱高 180cm,其他区段均为 140cm,箱宽 120cm;拱脚附近沿箱下缘 1 377cm 区段箱内填充混凝土,其他区段仅在上缘浇筑混凝土,且钢与混凝土通过 PBH 剪力键联结;在箱内填充混凝土与箱顶浇筑混凝土交接的 267cm 范围内设过渡区段,钢箱在 34cm 范围内由 180cm 过渡到 140cm,箱内混凝土由中心向四周逐渐减少。

半拱肋的钢箱分成四段(图 8.2-4),按立柱吊装焊接而成。为了方便拱肋吊装对接,采用了阴阳接头的构造。

3)拱肋合龙构造

为了降低工程的风险期,要求主拱圈竖转到位后能够迅速合龙,课题组研究决定采用阴阳接头的合龙方式(图 8.2-5)。即将一侧钢箱的 N5、N7、N8 及 N15 加劲肋伸出端部 100mm,并将其端面做成圆弧形,称之为阳接头;另一侧钢箱的相应加劲肋缩短至距端部

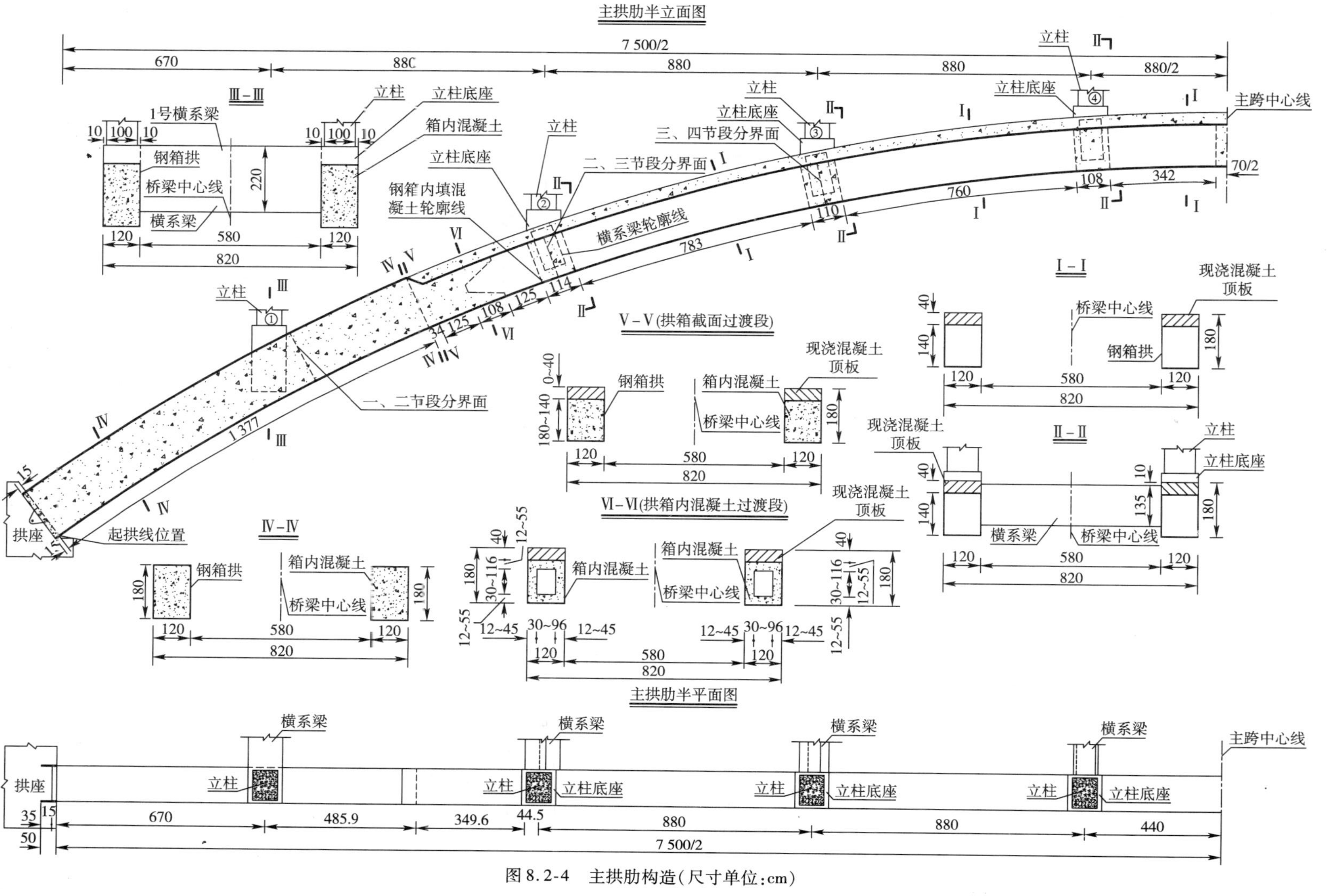

图8.2-4 主拱肋构造(尺寸单位:cm)

105mm,称之为阴接头。在钢箱的顶板与底板焊接带孔钢板 N14。待拱肋由上而下竖转接近设计高程时,阴接头在阳接头的引导下合龙,接着用两块连接钢板夹在 N14 的两侧通过螺栓将拱肋固结在一起,最后再将两侧钢箱对接焊接。

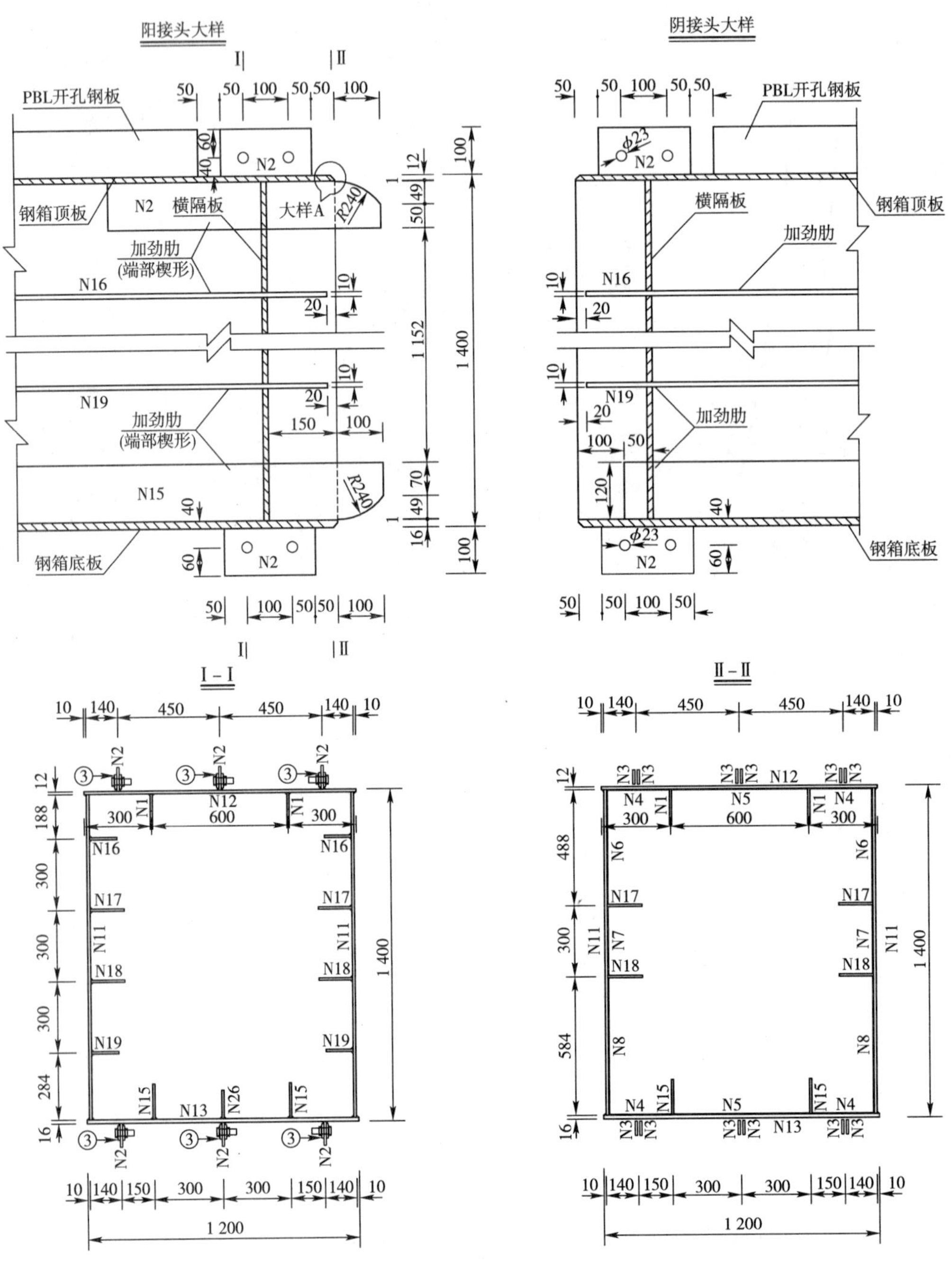

图 8.2-5 钢箱合龙构造(尺寸单位:mm)

综上所述，该合龙构造施工方便，操作简单，能够迅速完成合龙，降低工程风险。

表 8.2-1 为钢箱拱肋在完成主拱混凝土顶板浇筑后主要截面的应力计算值。

在完成主拱混凝土顶板浇筑后钢箱拱肋主要截面的应力计算值（单位：MPa）　表 8.2-1

拱脚		L/4		L/2	
上缘	下缘	上缘	下缘	上缘	下缘
-15.8	44.9	37.8	15.3	18.1	30.8

注：1. 钢箱拱肋的应力为钢板的应力。

2. 应力以拉为负，压为正。

根据《公路桥涵钢结构及木结构设计规范》（JTJ 025—1986）1.2.5 条，Q345 钢的容许应力[σ]=210MPa；根据《公路钢筋混凝土及预应力混凝土桥涵设计规范》（JTG D62—2004）6.3.1 条和 7.1.5 条，C55 混凝土不开裂的允许拉应力为 $0.5f_{tk}$ 和受压区混凝土的最大压应力限值 $0.5f_{ck}$ 分别是 1.928 6MPa 和 17.75MPa。表 8.2-2 中钢材最大应力值是 184MPa，混凝土的最大拉应力和压应力分别是 1.89MPa 和 14.2MPa，均满足规范规定的应力限值（本桥主拱混凝土均采用纤维混凝土，实际抗拉强度明显大于规范值）。

主拱结构主要截面在不利组合下的应力计算值（单位：MPa）　表 8.2-2

组合	位置	拱脚				L/4				L/2			
		上缘		下缘		上缘		下缘		上缘		下缘	
		最大	最小	最大	最小	最大	最小	最大	最小	最大	最小	最大	最小
1	钢箱	27.8	-17.9	135	70.7	132	94.7	142	81.8	129	86.3	113	65
	混凝土顶板					5.39	-0.32	5.02	-0.36	7.38	1.22	6.15	0.91
2	钢箱	57.9	-45.9	164	43.7	138	93.5	163	65.9	136	84.6	138	
	混凝土顶板					7.05	-1.11	5.97	0.18	9.83	-0.10	7.32	
3	钢箱	72.6	-60.7	181	31.3	144	93.5	184	49	144	84.6	147	
	混凝土顶板					8.92	-1.89	6.85	0.18	14.2	-0.65	8.41	

注：1. 应力以拉为负，压为正。

2. 表中应力组合 1 为按《公路桥涵设计通用规范》（JTG D60—2004）4.1.7 条长期效应组合。

3. 表中应力组合 2 为按《公路桥涵设计通用规范》（JTG D60—2004）4.1.7 条短期效应组合。

4. 表中应力组合 3 为标准组合，参与组合的荷载类型为《公路桥涵设计通用规范》（JTG D60—2004）4.1.7 条中短期效应组合中规定的所有荷载类型，但荷载分项系数均为 1.0。

8.2.3　施工方法

1）竖转施工工艺（图 8.2-6～图 8.2-9）

（1）竖转准备工作。在藻渡桥竖向拼装工作全部完成后，要通过超声波探伤检查每条拱肋节段的焊接情况，保证全部合格。并且使两岸拱肋在竖立状态下依靠四周浪风索牵引处于稳定可调状态。建立竖转使用的地锚、支墩和观测系统。相应的人员、设备和材料分工到位。

图 8.2-6　万盛藻渡大桥第一阶段钢箱吊装

图 8.2-7　竖转双肋合龙现场施工方式

图 8.2-8　藻度大桥施工环境

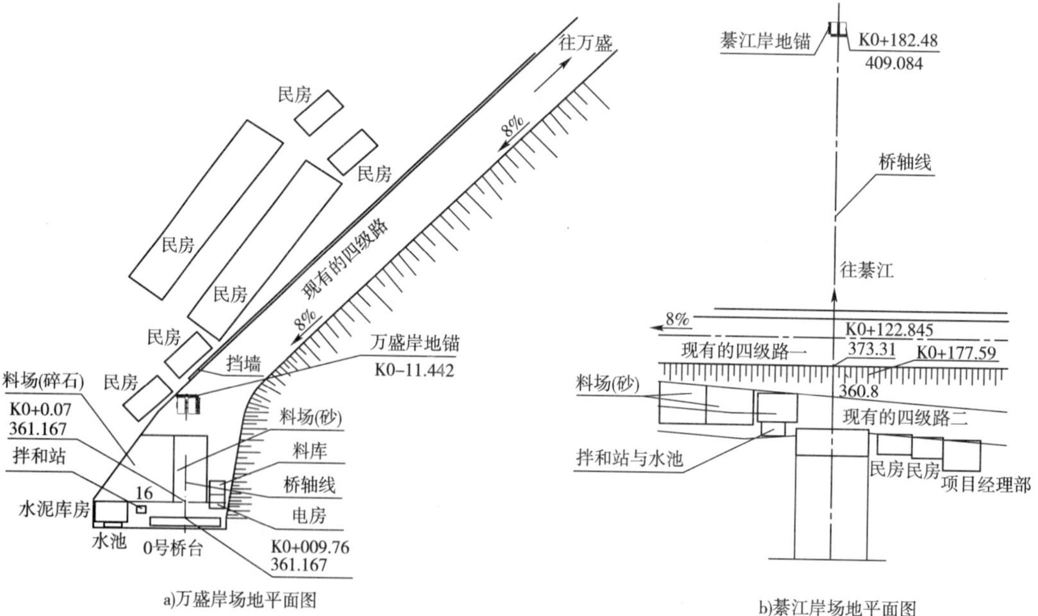

图 8.2-9　藻渡大桥两岸地形平面图

(2)竖转体系的组成(图8.2-10)。竖转体系主要由扣挂锚固体系和变形观测系统组成。

扣挂锚固体系包括千斤顶、扣索、扣索地锚、钢横梁、锚具、扣索转向支墩、卡环、钢丝绳千斤头等。

变形观测系统由预设测量点、预埋测量标杆、平面测量控制点和水准点等组成。并采用浪风索体系辅助调整桥梁变形。

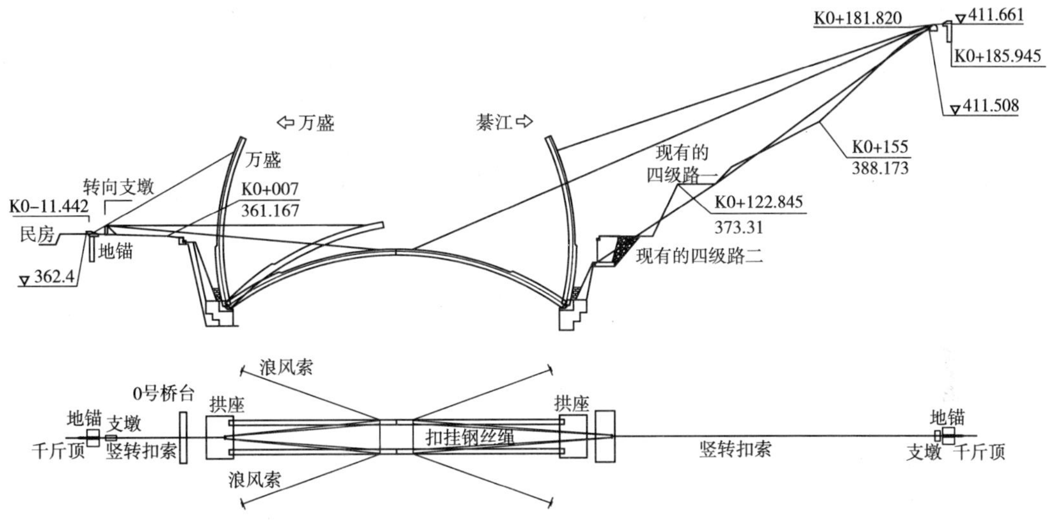

图8.2-10 竖转施工体系总体布置图(高程单位:m)

(3)竖转控制。本桥箱拱肋结构较轻,竖转口挂索力相对较小,竖转工艺是将两拱肋采用并联方式同步竖转。竖转前,两拱肋之间设置有足够的横向联系,保证竖转过程中两肋间距不产生太大的扭转或整体偏移。拱肋两侧预先挂设好侧向浪风索,并保持松弛状态,每竖转肋挂2~4根,距跨中2.5m。侧向控制钢丝绳选用10×37ϕ19.5mm钢丝绳。浪风索捆绑在扣点附近,与5t手拉葫芦锚固在岸上作临时浪风地锚,用来调整箱拱的平面姿态,拱肋浪风索布置示意图见图8.2-11。

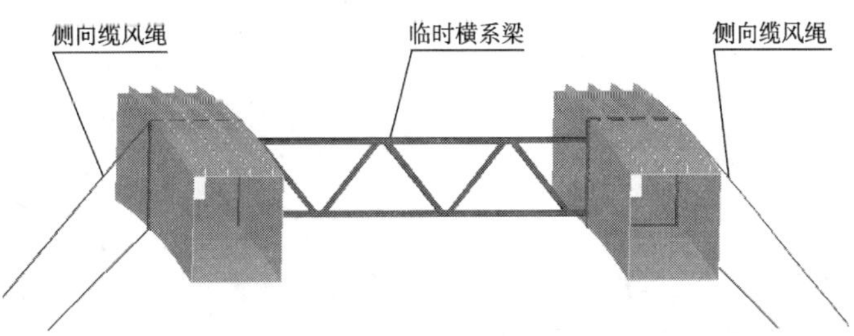

图8.2-11 拱肋浪风索布置示意图

在竖转过程中,浪风索基本上处于松弛状态,当进入合龙阶段观测到拱肋发生较为明显的变形和偏位时,可通过收紧浪风索调整箱拱线形。

藻渡桥竖转施工三阶段示意图见图8.2-12。

为保证钢丝绳受力一致,钢绞线前扣点钢横梁设两个500kN卡环。为安全起见,在吊耳位置额外增加的两根短钢丝绳,在扣索初张拉收紧钢丝绳后用绳夹将其与载重钢丝绳夹紧。钢丝绳走线方式见图8.2-13~图8.2-15。

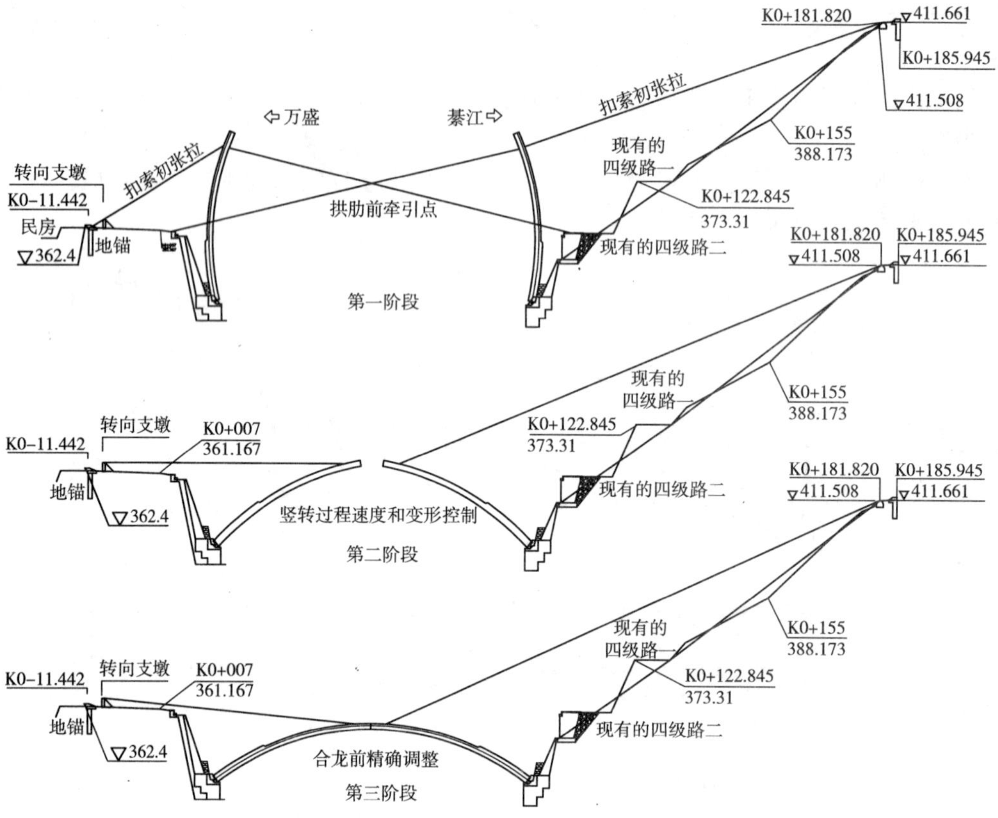

⇦万盛 綦江⇨

扣索初张拉

转向支墩

K0-11.442

民房

地锚

▽362.4

拱肋前牵引点

现有的四级路一

现有的四级路二

K0+181.820 ▽411.661

K0+185.945

▽411.508

K0+155 388.173

K0+122.845 373.31

第一阶段

K0+007 361.167

竖转过程速度和变形控制

第二阶段

合龙前精确调整

第三阶段

图 8.2-12　藻渡桥竖转施工三阶段示意图(高程单位:m)

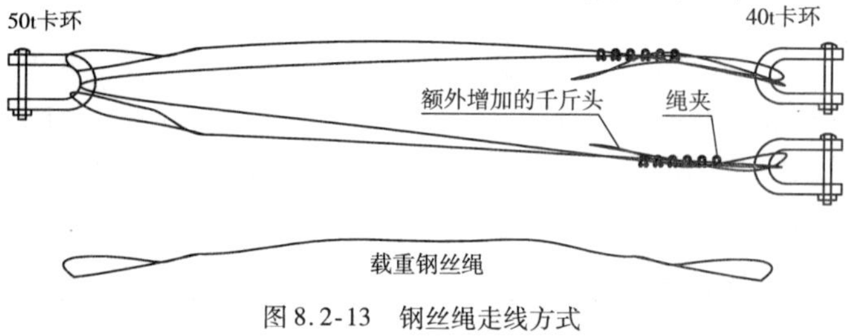

50t卡环

40t卡环

额外增加的千斤头

绳夹

载重钢丝绳

图 8.2-13　钢丝绳走线方式

图 8.2-14　施工现场竖转扣索和钢丝绳布置图

图 8.2-15　施工现场扣环布置图

2)主要施工步骤

重庆万盛区藻渡大桥主要施工步骤见图 8.2-16。

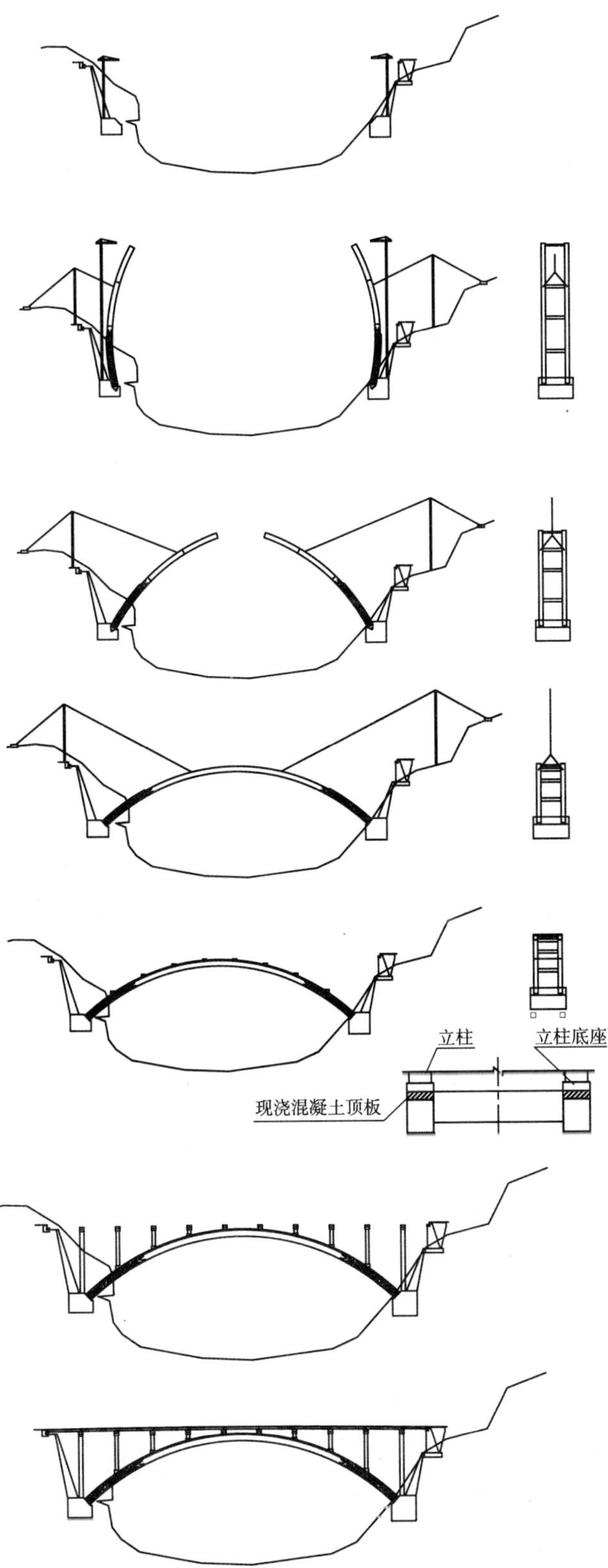

ST=1（ST表示施工阶段，以下同）

1.浇筑两岸拱台混凝土，注意设置拱座预埋钢筋；施工桥台及拱台防护工程和两岸桥台。

2.安装并固定转动轴的定位架，安装转动铰并精确定位，转动轴的轴线定位误差立面双向均应控制在±1mm内。

3.绑扎拱座普通钢筋，并注意预埋钢筋。

4.浇筑拱座混凝土。

ST=2

1.竖向安装拱脚段钢箱拱肋，下端与拱座铰连接后，再作临时固结处理，临时固结时应采取措施以保证该区域既达到固结效果，又方便后期撤除。安装钢箱拱肋间临时钢横向联系。

2.按设计要求浇筑拱脚区段箱内混凝土。

3.沿竖向逐段拼装钢箱拱肋的其余上部节段，并同步完成相应临时钢横向联系的安装（或混凝土横系梁的施工），形成直立的半跨钢箱拱排架。

4.作好竖转前的准备工作。

ST=3

1.本图竖转体系仅为示意，施工单位应对此做出详细的施工组织设计，经专家评审再行实施（宜采用双扣索）。

2.竖转前要逐一检查竖转系统各个设施，以确何转动过程的安全顺利。

3.拆除拱脚临时固结，使之变为铰接，通过放张千斤顶或其他方式控制放松速度，使两岸半钢箱拱排架缓慢转体于跨中合龙。

ST=4

1.在合龙时，通过使阳接头伸入阴接头内，缓慢放松扣索，让阴接头在阳接头的引导下实现精确合龙就位，通过螺栓连接实施跨中的临时连接，在确保质量条件下迅速焊接跨中钢箱接缝。

2 .待钢箱拱焊接合龙固结后，对称缓慢放松扣索。

ST=5

1.在15℃±3℃条件下，用C40纤维混凝土完成拱脚的封铰施工。

2.浇筑跨中区段钢箱顶混凝土，横系梁混凝土、横系梁处钢箱拱肋内混凝土和立柱基座混凝土。

3.浇筑横系梁处的钢箱拱肋内的混凝土时应注意预埋钢筋。

ST=6

1.完成交界墩及基盖梁的施工。

2.按设计加载顺序完成拱上立柱和盖梁施工。

3.施工支座垫石及安装支座。

4.准备施工桥面系。

ST=7

1.按设计加载顺序完成桥道板安装，并通过现浇混凝土使桥面板纵横向接整。

2.安装栏杆及防撞护栏。

3.采用C40纤维混凝土（防水）完成桥面铺装。

4.安装桥梁伸缩缝。

图 8.2-16　施工流程图

8.2.4 施工监控概况

1)监控主要内容

根据重庆万盛区藻渡大桥的结构特点和施工特点,施工监控的主要内容如下。

(1)结构复核验算。结构复核验算包括整个结构的复核验算,这是现场施工监控的前期对设计的复核工作。

(2)转动铰的安装位置(图8.2-17)及主拱钢箱拱肋安装过程中的精度监测。转动铰的安装位置准确是保证准确合龙的前提,在安装过程中应主要控制转动铰中心的几何位置;根据主拱钢箱拱肋制作和安装过程中的误差分析与控制研究的结果,控制钢箱拱肋的制作和安装精度。在钢箱拱肋节段的安装过程中,节段的准确定位是保证准确、快速合龙的前提。在安装过程中,应测量钢箱拱肋节段的几何位置,并通过吊车对索的张拉来调整拱轴线的高程和通过对浪风的张拉来调整拱肋的平面位置,以使其与设计相符合,保证结构准确合龙。

(3)拱肋控制点应力(应变)及变形测试。在每一施工阶段的各主要工况作用前后,测试钢箱拱肋控制截面的应力(应变)和混凝土顶板的应力(应变),并且特别钢箱拱肋合龙前后的应力(应变)变化情况。应力(应变)测试采用预先安装性能稳定的钢弦计应力传感器,并用相应的应力接收仪进行测量。

2)测点设置

为了确保施工控制的顺利实施,施工过程中各项技术参数的准确测定至关重要,它是施工控制的必要初始参数,它为施工计算提供了实测依据,是最终实现施工控制目的的最关键的一步。

图8.2-17 转动铰下座安装

(1)高程、位移测点和钢箱偏移测量。首先在两岸设置独立的永久不动的高程和横向位置观测基点,要求观测基点应通视并能满足钢箱拱在立柱状态下的观测要求,并以此作为整个几何观测系统的基准点。在钢箱拱节段的上端和下端截面的上、下缘设置高程测点和几何位置测点,同一截面设置4个测点,高程测点和几何位置测点由施工单位测量,并由监理确认,在测量中应保证数据准确和相应的精度。

测试工况如下:

①第一节段安装后,节段上端和下端截面上、下缘的几何位置测量(含高程)。

②第二节段安装过程中,节段前端位置截面上、下缘的几何位置测量(含高程)。

③第二节段安装、焊接完成后,节段前端位置截面上、下缘的几何位置测量(含高程)。

④第三阶段安装过程中,节段前端位置截面上、下缘的几何位置测量(含高程)。

⑤第三节段安装、焊接完成后,节段前端位置截面上、下缘的几何位置测量(含高程)。

⑥第四阶段安装过程中,节段前端位置截面上、下缘的几何位置测量(含高程)。

⑦第四节段安装、焊接完成后,节段前端位置截面上、下缘的几何位置测量(含高程)。

⑧钢箱拱肋合龙后,测量钢箱拱肋跨中的高程。

(2)拱肋应力应变测点和传感器数量统计。在綦江岸和万盛岸的每片钢箱拱肋的拱脚(距拱脚端面 1.2m)、钢箱—混凝土变截面处上下两个截面(距截面变化处 1.2m 左右)、$L/4$、$3L/8$、$L/2$ 分别设置应力(应变)测点(在一岸布置)。传感器布置见图 8.2-18 ~ 图 8.2-20(图中数字表示表面式传感器,字母表示埋入式传感器)。

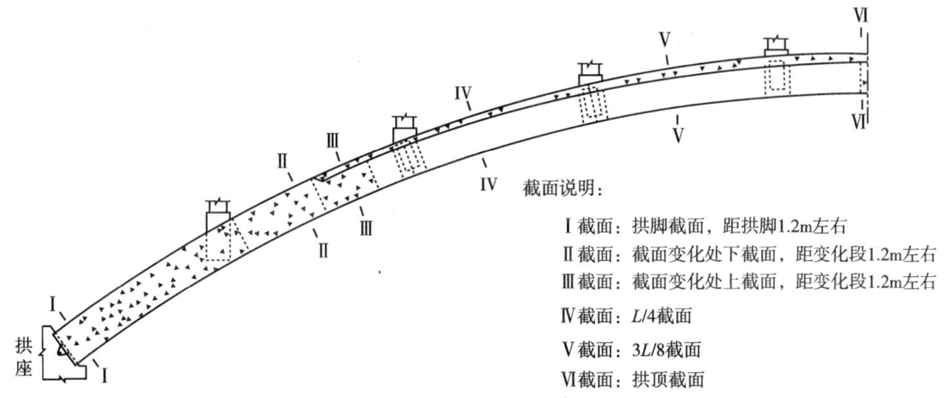

图 8.2-18 应变测点立面布置图

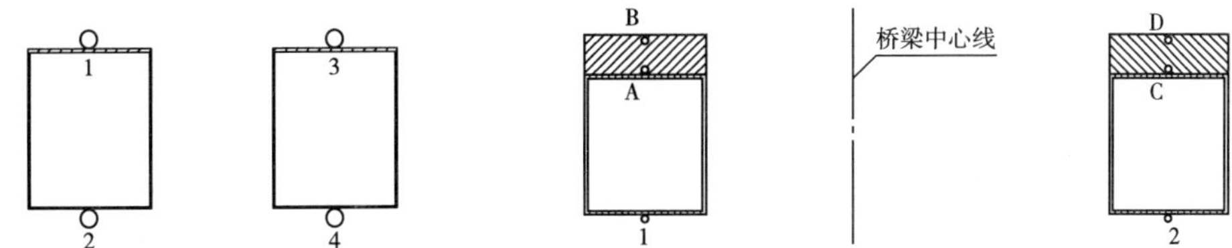

图 8.2-19 应变测点断面布置图(Ⅰ-Ⅰ断面和Ⅱ-Ⅱ断面)

图 8.2-20 应变测点断面布置图(Ⅲ-Ⅲ,Ⅳ-Ⅳ,Ⅴ-Ⅴ,Ⅵ-Ⅵ断面)

8.2.5 全桥荷载试验

1)静载试验

(1)试验内容:

①测试截面。本次试验在试验桥跨设置的挠度、应变测试截面,如图 8.2 21 所示。

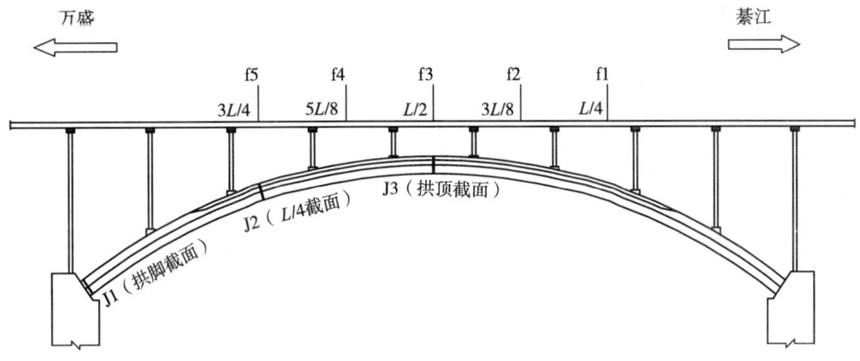

图 8.2-21 万盛区藻渡大桥荷载试验测试截面位置示意图

②试验项目:

a. J1 ~ J3 截面在相应加载工况下的应力(应变)测试。

b. f1 ~ f5 截面在相应加载工况下的挠度测试。

c. J1 ~ J3 截面在相应工况下的裂缝观测。

(2)试验荷载:本次试验的控制荷载为公路 - Ⅰ级 + 人群 - 3.5kN/m²。根据计算结果,按荷载等效原则进行布载,并使试验荷载效率满足相关检测规程的要求。试验前,对所有加载车辆均进行过磅称重,根据实际称重结果对车辆进行编号组合,确定各工况车辆的加载位置,以保证试验荷载效率在合理的范围之内。对藻渡大桥共进行 4 个工况的静力加载试验,试验荷载效率见表 8.2-3。试验采用分级加载方式进行,各级荷载大致按总试验荷载的 60%、80%、100%逐级施加。

静载试验加载工况表

表 8.2-3

序号	工况	控制部位		用车量(台)	控制内力(kN·m)	试验内力(kN·m)	荷载效率
1	J1 截面最大正弯矩 J2 截面最大负弯矩 偏上游加载	J1 截面	上游拱肋	6	5 083.0	5 373.0	1.057
		J2 截面		6	-2 003.0	-2 004.9	1.001
2	J1 截面最大负弯矩 J2 截面最大正弯矩 偏上游加载	J1 截面	上游拱肋	6	-6 215.0	-6 609.8	1.064
		J2 截面		6	2 442.0	2 207.8	0.904
3	J3 截面最大正弯矩 偏上游加载	J3 截面	上游拱肋	4	1 993.0	1 904.1	0.955

注:控制内力和试验内力计算均按单拱肋考虑,并计入冲击效应。

(3)测点布置:本次荷载试验对测试桥跨相关截面进行了静力加载试验,其测点布置如下:

①挠度测点布置。在上下游栏杆各布置 5 个挠度测点,测点布置见图 8.2-21。

②应变测点布置。拱脚截面外层均为钢箱,拱肋顶、底板均设置钢筋应变片。

(4)荷载布置:依据设计资料,根据控制截面内力等效的原则,确定各加载工况的加载车辆的加载位置,并使控制梁号的试验荷载效率满足检测规程的要求。各试验工况加载车辆布置见图 8.2-22 ~ 图 8.2-24,图中长度尺寸单位均为 m。

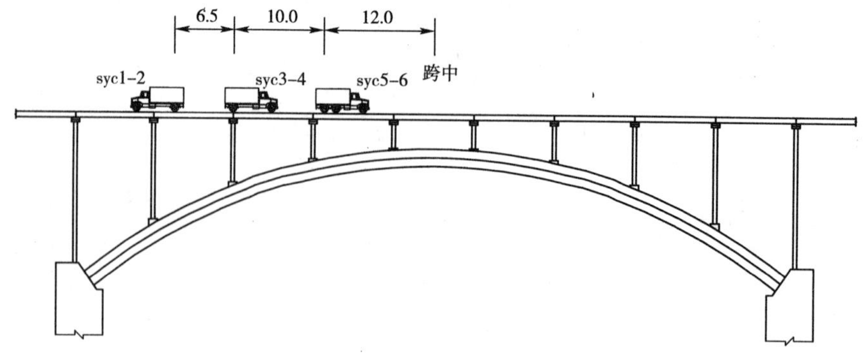

图 8.2-22　J1 弯矩、J2 截面正弯矩试验工况立面布置图

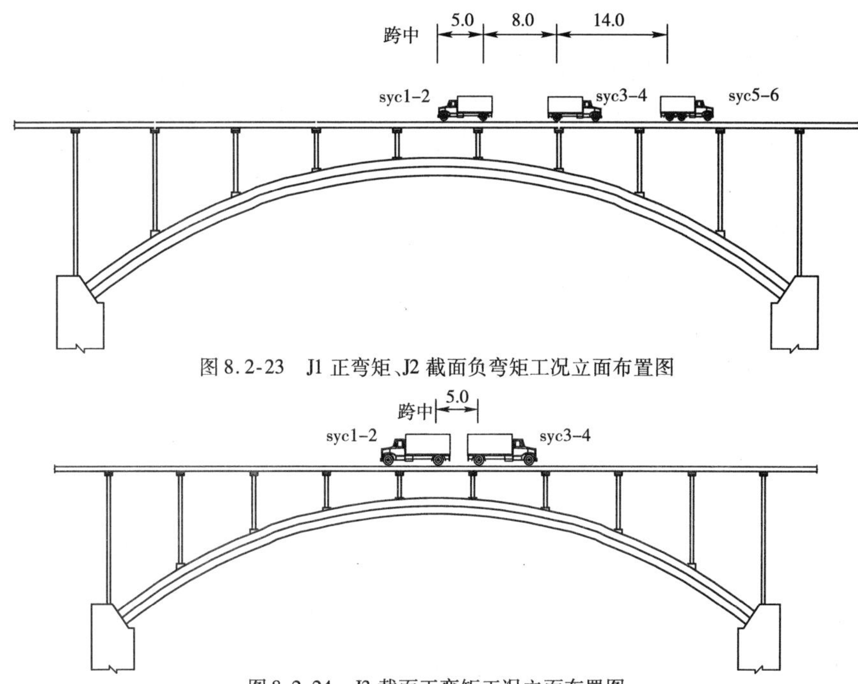

图 8.2-23　J1 正弯矩、J2 截面负弯矩工况立面布置图

图 8.2-24　J3 截面正弯矩工况立面布置图

(5)检测仪器:根据本桥荷载试验的内容和目的,选配符合测试精度及要求的检测系统如下:

①精密电子水准仪:Dini12,分辨率 0.01mm,Dini03,分辨率 0.01mm。

②应变测试仪器:TDS303 静态数据采集仪,分辨率 1$\mu\varepsilon$、SSW-50C 扩展箱。

③裂缝观测仪器:SW－LW－201 裂缝宽度观测仪,分辨率 0.02mm。

(6)检测结果:

①裂缝及焊缝观测结果。试验前,对各测试截面以及附近区域的混凝土表面进行检查观测,未发现可见裂缝;试验过程中,测试截面以及附近区域未出现新增可见裂缝;同时对测试截面及附近位置的焊缝及涂装在试验前和试验后进行细致地观察,均未见异常。

②挠度检测结果。按预定试验方案,对藻渡大桥试验桥跨进行了 4 个工况的加载试验,实测挠度与计算值的比较见表 8.2-4、表 8.2-5。

f1～f5 截面实测挠度与计算值比较(一)　　表 8.2-4

工况 \ 项目名称	测点部位		弹性变形 f_e(mm)	残余变形 f_P(mm)	计算值 f_s(mm)	校验系数 η (f_e/f_s)	相对残余变形(f_P/f_t)
J1 截面 M_{max}^+ J2 截面 M_{min}^- 偏上游加载	上游侧	f1	3.73	0.30	27.01	—	7.4
		f2	1.51	0.19	17.58	—	11.2
		f3	－4.09	－0.10	－21.40	0.191	2.4
		f4	－7.89	－0.36	－29.38	0.269	4.4
	下游侧	f1	3.47	0.37	10.50	0.330	9.6
		f2	2.1	0.32	6.84	0.307	13.2
		f4	－5.19	－0.24	－11.43	0.454	4.4
		f5	－4.49	－0.32	－15.88	0.283	6.7

续上表

工况 \ 项目名称	测点部位		弹性变形 f_e(mm)	残余变形 f_P(mm)	计算值 f_s(mm)	校验系数 η (f_e/f_s)	相对残余变形(f_P/f_t)
J1 截面 M_{min}^- J2 截面 M_{max}^+ 偏上游加载	上游侧	f1	-8.23	-0.45	-18.88	0.436	5.2
		f2	-7.37	-0.41	-15.97	0.461	5.3
		f3	-1.27	-0.03	-1.65	0.770	2.3
		f4	3.62	0.14	11.08	0.327	3.7
		f5	4.38	0.19	13.38	0.327	4.2
J1 截面 M_{min}^- J2 截面 M_{max}^+ 偏下游加载	下游侧	f1	-6.49	-0.45	-7.34	0.884	6.5
		f2	-5.25	-0.50	-6.21	0.845	8.7
		f3	-0.22	-0.18	-0.64	0.344	—
		f4	3.46	-0.02	4.31	0.803	—
		f5	3.77	0.37	5.20	0.725	8.9

注:挠度测点 f1 ~ f5 详细说明,见图 8.2-26;挠度向下为负,实测挠度为试验荷载作用下的增量。

f1 ~ f5 截面实测挠度与计算值比较(二) 表 8.2-5

工况 \ 项目名称	测点部位		弹性变形 f_e(mm)	残余变形 f_P(mm)	计算值 f_s(mm)	校验系数 η (f_e/f_s)	相对残余变形(f_P/f_t)
J3 截面 M_{max}^+ 横向对称加载	上游侧	f1	1.19	-0.37	2.75	0.433	—
		f2	-2.09	-0.61	-3.28	0.637	—
		f3	-5.74	-0.93	-9.76	0.588	13.9
		f4	-4.53	-0.78	-8.05	0.563	14.7
		f5	-0.60	-0.58	-1.60	0.375	—
	下游侧	f1	1.24	0.07	2.75	0.451	5.3
		f2	-2.09	0.03	-3.28	0.637	—
		f3	-5.54	-0.18	-9.76	0.568	3.1
		f4	-4.38	0.00	-8.05	0.544	0.0
		f5	-0.54	0.02	-1.60	0.338	—
J3 截面 M_{max}^+ 偏上游加载	上游侧	f1	0.90	-0.31	3.96	0.227	—
		f2	-2.90	-0.51	-4.72	0.614	15.0
		f3	-7.34	-0.62	-14.06	0.522	7.8
		f4	-5.62	-0.53	-11.59	0.485	8.6
		f5	-0.97	-0.31	-2.30	0.422	—
	下游侧	f1	1.40	-0.01	1.54	0.909	—
		f2	-1.41	-0.07	-1.83	0.770	4.7
		f3	-4.14	-0.05	-5.47	0.757	1.2
		f4	-3.21	-0.07	-4.51	0.712	2.1
		f5	-0.06	0.13	-0.89	—	—

注:挠度测点 f1 ~ f5 详细说明,见图 8.2-26;挠度向下为负,实测挠度为试验荷载作用下的增量。

③应变检测结果。实测应力与计算值的比较见表 8.2-6 ~ 表 8.2-8。

静载试验应变测试结果及分析表(一)　　表 8.2-6

工况及测点部位 \ 项目			弹性应变(με)	残余应变(με)	计算应变(με)	校验系数 η	相对残余
J1 截面 M_{max}^{+} 偏上游加载	上游拱肋底板钢箱	测点 090	47	2	177	0.266	4.1
		测点 091	52	2	177	0.294	3.7
	下游拱肋底板钢箱	测点 092	56	1	69	0.812	1.8
		测点 093	57	1	69	0.826	1.7
	上游拱肋顶板钢箱	测点 094	-60	3	-210	0.286	—
		测点 095	-56	2	-210	0.267	—
	下游拱肋顶板钢箱	测点 096	-45	1	-82	0.549	—
		测点 097	-48	1	-82	0.585	—

静载试验应变测试结果及分析表(二)　　表 8.2-7

工况及测点部位 \ 项目			弹性应变(με)	残余应变(με)	计算应变(με)	校验系数 η	相对残余
J1 截面 M_{min}^{-} 偏上游加载	上游拱肋底板钢箱	测点 090	-89	-11	-259	0.344	11.0
		测点 091	-106	-9	-259	0.409	7.8
	下游拱肋底板钢箱	测点 092	-84	-10	-101	0.832	10.6
		测点 093	-95	-6	-101	0.941	5.9
	上游拱肋顶板钢箱	测点 094	77	0	217	0.355	0.0
		测点 095	67	0	217	0.309	0.0
	下游拱肋顶板钢箱	测点 096	61	-1	84	0.726	—
		测点 097	55	-5	84	0.655	—
J2 截面 M_{max}^{+} 偏上游加载	上游拱肋底板钢箱	测点 052	34	0	186	0.183	0.0
		测点 053	34	-1	186	0.183	—
	下游拱肋底板钢箱	测点 054	40	-3	72	0.556	—
		测点 055	39	-2	72	0.542	—
		测点 056	49	-3	72	0.681	—
		测点 057	48	-2	72	0.667	—
	上游拱肋顶板混凝土	测点 040	-61	-6	-161	0.379	9.0
		测点 041	-63	-7	-161	0.391	10.0
		测点 042	-46	-3	-161	0.286	6.1
	下游拱肋顶板钢箱	测点 043	-35	-2	-63	0.556	5.4
		测点 044	-37	-3	-63	0.587	7.5
		测点 045	-33	-2	-63	0.524	5.7
		测点 046	-31	-4	-63	0.492	11.4

续上表

工况及测点部位		项目	弹性应变（με）	残余应变（με）	计算应变（με）	校验系数 η	相对残余
J2 截面 M_{min}^{-} 偏上游加载	上游拱肋底板钢箱	测点 052	-86	1	-252	0.341	—
		测点 053	-84	0	-252	0.333	0.0
	下游拱肋底板钢箱	测点 054	-54	-1	-98	0.551	1.8
		测点 055	-53	-2	-98	0.541	3.6
		测点 056	-61	-1	-98	0.622	1.6
		测点 057	-60	-2	-98	0.612	3.2
	上游拱肋顶板混凝土	测点 040	2	2	62	—	—
		测点 041	1	4	62	—	—
		测点 042	1	3	62	—	—
	下游拱肋顶板混凝土	测点 043	9	0	24	0.375	0.0
		测点 044	9	0	24	0.375	0.0
		测点 045	9	0	24	0.375	0.0
		测点 046	9	0	24	0.375	0.0

静载试验应变测试结果及分析表(三) 表 8.2-8

工况及测点部位		项目	弹性应变（με）	残余应变（με）	计算应变（με）	校验系数 η	相对残余
J3 截面 M_{max}^{+} 横向对称加载	上游拱肋底板钢箱	测点 040	33	8	101	0.327	19.5
		测点 041	33	9	101	0.327	—
		测点 042	33	9	101	0.327	—
	下游拱肋底板钢箱	测点 044	28	5	101	0.277	15.2
		测点 046	28	5	101	0.277	15.2
		测点 047	27	9	101	0.267	—
	上游拱肋顶板混凝土	测点 000	-37	13	-106	0.349	—
		测点 001	-43	13	-106	0.406	—
	下游拱肋顶板混凝土	测点 002	-37	8	-106	0.349	—
		测点 003	-35	9	-106	0.330	—
		测点 004	-35	9	-106	0.330	—
		测点 005	-40	9	-106	0.377	—

续上表

工况及测点部位 \ 项目			弹性应变（με）	残余应变（με）	计算应变（με）	校验系数 η	相对残余
J3 截面 M_{max}^{+} 偏上游加载	上游拱肋底板钢箱	测点 040	30	-1	146	0.205	—
		测点 041	30	-1	146	0.205	—
		测点 042	32	0	146	0.219	0.0
	下游拱肋底板钢箱	测点 044	29	0	57	0.509	0.0
		测点 046	30	0	57	0.526	0.0
		测点 047	30	0	57	0.526	0.0
	上游拱肋顶板混凝土	测点 000	-46	-2	-153	0.301	4.2
		测点 001	-51	-1	-153	0.333	1.9
	下游拱肋顶板混凝土	测点 002	-29	0	-60	0.483	0.0
		测点 003	-29	0	-60	0.483	0.0
		测点 004	-29	0	-60	0.483	0.0
		测点 005	-30	0	-60	0.500	0.0

注：应变受拉为正，压为负，实测应变为试验荷载作用下的增量，拱肋顶板混凝土（C55）弹性模量 $E_c=3.55\times10^4$ MPa，拱肋钢箱弹性模量 $E_s=2.0\times10^5$ MPa。

④其他观测结果。大桥栏杆外观质量较差，拱肋顶板混凝土局部存在蜂窝，两岸桥台排水设施未完善。

2）动载试验

为了综合评价藻渡大桥结构安全性及承载能力，对该桥动力特性及动力响应参数进行了有目的的动态试验，本次动态试验包括跑车、跳车和刹车试验。

（1）检测内容：

①该桥动力特性检测，包括固有频率、阻尼比。

②该桥动力响应检测，包括振幅（动应变、振动加速度）、冲击效应。

（2）测点布置：动力试验测点布置在拱顶截面及 $L/4$ 截面（万盛岸），有关说明见表8.2-9。

动力试验测点布置　　表 8.2-9

动应变	拱顶截面	上游拱肋拱腹 H1、下游拱肋拱腹 H2
	$L/4$ 截面	上游拱肋拱腹 H3、下游拱肋拱腹 H4
拾振器	拱顶截面	上游拱肋拱背
	$L/4$ 截面	上游拱肋拱背

（3）试验工况：本次动态试验工况包括脉动试验、跳车试验、刹车试验及跑车试验，具体工况说明见表 8.2-10。

动力试验测点布置 表 8.2-10

工况编号	工况内容	备注
DZ - A1	5km/h 跑车试验	SYC - 1 车,綦江岸—万盛岸
DZ - A2	10km/h 跑车试验	SYC - 1 车,万盛岸—綦江岸
DZ - A3	15km/h 跑车试验	SYC - 1 车,綦江岸—万盛岸
DZ - B	15km/h 拱顶刹车试验	SYC - 1 车,綦江岸—万盛岸
DZ - C1	跳车试验	*L*/4 截面跳车(SYC - 1)
DZ - C2	跳车试验	拱顶截面跳车(SYC - 1)
DZ - D	脉动试验	—

(4)动测参数测试:

①跳车试验(图 8.2-25)。在拱顶截面及 *L*/4 截面(万盛岸)处采用跳车试验使桥梁产生按指数规律衰减的自振信号。试验中,采用高灵敏度拾振器拾取结构振动信号并由微机采集和记录,通过分析计算即可得到结构的固有频率和阻尼比。时域分析采用数字带通滤波分离各阶频率信号;频域分析采用细化算法以提高频率的定位精度。图 8.2-26 跳车一、二、三阶信号的 FFT 分析结果,图 8.2-27 跳车一阶信号时域分析结果,图 8.2-28 为对跳车自振信号的二阶时域信号分析结果,图 8.2-29 为对跳车自振信号的三阶时域信号分析结果。图 8.2-30 为拱顶截面跳车实测自振信号采集结果。表 8.2-11 为结构竖直方向动力特性检测结果汇总。

动力特性检测结果汇总 表 8.2-11

检测内容 \ 项目		时域法	FFT 分析	平均值
一阶竖向	频率(Hz)	2.632	2.686	2.659
	阻尼比	0.028	—	0.028
二阶竖向	频率(Hz)	3.704	3.760	3.732
	阻尼比	0.024	—	0.024
三阶竖向	频率(Hz)	4.444	4.395	4.420
	阻尼比	0.025	—	0.025

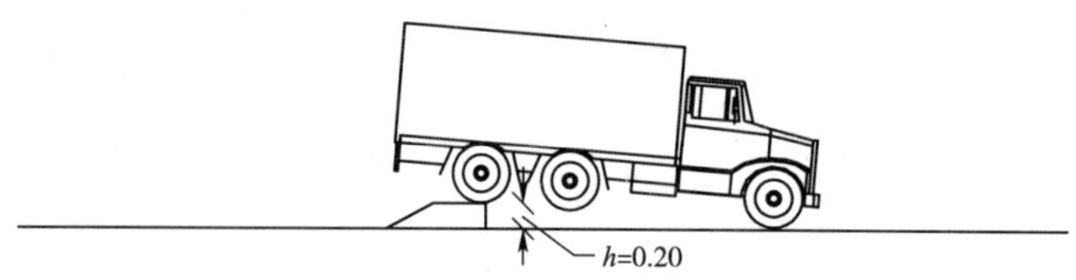

图 8.2-25 跳车试验示意图(尺寸单位:m)

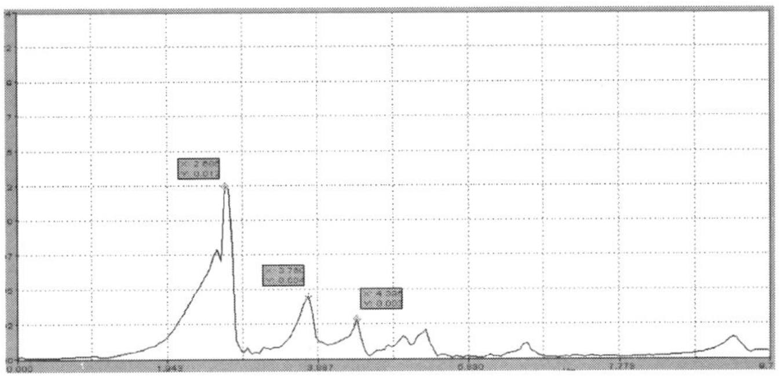

图 8.2-26　拱顶截面跳车信号的一、二、三阶 FFT 分析结果（$L/4$ 拾振器）

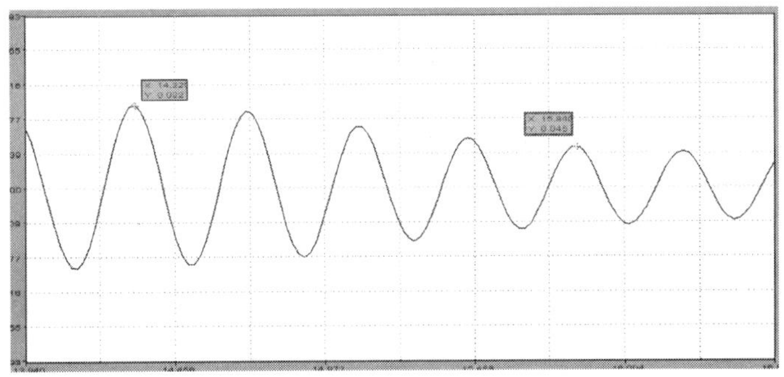

图 8.2-27　拱顶跳车自振信号的一阶时域分析结果（$L/4$ 拾振器）

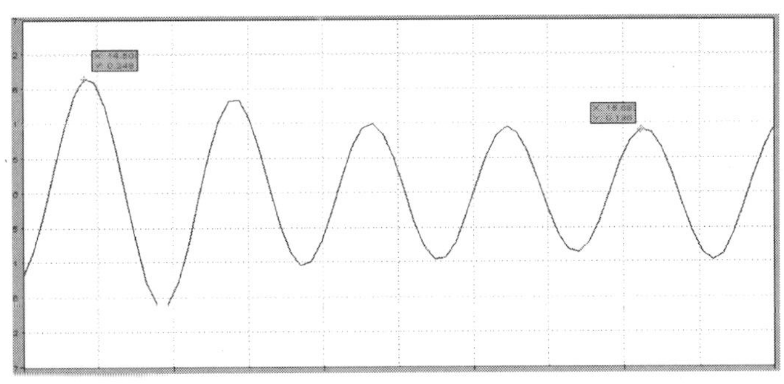

图 8.2-28　拱顶跳车自振信号中的二阶时域分析结果（拱顶拾振器）

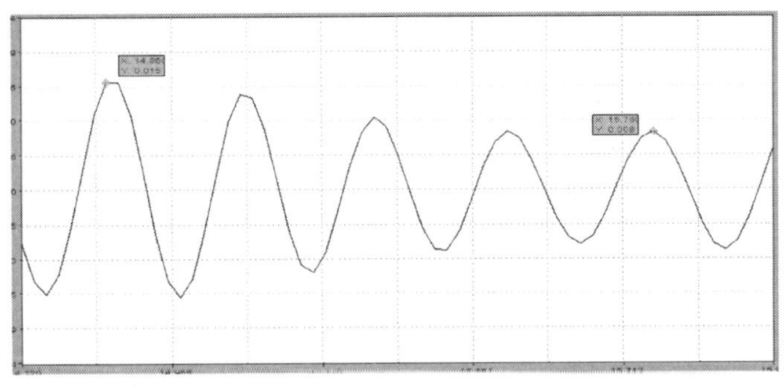

图 8.2-29　拱顶跳车自振信号中的三阶时域分析结果（$L/4$ 拾振器）

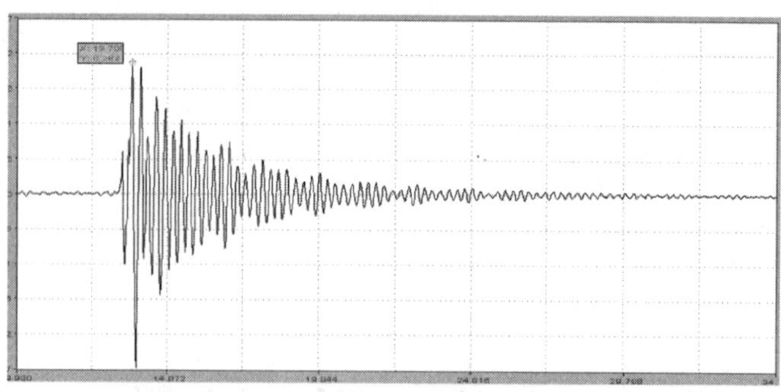

图 8.2-30　拱顶截面跳车实测自振信号(拱顶截面加速度)

②匀速跑车试验。本次跑车试验采用单辆重车居中匀速通过桥梁,由于该桥两岸桥头处弯道较急,故本次跑车试验最高跑车速度为 15km/h,具体跑车工况的跑车速度分别为 5km/h、10km/h、15km/h,详细工况见表 8.2-3,动力响应检测结果见表 8.2-12,测试信号见图 8.2-31 ~ 图 8.2-34。

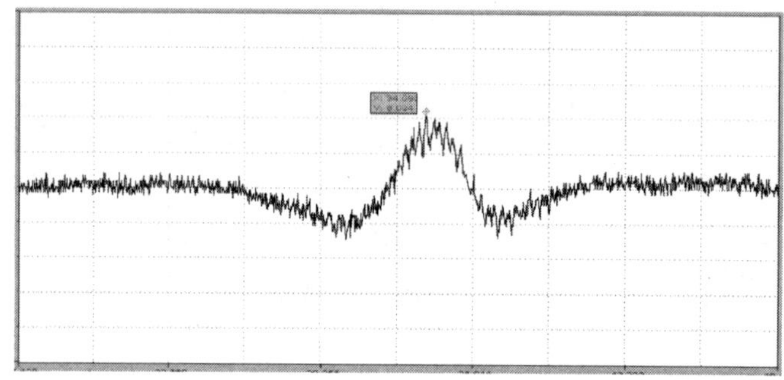

图 8.2-31　15km/h 跑车实测动应变(拱顶截面)

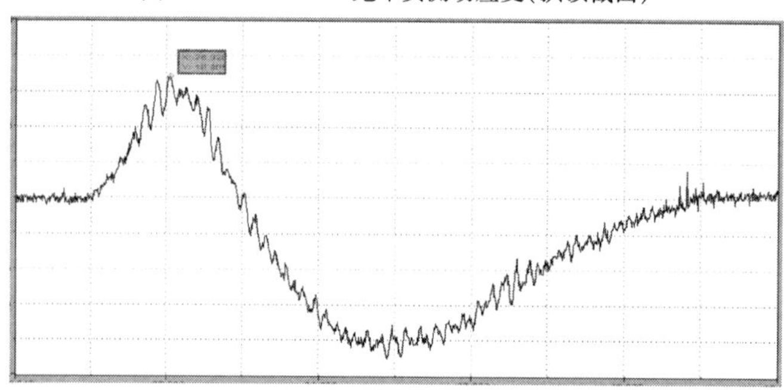

图 8.2-32　10km/h 跑车实测动应变信号($L/4$ 动应变)(方向:万盛—綦江)

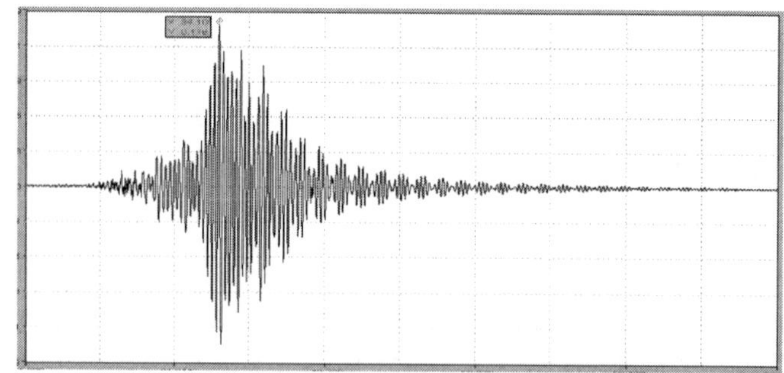

图 8.2-33　15km/h 跑车实测振动信号(拱顶加速度)

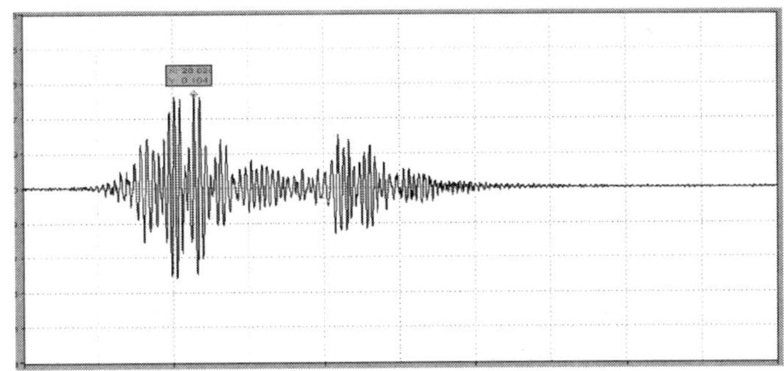

图 8.2-34　10km/h 跑车实测振动信号（L/4 加速度）

③置动试验。置动试验采用单辆重车以 15km/h 的速度居中匀速行驶并在拱顶截面紧急制动，动力响应检测结果见表 8.2-12，实测信号见图 8.2-35、图 8.2-36。

动力响应检测结果　　表 8.2-12

内容 \ 工况		5km/h 跑车	10km/h 跑车	15km/h 跑车	L/4 跳车	拱顶跳车	15km/h 制动
L/4 截面加速度 a_{p-p}(ms^{-2})		0.085	0.104	0.159	0.593	0.124	0.125
拱顶截面加速度 a_{p-p}(ms^{-2})		0.042	0.040	0.178	0.083	0.282	0.095
动应变（με）	L/4 截面 H3ε_{max}	15	19	22	—	—	—
	L/4 截面 H4ε_{max}	18	15	16	—	—	—
	拱顶截面 H1ε_{max}	—	—	—	—	—	—
	拱顶截面 H2ε_{max}	6	6	6	—	—	6

注：由于跳车试验动应变响应较小，故本表未列出。

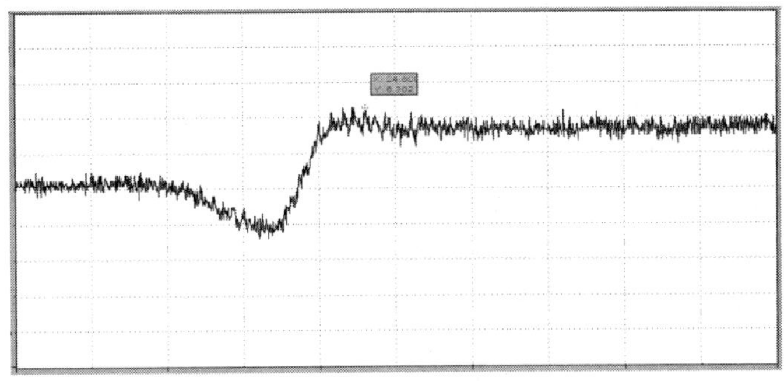

图 8.2-35　15km/h 刹车实测动应变信号（拱顶截面动应变）

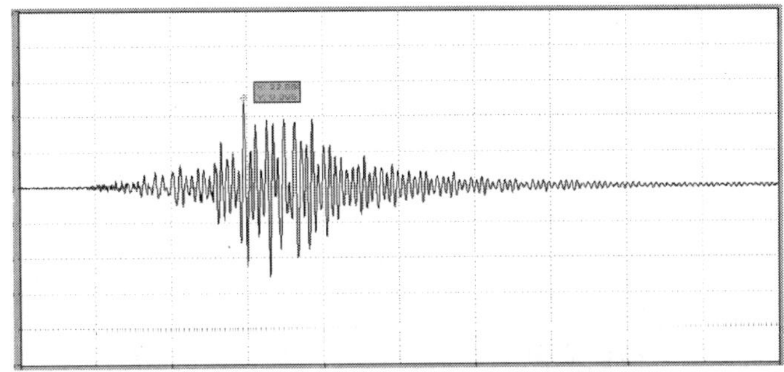

图 8.2-36　15km/h 刹车实测振动信号（拱顶加速度）

由动应变时间历程曲线，通过分析计算可得到桥梁结构的应变（应力）增大系数 K，计算公式为：

$$K = \frac{\varepsilon_{dmax}}{\varepsilon_{jmax}} = \frac{\varepsilon_{dmax}}{(\varepsilon_{dmax} - \varepsilon_{p})} \tag{8.2-1}$$

式中：ε_{dmax}——最大动应变；

ε_{jmax}——最大静应变；

ε_{p}——动应变信号半峰值。

由于各跑车试验工况无法保证车辆行驶路线完全相同，各测点应变（应力）的分布规律也不一样，因此为了提高分析精度，静应变分量直接在动态时程信号中求取，即消除动态分量后的最大值作为静应变分量来计算 K 值。K 值反映了移动荷载对桥梁的冲击效应，检测结果见表 8.2-13。

应变增大系数检测结果 表 8.2-13

工况编号	拱顶截面	L/4 截面		拱顶 K 值	L/4 截面 K 平均值
	H2 测点	H3 测点	H4 测点		
5km/h	1.111	1.226	1.163	1.111	1.195
10km/h	1.162	1.200	1.204	1.162	1.202
15km/h	1.333	1.258	1.315	1.333	1.287

3）试验结论

（1）静载试验结论：

①本次荷载试验的荷载效率在合理范围内，其试验结果能够反映结构现有的技术状态。

②试验前，对各测试截面以及附近区域的混凝土表面进行检查观测，未发现可见裂缝；试验过程中，测试截面以及附近区域未出现新增可见裂缝；同时对测试截面及附近位置的焊缝及涂装在试验前和试验后进行细致地观察，均未见异常。

③在试验荷载作用下，各控制截面实测应变值均在正常范围内，较理论值小，绝大多数测点残余应变较小，其校验系数在 0.266 ~ 0.914 范围内，结构强度满足设计活载要求。

④在试验荷载作用下，各个挠度测试截面的实测挠度值均在正常范围内，较理论挠度值小，绝大多数测点残余变形较小，其校验系数在 0.191 ~ 0.909 范围内，结构刚度满足设计活载要求。

（2）动载试验结论：

①通过跳车实验结果分析，桥梁实测前 3 阶竖直方向固有频率分别为 2.659Hz、3.732Hz、4.420Hz，前 3 阶频率对应的阻尼比分别为 0.028、0.024、0.025，各阶频率及其对应的阻尼比正常。

②以 5km/h、10km/h、15km/h 不同匀速跑车试验表明，拱顶截面实测应变增大系数分别为 1.111、1.162、1.333，L/4 截面实测应变增大系数为 1.195、1.202、1.287，表明车辆等移动荷载对该桥存在一定的冲击，且相对较大。

③5km/h、10km/h、15km/h 跑车试验，L/4 截面最大振幅（振动加速度）为 0.159m/s^2（15km/h 跑车），拱顶截面最大振幅（振动加速度）为 0.178m/s^2（15km/h 跑车）。

④30km/h 刹车试验表明，车辆紧急制动后控制截面的竖向振幅较小，且收敛较快。

⑤跳车试验表明，L/4 截面最大振幅（振动加速度）为 0.593m/s^2，拱顶截面最大振幅（振动加速度）为 0.125m/s^2。

8.2.6　与混凝土箱板拱的经济效益比较

1）主拱结构方案比较

根据重庆万盛藻渡大桥桥址处地形条件，若采用常规混凝土拱桥，比较经济合理的结构方案为钢筋混凝土箱板拱桥，桥梁布置如图 8.2-37 所示。

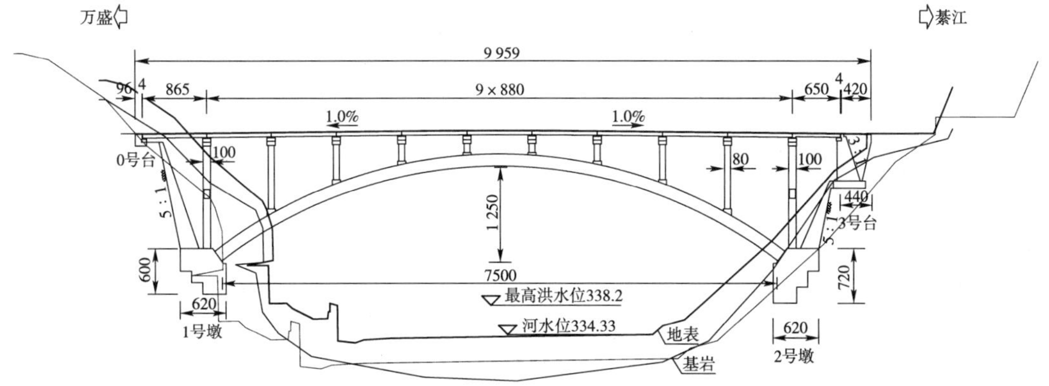

图 8.2-37　常规混凝土拱桥结构方案（尺寸单位：cm，高程单位：m）

为便于比较，拱桥的立面布置形式同原钢箱—混凝土组合拱桥方案，此处给出两者跨中截面的主拱结构断面（图 8.2-38）。

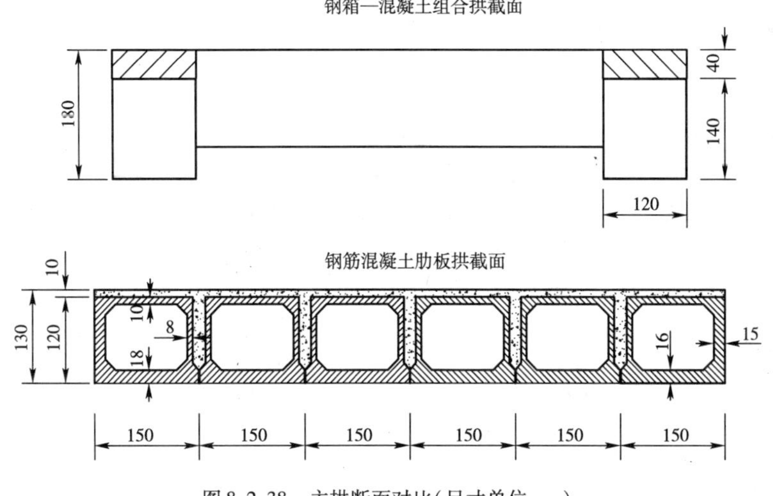

图 8.2-38　主拱断面对比（尺寸单位：cm）

2）主拱结构材料用量比较

钢箱—混凝土组合拱桥主拱结构的材料用量为 C40 混凝土 188m^3，钢板 112t，钢筋 4.9t。

常规钢筋混凝土箱板拱主拱的材料用量为 C40 混凝土 490m^3，钢筋 77t。

3）施工方案比较

由于桥梁跨越河流为旅游景区漂流河流，不能采用水中支架搭设，因此，常规混凝土拱桥施工方案一般采用分节段预制、缆索吊装成拱施工（图 8.2-39）。本桥缆索吊装跨度约为 130m。

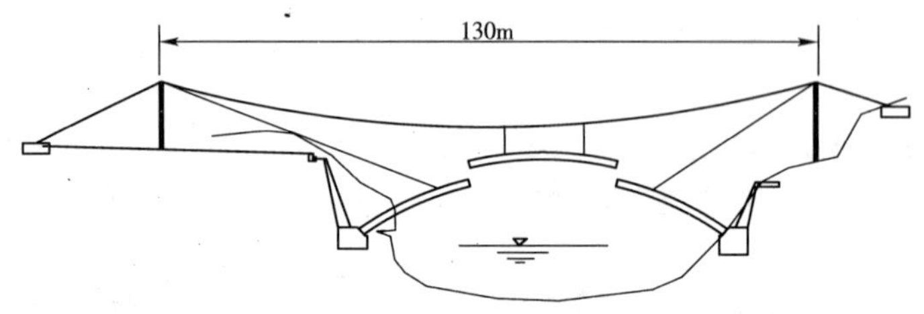

图 8.2-39　缆索吊装常规混凝土肋拱桥施工方案

4）综合经济效益比较

表 8.2-14 为钢箱—混凝土组合拱桥与常规混凝土肋拱桥两者主拱的主要经济指标比较（均按常规状态下的理想状况计算）。

主拱经济效益比较表　　表 8.2-14

项　目	钢箱—混凝土组合拱桥（竖转合龙方案）	常规混凝土箱板拱桥（缆索吊装方案）
主拱混凝土	C40 混凝土 188m^3，11.28 万（600 元/m^3）	C40 混凝土 460m^3，36.8 万（800 元/m^3）
钢箱及制作	112t，112 万（10 000 元/t）	
钢筋	4.9t，3.19 万（6 500 元/t）	钢筋 72t，46.8 万（6 500 元/t）
主拱结构总质量	568.2t	1 272t
主拱安装施工设备及措施费	2 台 50t 吊机做钢箱竖向拼装；2 台 200t 千斤顶通过钢绞线做钢箱拱肋竖转合龙成拱。总计 40 万	130m 跨缆索吊装系统，最大吊装质量 71t，6 × 3 = 18 片拱肋节段吊装，总计 115 万
主拱结构现场施工时间（不计拱箱节段预制）	竖转系统安装 10d，竖向拼装及转体 9d，拱肋混凝土施工 21d，共 40d（不含工厂钢箱制作）	吊装系统安装时间 25d，拱肋节段安装 30d，现浇混凝土施工 6d，共 61d（不含混凝土拱肋预制）
主拱施工风险期持续时间	9d	30d
施工时间增加产生工地运行费	—	（61 − 40）× 0.5 = 10.5 万（5 000 元/d）
主拱费用合计	166.5 万	199.1 万

由表 8.2-14 比较可知，与同跨径竖转合龙施工钢筋混凝土肋拱桥相比，钢箱—混凝

土组合拱肋的建设成本节省 16.4%，不计拱肋节段预制的主拱结构现场施工时间缩短约 34%，主拱转体合龙过程高风险持续时间较缆索吊装混凝土拱桥主拱吊装合龙减少 70%。

8.3　重庆江津夹滩笋溪河大桥

重庆江津夹滩笋溪河大桥（图 8.3-1）采用吊机运输安装的钢箱—混凝土组合拱桥，于 2010 年 8 月 29 日钢箱拱肋合龙，2011 年 12 月全桥竣工投入使用。

图 8.3-1　重庆夹滩笋溪河大桥

8.3.1　桥梁总体情况

如图 8.3-2 所示，笋溪河大桥为钢箱拱肋上承式拱桥，主孔 100m，主拱矢高 14m，矢跨比 1/7.143，拱轴系数 $m = 2.24$，全长 163.9m，全宽 10.5m，起讫里程桩号分别为 K0 + 162.151、K0 + 326.051。主拱肋采用钢箱结构，主拱肋截面外形尺寸为 1.8m × 2.1m 的箱形，横向分两片拱肋，肋间中心距 4.4m，其间由 11 根钢筋混凝土横系梁连接而成。桥位处地层由上至下依次为：亚黏土、泥岩、砂岩、泥岩。本桥跨越的河流为不通航河道，小南海工程竣工后将作为Ⅴ级航道使用。小南海回水位：194.25m（黄海高程）。

（1）桥梁宽度：净—7m（行车道）+ 2 × 1.5m（人行道）+ 2 × 0.25m（人行道栏杆）= 10.50m。

（2）设计荷载：汽车荷载为公路—Ⅱ级；人群荷载为 2.5kN/m^2。

（3）桥位地质情况：桥位区河床的上、下游较宽。左岸为冲刷岸，地形陡（边坡高 10 ~ 15m）；右岸为堆积岸，地形较缓，河道断面呈不对称的 V 字形。地貌上属构造剥蚀浅丘河谷地貌。根据地表工程地质测绘及钻研成果表明：桥位区被第四系残坡积亚黏土、冲洪积亚黏土覆盖，下伏基岩为泥岩、砂岩层。

（4）主要材料：

①混凝土。拱台、桥台台帽、台后搭板、交界墩、拱上立柱、盖梁及空心板均采用 C30 混凝土；桥台基础、台身均采用 C20 混凝土；拱座为 C40 混凝土；横系梁混凝土和立柱下钢箱内填混凝土、拱座（后期混凝土）采用 C40 纤维混凝土；钢箱拱肋拱脚区段箱内混凝土、主拱混凝土顶板采用 C50 纤维混凝土；桥面铺装采用 C40 纤维混凝土（防水）。纤维混凝土中的纤维为高强聚炳烯纤维，掺量为1.0kg/m^3。

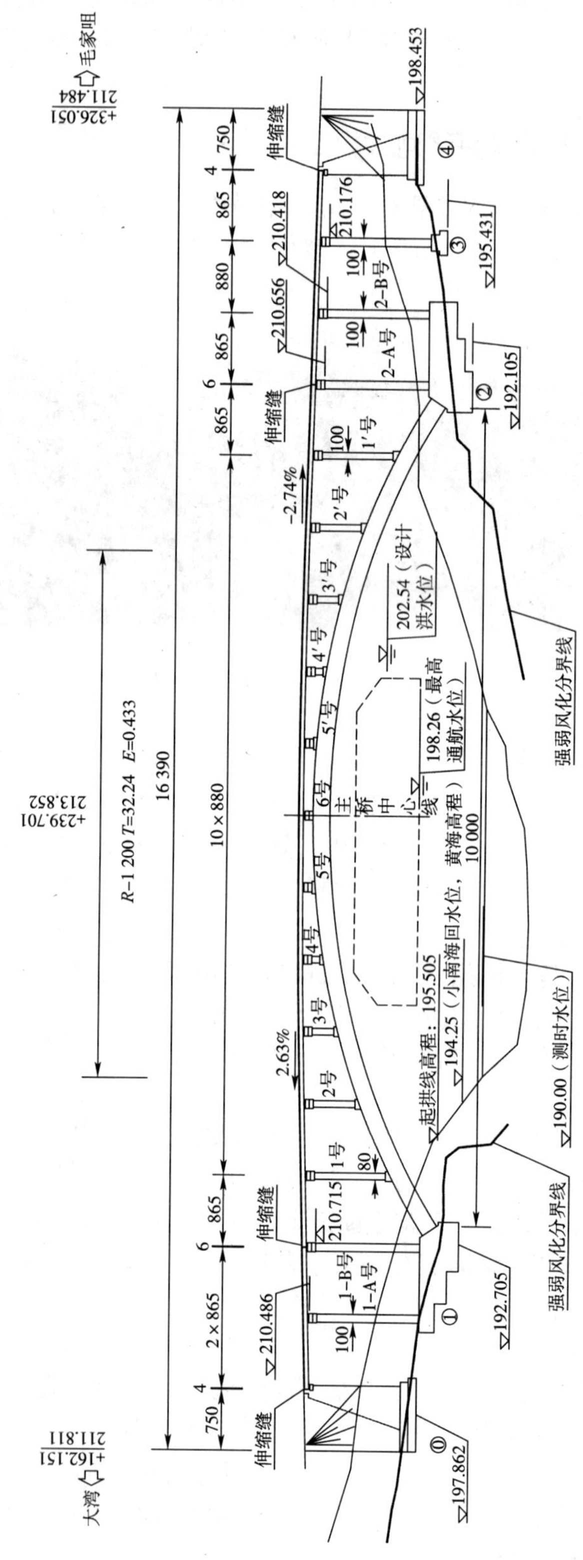

图 8.3-2　笋溪河大桥立面图(尺寸单位:cm;高程单位:m)

②型钢和钢材。钢箱拱肋和拱脚预埋钢箱均采用 Q345 - C 钢，材质技术条件符合现行国家标准 GB/T 1591—2008；本桥所用型钢和其他钢材采用普通热轧型钢 Q235 结构钢。

③普通钢筋和钢筋焊接网。普通钢筋为 R235 级和 HRB335 级两种钢筋。

8.3.2　设计概要

该桥主拱结构为减小洪水位时浮力的影响，拱脚区段的下部为钢箱内满填混凝土；拱脚区段的上部为满足负弯矩和压力作用的需要，采用钢箱内浇筑底板（混凝土厚 40cm），同时强化了钢箱顶板的加劲肋以使该区段拱肋具有足够大的刚度；跨中区段考虑满足正弯矩和压力作用的需要，在钢箱拱肋顶面浇筑 40cm 高的混凝土，拱钢箱顶部混凝土的宽度与钢箱同宽；除拱脚区段外的钢箱底板和腹板的加劲肋板设于钢箱内侧，跨中区段钢箱顶板的加劲肋板设于钢箱顶面上，该加劲肋板为开孔加劲钢板，以便后浇顶部混凝土内的钢筋穿过开孔加劲肋板成为混凝土与钢箱顶板联结的 PBH 剪力键；钢箱拱肋内设置钢横隔板；在立柱下方的拱肋处设置钢筋混凝土横系梁；立柱下方的拱肋局部钢箱内满填混凝土，如图 8.3-3 所示。

1）上部结构

本桥主拱结构的拱脚区段为钢箱通过纵隔板隔开，跨中区段无纵隔板。拱脚区段的纵隔板以上填混凝土，箱内下部浇筑 40cm 高的混凝土；跨中区段在钢箱拱肋顶面浇筑 40cm 高的混凝土，拱钢箱顶部混凝土的宽度与钢箱同宽；除拱脚区段外的钢箱底板和腹板的加劲肋板设于钢箱内侧，跨中区段钢箱顶板的加劲肋板设于钢箱顶面上，该加劲肋板为开孔加劲钢板，以便后浇顶部混凝土内的钢筋穿过开孔加劲肋板成为混凝土与钢箱顶板联结的 PBH 剪力键；钢箱拱肋内设置钢横隔板；在立柱下方的拱肋处设置钢筋混凝土横系梁；立柱下方的拱肋局部钢箱内满填混凝土，以便混凝土横系梁的钢筋伸入钢箱混凝土内锚固，同时作为钢箱的劲性横隔板。

本桥上部结构为净跨 100m，净矢高 14.0m，矢跨比 1/7.14，拱轴系数为 2.814，钢箱拱肋肋间净距 4.2m，拱脚区段钢箱高 2.1m，跨中区段钢箱高 1.70m，钢箱宽 1.8m；钢箱腹板和拱脚区段钢箱底板壁厚 12mm，跨中区段底板壁厚 16mm，钢箱顶板均为 10mm。钢箱—混凝土组合拱肋顶板厚 40cm，板宽 1.8m（与钢箱同宽）。在立柱下拱肋处设置混凝土横系梁以加强两拱肋间的横向联系。

2）拱上建筑

拱上立柱和盖梁均为矩形截面，立柱横桥向宽 0.8m，纵桥向宽 1.0m，盖梁宽 1.1m，高 1.0m。桥道板采用跨径 8.8m 的钢筋混凝土空心板，板高 0.5m，采用先预制后安装方法施工。

3）下部结构

本桥下部结构采用混凝土 U 形桥台，混凝土实体拱台，钢筋混凝土拱座。

4）其他

本桥桥面铺装厚 0.10m，横坡为 1.5%，通过垫石调整。

全桥设纵坡分别为 2.63% 和 2.74%，跨中设竖曲线，曲线半径 $R = 1\ 200\text{m}$，$E = 0.433\text{m}$，$T = 32.24\text{m}$。

主桥中心线
6号
5号
4号
3号
2号
1号
横系梁轮廓线
I—I
II—II
III—III
IV—IV
现浇混凝土顶板
钢箱拱
桥梁中心线
箱内混凝土
210
180
220
40
170
128.8
1.2
30
46

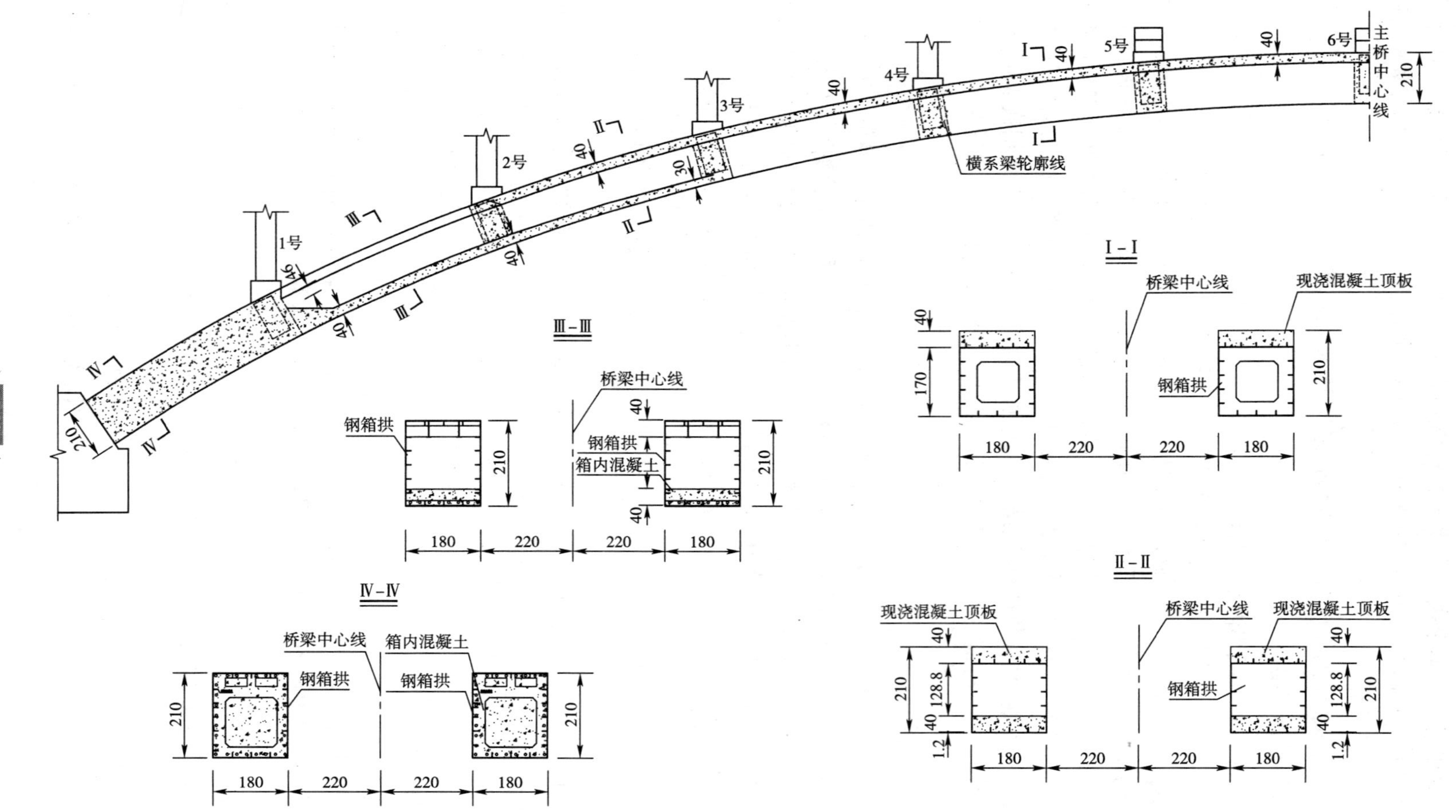

图 8.3-3　结构体系图

5）主要施工阶段钢箱和混凝土的应力（表 8.3-1）

施工阶段应力（单位：MPa）　　表 8.3-1

	钢箱		下部混凝土		上部混凝土	
	上缘	下缘	上缘	下缘	上缘	下缘
截面	施工阶段：浇筑拱肋下部混凝土					
拱脚	-19.7	53.2	—	—	—	—
L/16	3.4	24.5	—	—	—	—
L/8	15.6	9.2	—	—	—	—
3L/16	36.6	-4.4	—	—	—	—
L/4	29.5	0.7	—	—	—	—
5L/16	16.0	11.2	—	—	—	—
3L/8	7.4	17.9	—	—	—	—
7L/16	2.6	21.6	—	—	—	—
L/2	1.1	22.8	—	—	—	—
截面	施工阶段：浇筑拱肋上部混凝土					
拱脚	15.3	60.4	0.74	0.18	—	—
L/16	17.5	48.4	1.78	1.99	—	—
L/8	18.2	41.3	2.23	2.84	—	—
3L/16	38.9	29.9	2.24	3.02	—	—
L/4	42.6	58.6	—	—	—	—
5L/16	50.0	52.0	—	—	—	—
3L/8	57.2	45.3	—	—	—	—
7L/16	64.9	38.6	—	—	—	—
L/2	71.1	33.7	—	—	—	—
截面	施工阶段：全部恒载（不含后期收缩、徐变）					
拱脚	55.9	103	4.68	4.22	4.96	4.68
L/16	47.4	98	6.02	6.63	2.62	3.16
L/8	39.5	99.8	7.02	8.35	1.29	2.34
3L/16	74.7	80.6	6.60	7.70	2.58	2.98
L/4	90.5	137	—	—	3.58	4.25
5L/16	105	108	—	—	5	4.97
3L/8	117	85.2	—	—	5.9	5.39
7L/16	130	62.3	—	—	6.89	5.88
L/2	141	42.8	—	—	7.84	6.37

续上表

	钢箱		下部混凝土		上部混凝土	
	上缘	下缘	上缘	下缘	上缘	下缘
截面	施工阶段:全部恒载(含后期收缩、徐变)					
拱脚	85.9	133	2.91	2.77	2.11	2.09
L/16	69.5	136	4.26	5.11	-0.13	0.66
L/8	56.8	143	5.25	6.78	-1.44	-0.14
3L/16	102	123	5.02	6.18	0.20	0.88
L/4	117	152	—	—	1.58	1.60
5L/16	135	125	—	—	2.68	2.23
3L/8	148	102	—	—	3.37	2.60
7L/16	162	79.7	—	—	4.17	3.05
L/2	175	60	—	—	4.97	3.52

注:1. 钢箱拱肋的应力为钢板的应力。

2. 应力以拉为负,压为正。

6)主拱结构主要截面在不利组合下的应力计算值

在表8.3-2中考虑的荷载有结构重力、混凝土的收缩及徐变作用、水的浮力、汽车荷载、人群荷载、温度(均匀温度和梯度温度)作用。

不利组合下的应力计算值(单位:MPa)　　表8.3-2

	钢箱				下部混凝土				上部混凝土			
	上缘		下缘		上缘		下缘		上缘		下缘	
组合1:长期效应组合												
截面	最大	最小	最大	最小	最大	最小	最大	最小	最大	最小	最大	最小
拱脚	98.3	76	145	123	4.27	2.09	4.84	1.28	4.12	0.49	3.45	1.17
L/16	75.5	65	144	133	5.13	4.04	6.37	4.62	0.85	-0.86	1.36	0.30
L/8	60.2	55	149	142	5.97	5.16	7.74	6.53	-0.88	-1.73	0.27	-0.20
3L/16	106	102	129	119	5.79	4.69	7.21	5.57	1.07	-0.09	1.47	0.84
L/4	122	117	171	137	—	—	—	—	3.17	0.95	2.41	1.60
5L/16	141	135	141	110	—	—	—	—	4.42	2.09	3.17	2.23
3L/8	153	148	116	90.8	—	—	—	—	4.88	2.91	3.47	2.60
7L/16	168	162	88.9	67.7	—	—	—	—	5.81	3.95	4.02	3.05
L/2	182	175	66.7	45.6	—	—	—	—	6.83	4.91	4.60	3.52

续上表

	钢箱				下部混凝土				上部混凝土			
	上缘		下缘		上缘		下缘		上缘		下缘	
组合 2:短期效应组合												
截面	最大	最小	最大	最小	最大	最小	最大	最小	最大	最小	最大	最小
拱脚	126	50.3	172	99.6	6.97	−0.16	9.18	−2.59	8.66	−3.68	6.40	−1.41
L/16	91.9	49.9	160	120	6.80	2.94	9.02	2.61	3.53	−3.32	3.16	−1.20
L/8	70.1	46.5	160	135	7.06	4.62	9.42	5.47	0.72	−3.12	1.38	−1.02
3L/16	112	98.7	137	114	6.56	4.32	8.38	4.79	2.46	−1.00	2.45	0.33
L/4	127	116	190	121	—	—	—	—	4.57	0.30	3.28	1.41
5L/16	145	135	164	88	—	—	—	—	6.20	1.23	3.96	2.22
3L/8	159	147	140	67.9	—	—	—	—	6.81	1.86	4.33	2.47
7L/16	175	161	112	42.4	—	—	—	—	8.01	2.92	5.05	2.85
L/2	189	174	88.7	17.6	—	—	—	—	9.27	3.94	5.74	3.29
组合 3:标准组合												
截面	最大	最小	最大	最小	最大	最小	最大	最小	最大	最小	最大	最小
拱脚	135	42.6	182	92.6	8.02	−0.78	10.80	—	10.20	−4.93	7.43	−2.12
L/16	96.5	46.3	166	118	7.47	2.78	9.99	2.23	4.26	−3.89	3.69	−1.49
L/8	72.7	45	164	134	7.61	4.54	10.20	5.27	1.15	−3.35	1.69	−1.07
3L/16	114	98.5	141	111	7.14	4.06	9.15	4.30	3.15	−1.23	2.91	0.29
L/4	131	116	204	108	—	—	—	—	5.82	−0.19	3.91	1.41
5L/16	150	135	176	76.1	—	—	—	—	7.57	0.78	4.70	2.22
3L/8	163	147	150	58.7	—	—	—	—	7.98	1.51	4.99	2.47
7L/16	179	161	119	32.8	—	—	—	—	9.30	2.74	5.79	2.85
L/2	194	174	93.7	5.84	—	—	—	—	10.80	3.89	6.57	3.29

注:应力以拉为负,压为正。

8.3.3　施工要点

1)拱台施工

(1)浇筑拱台基础一期混凝土,注意设置预埋钢筋,在工厂制作拱脚处预埋钢箱。

(2)安装拱脚处预埋钢箱并精确定位,钢箱的水平、竖向和横向定位允许误差为 ±1mm。预埋钢箱安装时应反复校核,确保两岸钢箱轴线平行并与桥轴线垂直。

(3)绑扎拱座的普通钢筋,并预埋预留钢筋;浇筑拱台二期混凝土(拱座)。

务必注意:在弱风化基岩面以下的拱台基础应满槽浇筑混凝土,拱台基础完成后应尽快回填基坑,并压实回填材料且做好表面防水处置。

2)钢箱拱肋安装和合龙

设计建议缆索平吊钢箱拱肋方案:

(1)在工厂分段完成钢箱拱肋(钢箱拱肋分段数量由施工单位根据吊装能力等确定)制

作(含预埋钢箱),做好钢箱内、外表面防护处理,并运输至现场;钢箱在工厂制作完成后,应进行预拼装并做好相应记录。

(2)施工单位在施工前应做好吊装体系和松扣合龙的保障工作,并做出详细的施工组织设计,经评审通过后方可施工。

(3)钢箱拱肋的现场拼装、焊接及合龙。

①在工厂分段制作钢箱拱肋。

②安装施工用天线吊运系统。

③通过天线吊运安装第一节段钢箱就位并通过螺栓与预埋钢箱临时连接,并用扣索和浪风临时固定。

④天线吊运安装第二节段钢箱,并与第一节段临时连接,精确定位后焊接联结接缝,并用扣索和浪风临时固定。

⑤实施合龙接缝的临时连接,精确定位后焊接联结接缝。

⑥在15℃ ±3℃气温下,焊接预埋钢箱和第一节段钢箱间的接缝,焊接完毕后拆除临时连接钢板和螺栓。

⑦待钢箱拱焊接合龙成拱后,缓慢放松扣索,调整浪风确保钢箱拱肋横向稳定。

重复上述步骤安装另一根拱肋。

(4)按设计要求浇筑拱脚区段下部箱内混凝土。浇筑拱脚区段钢箱内混凝土时应采用低收缩混凝土(混凝土的收缩应变终极值应不大于 100×10^{-6}),并应采取切实可行的措施保证混凝土密实,确保混凝土浇筑质量。浇筑混凝土时,应注意:

①在浇筑混凝土前,应将钢箱内的异物、油污、积水清除干净。

②施工前应进行混凝土配合比和浇筑工艺试验,并测试混凝土流体的侧向压强,注意选用低坍落度混凝土配合比和每次浇筑的最大深度,确保钢箱不发生侧向变形。

③浇筑钢箱内混凝土时,应采取切实可行的措施保证混凝土的浇筑质量及几何尺寸,并要求施工技术负责人及现场监理到箱内全程监督箱内混凝土浇筑施工。

3)主要施工步骤(图8.3-4)

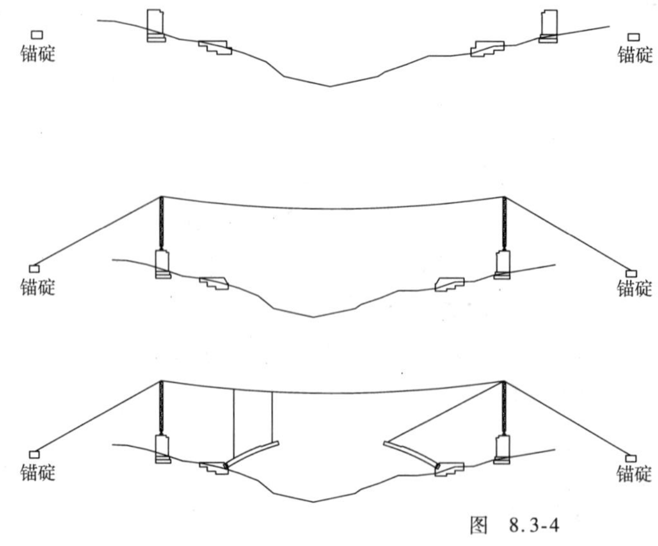

ST=1(ST表示施工阶段,以下同)

1. 施工桥台及其拱台防护工程。

2. 在工厂制作拱脚处预埋钢箱和钢拱肋(本设计图单拱肋按四节段钢箱制作和吊装。施工单位可根据自身运输和吊装条件及习惯,可采用单拱肋按三节段制作和吊装)。

3. 吊缆锚碇施工。

ST=2

1. 安装并固定拱脚处预埋钢箱,浇筑拱座混凝土。

2. 安装施工吊运的塔架及缆索。

ST=3

1. 利用吊缆安装第一节段钢箱并通过螺栓与预埋钢箱临时连接。

2. 用扣索和浪风临时固定第一节段钢箱拱肋。

3. 吊装另岸第一节段钢箱拱肋。

图 8.3-4

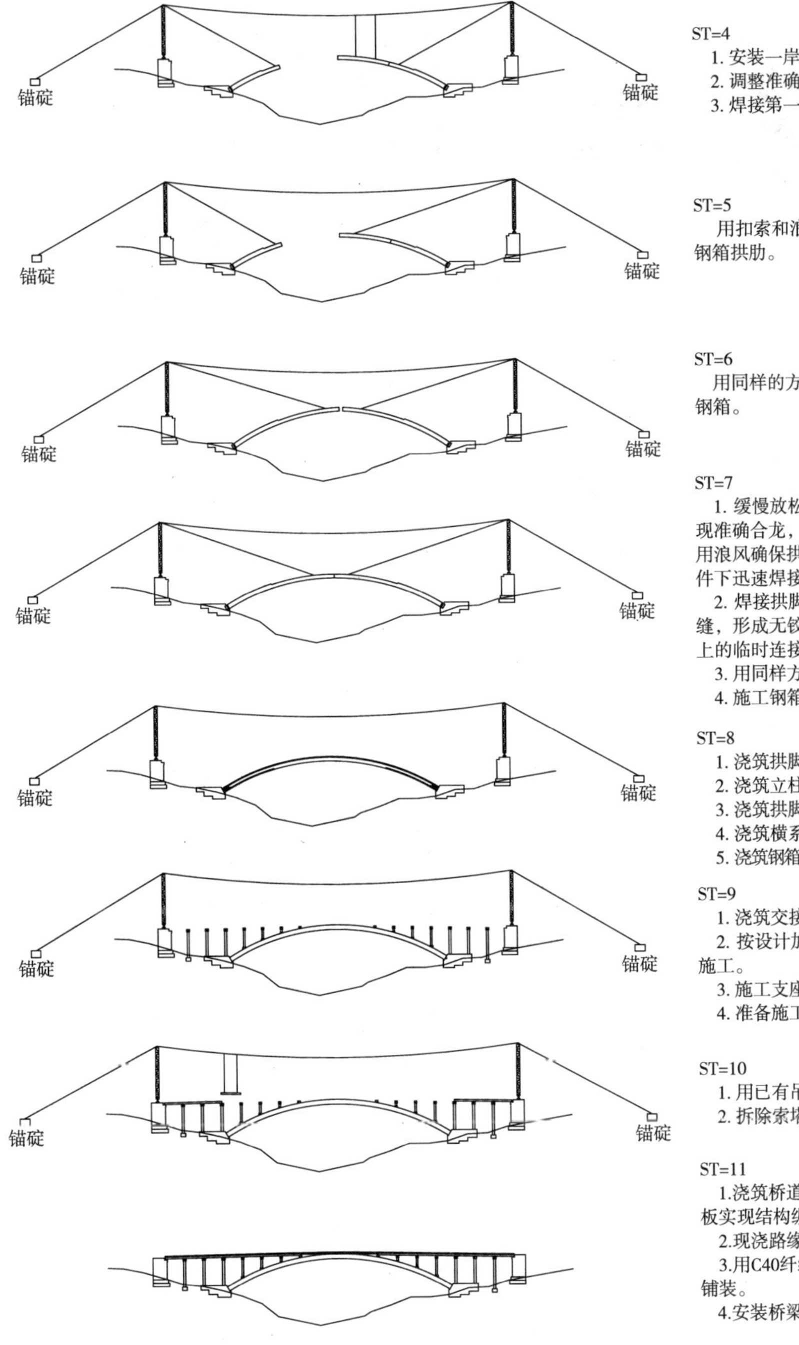

图 8.3-4　施工流程图

4）施工采用吊车运输安装钢箱拱方案（图 8.3-5 ~ 图 8.3-8）

鉴于施工队伍对现场制作和采用吊机安装的方式比较熟悉，加之桥位现场相对较平，有现场制作和采用吊机安装的场地条件，故实施中采用了现场制作半跨钢箱拱肋，通过履带吊机将半跨钢箱拱肋运输至桥位处，先用吊机使钢箱拱肋在拱脚处大致就位，然后小量竖转使拱肋在跨中合龙。

图 8.3-5　现场制作钢箱拱肋

图 8.3-6　履带吊机运输钢箱节段

图 8.3-7　钢箱拱肋就位安装

图 8.3-8　小量竖转合龙成拱

8.3.4　与混凝土箱板拱的经济效益比较

1）主拱结构方案比较

根据重庆江津夹滩笋溪河大桥桥址处地形条件，若采用常规混凝土拱桥，比较经济合理的结构方案为钢筋混凝土箱板拱桥，结构形式如图 8.3-9 所示。

为便于比较，拱桥的立面布置形式同原钢箱—混凝土组合拱桥方案，此处给出两者跨中截面的主拱结构断面（图 8.3-10）。

2）主拱肋材料用量比较

钢箱—混凝土组合拱桥主拱结构的材料用量为 C50 混凝土 355m^3，钢板 196t，钢筋 21t。

常规钢筋混凝土箱板拱主拱的材料用量为 C40 混凝土 610m^3，钢筋 124t。

3）施工方案比较

（1）常规钢筋混凝土拱桥施工方案（图 8.3-11）。根据桥位处所在地形、地貌、地质情况，钢筋混凝土拱桥施工方案一般采用分节段预制、缆索吊装成拱施工。本桥缆索吊装跨度约为 170m。

（2）钢箱—混凝土组合拱桥设计施工方案（图 8.3-12）。鉴于该处地势较平，设计建议钢箱—混凝土组合拱桥施工方案为全跨分四节段制作钢箱拱肋，按图 8.3-12 所示方式通过缆索平吊安装半跨钢箱拱肋，最后微量竖转于跨中合龙成拱。

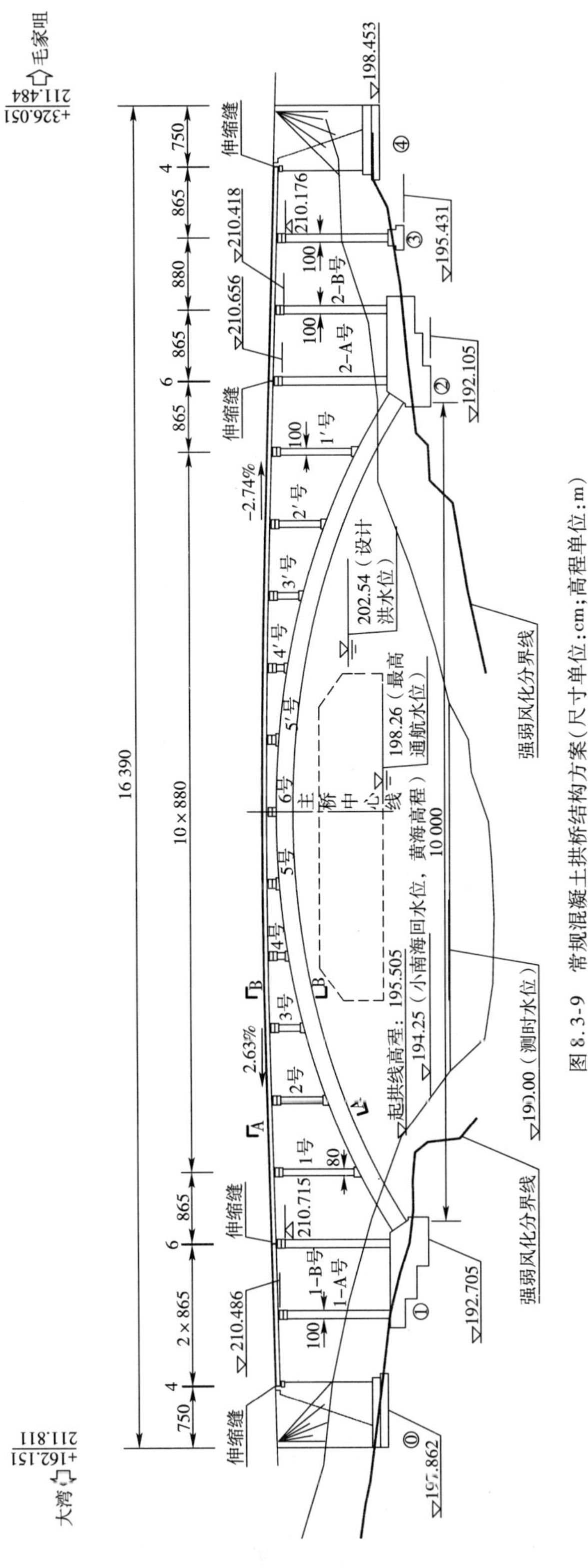

图 8.3-9　常规混凝土拱桥结构方案(尺寸单位:cm;高程单位:m)

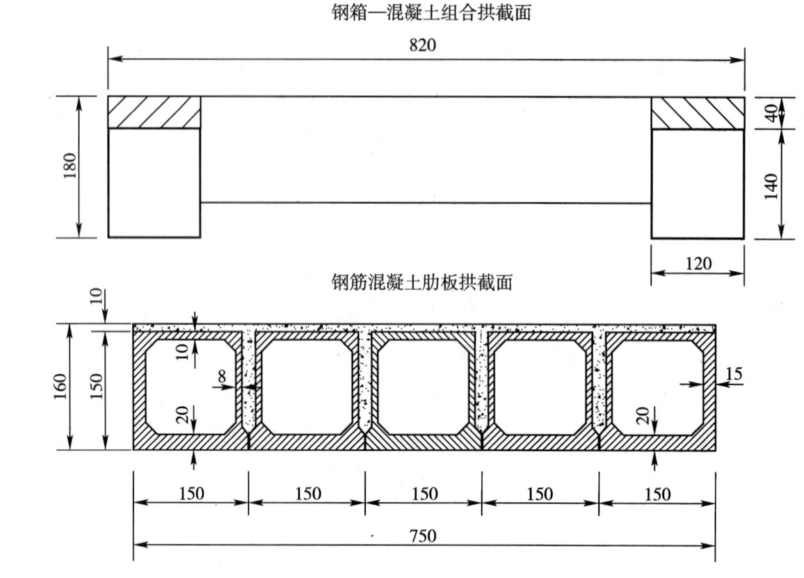

图 8.3-10　主拱断面对比(尺寸单位:cm)

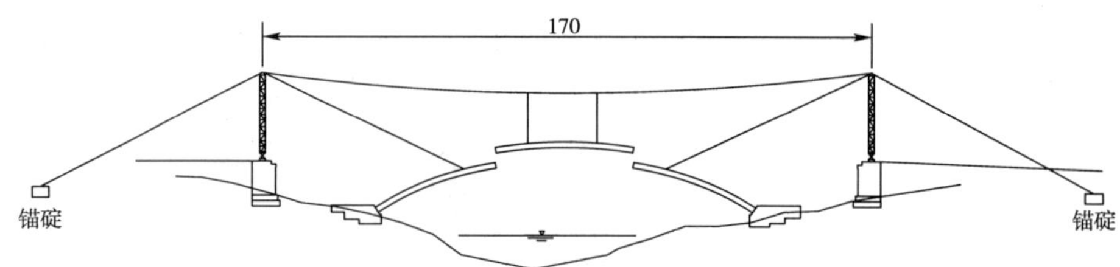

图 8.3-11　缆索吊装钢筋混凝土拱肋成拱施工方案(尺寸单位:m)

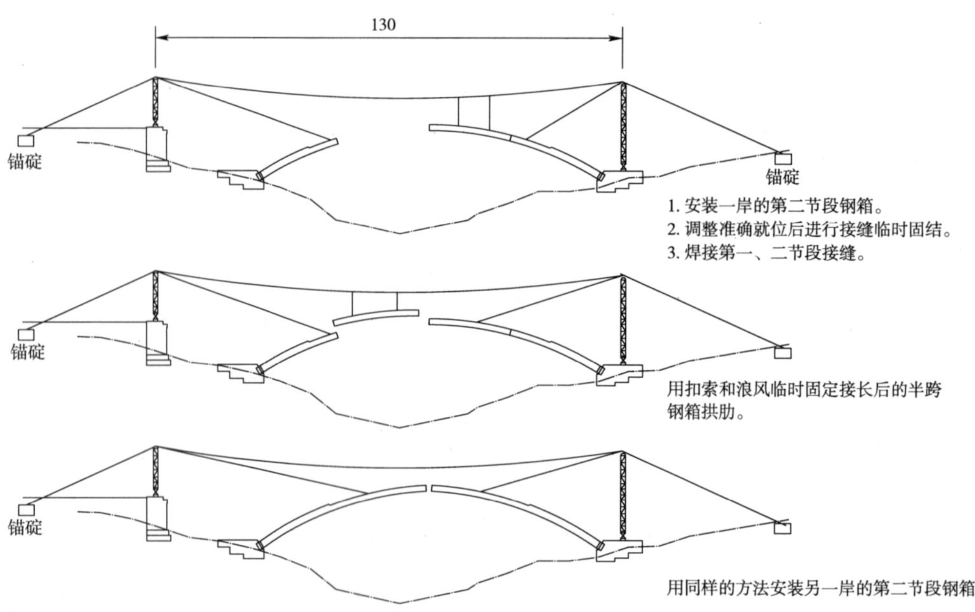

图 8.3-12　缆索平吊钢箱拱肋,竖转合龙成拱施工设计方案(尺寸单位:m)

(3)钢箱—混凝土组合拱桥采用的施工方案如图 8.3-13 所示。鉴于施工队伍对现场制作和采用吊机安装的方式比较熟悉，加之桥位现场相对较平，有现场制作和采用吊机安装的场地条件，故实施中采用了现场制作半跨钢箱拱肋，通过履带吊机将半跨钢箱拱肋运输至桥位处，先用吊机使钢箱拱肋在拱脚处大致就位，然后小量竖转使拱肋在跨中合龙。

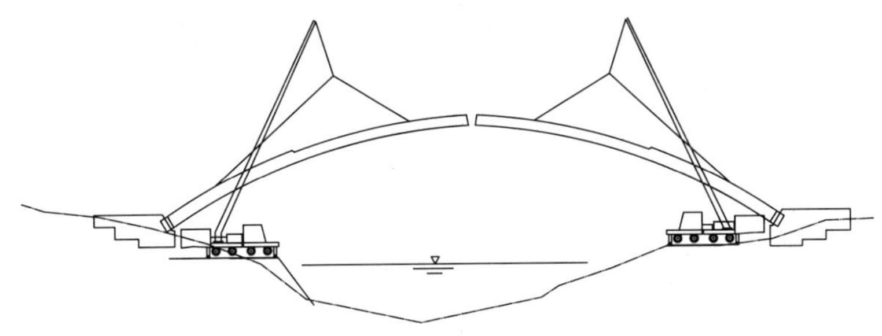

图 8.3-13　两段平吊，微量竖转合龙成拱施工实施方案

4)综合经济效益比较

表 8.3-3 为钢箱—混凝土组合拱桥与常规混凝土肋拱桥两者主拱的主要经济指标比较(均按常规状态下的理想状况计算)。

主拱经济效益比较表　　　　表 8.3-3

项　　目	钢箱—混凝土组合拱桥 (吊机运输安装，微量竖转合龙方案)	常规混凝土箱板拱桥 (缆索吊装方案)
主拱混凝土	C50 混凝土 355m^3，21.3 万(600 元/m^3)	C40 混凝土 610m^3，48.8 万(800 元/m^3)
钢箱及制作	196t，196 万(10 000 元/t)	
钢筋	21t，13.65 万(6 500 元/t)	钢筋 124t，80.6 万(6 500 元/t)
主拱结构总质量	1 069t	1 588t
主拱安装施工设备及措施费	1 台 260t 履带吊机运输到位，另增 1 台 240t 吊机和一台 50t 吊机安装钢箱拱肋就位。总计 60 万	170m 跨缆索吊装系统，最大吊重 105t，5×3=15 片拱肋节段吊装，总计 190 万
主拱形成时间	现场运输及拱肋安装 9d，拱肋混凝土施工 30d，共 39d(不含现场钢箱制作)	吊装系统安装时间 35d，拱肋节段安装 30d，现浇混凝土施工 8d，共 73d(不含混凝土拱肋预制)
主拱施工风险期持续时间	9d(不含现场钢箱制作)	30d(不含混凝土拱肋预制)
施工时间增加产生工地运行费	—	(73－39)×0.7=23.8 万(7 000 元/d)
主拱费用合计	290.95 万元	343.2 万元

由表 8.3-3 比较可知，与同跨径竖转合龙施工钢筋混凝土肋拱桥相比，钢箱—混凝土组合拱肋的建设成本节省 15.2%，不计拱肋节段预制的主拱结构现场施工时间缩短约 47%，主拱转体合龙过程高风险持续时间较缆索吊装混凝土拱桥主拱吊装合龙减少 70%。

参 考 文 献

[1] 中华人民共和国行业标准. JTG D60—2004 公路桥涵设计通用规范[S]. 北京:人民交通出版社,2004.
[2] 中华人民共和国行业标准. JTG D62—2004 公路钢筋混凝土及预应力混凝土桥涵设计规范[S]. 北京:人民交通出版社,2004.
[3] 中华人民共和国行业标准. JTJ 025—1986 公路桥涵钢结构及木结构设计规范[S]. 北京:人民交通出版社,1985.
[4] 中华人民共和国国家标准. GB 50017—2003 钢结构设计规范规范[S]. 北京:中国建筑工业出版社,2003.
[5] 中华人民共和国冶金部. YB 9082—2006 钢骨混凝土结构设计规程[S]. 北京:冶金工业出版社,2007.
[6] 中华人民共和国建设部. JGJ 138—2001 型钢混凝土组合结构技术规程[S]. 北京:中国建筑工业出版社,2001.
[7] 中华人民共和国行业标准. JTG/T F50—2011 公路桥涵施工技术规范[S]. 北京:人民交通出版社,2011.
[8] 项海帆. 高等桥梁结构理论[M]. 北京:人民交通出版社,2001.
[9] 徐君兰,孙淑红. 钢桥[M]. 北京:人民交通出版社,2010.
[10] 范亮. 钢箱—混凝土组合拱截面受力行为与设计原理研究[D]. 成都:西南交通大学,2010.
[11] 周志祥,徐勇,李祖伟,等. 钢—混凝土复合结构八字形刚构拱桥的探索[J]. 重庆交通大学学报(自然科学版)ISTIC,2009,28(2).
[12] 周志祥. 一种竖转钢—混凝土组合拱桥:中国,ZL200710048919.8[P]. 2009-10-28.
[13] 申新凯. 钢箱—混凝土组合箱板拱结构性能研究[D]. 重庆:重庆交通大学,2010.
[14] 毛学明. 钢-混组合梁界面特性分析与加劲钢板—混凝土组合板荷载分布宽度试验研究[D]. 成都:西南交通大学,2006.
[15] 范亮,周志祥. 拱桥钢箱—混凝土组合受弯构件试验研究[J]. 土木建筑与环境工程学报,2009.
[16] 吴伟,余峰,张金文. 钢—混凝土组合截面拱桥的预应力加固方法的探讨[J]. 中国水运,2008,8(12).
[17] 范亮,周志祥. 适用钢箱—混凝土组合结构的新型剪力联结构造研究[C]//第二十届全国桥梁学术会议论文集(下册). 2012.
[18] 彭华丽. 改进型 PBL 剪力键受力性能试验研究[D]. 重庆:重庆交通大学,2010.
[19] 胡建华,叶梅新,黄琼. PBL 剪力连接件承载力试验[J]. 中国公路学报,2006,19(6):65-72.
[20] 肖林. 钢混组合结构中剪力连接件试验研究[D]. 成都:西南交通大学,2008.

[21] 苏哈布. 开孔钢板剪力键的性能研究[D]. 上海:同济大学,2007.

[22] 宋佳. 钢—混凝土组合空腹板架结构中新型剪力连接件研究[D]. 贵阳:贵州大学,2008.

[23] ANSYS User's Manual foe Revision 5.7[M]. ANSYS Inc,2001.

[24] 白光亮. 大跨度斜拉桥索塔锚固区结构行为与模型试验研究[D]. 成都:西南交通大学,2009.

[25] 薛立红,蔡绍怀. 钢管混凝土桩组合界面的黏结强度. 建筑科学,1996.

[26] 杨勇. 型钢混凝土黏结滑移基本理论及应用研究[D]. 西安:西安建筑科技大学,2003.

[27] 杨勇,赵鸿铁,薛建阳,等. 型钢混凝土基准黏结滑移本构关系试验研究[J]. 西安建筑科技大学学报(自然科学版),2005,37(4):445-467.

[28] 周文峰,黄宗明,白绍良. 约束混凝土几种有代表性应力 - 应变模型及其比较[J]. 重庆建筑大学学报,2003.08.

[29] 江见鲸. 钢筋混凝土结构非线性有限元分析[M]. 西安:陕西科技出版社,1994.

[30] 陆新征,江见鲸. 用 ANSYS Solid65 单元分析混凝土组合构件复杂应力[J]. 建筑结构,2003.

[31] 杨勇. 型钢混凝土黏结滑移基本理论及应用研究[D]. 西安:西安建筑科技大学,2003.

[32] 王宏彦. 型钢混凝土偏压柱黏结滑移性能及应用研究[D]. 西安:西安建筑科技大学,2004.

[33] 赵程. 型钢—混凝土组合板力学性能的试验研究[D]. 天津:天津大学,2005.

[34] Takayuki Nishido, Katashi Fujii, Takafumi Ariyoshi. Slip Behavior of Perfobond Rib Shear Connectors and its Treatment in Fem[J]. Composite Construction in Steel and Concrete IV, 2010.

[35] 王彩霞. 各项异性及双参数非协调有限元方法研究[D]. 河南:郑州大学,2007.

[36] 郭书祥. 非随机不确定结构的可靠性方法和优化设计研究[D]. 西安:西北工业大学,2002.

[37] 苏静波. 工程结构不确定性区间分析方法及其应用研究[D]. 南京:河海大学,2006.

[38] 夏小舟. 混凝土细观数值仿真及宏细观力学研究[D]. 南京:河海大学,2007.

[39] 周凌宇. 钢—混凝土组合箱梁受力性能及空间非线性分析[D]. 湖南:中南大学,2004.

[40] 白玲. 超静定组合结构桥梁受力特性的 3D_FEM 模拟分析[D]. 北京:铁道科学研究院,2003.

[41] 胡兆同. 压弯钢构件在循环荷载作用下的非线性弯扭相关屈曲[D]. 西安:西安建筑科技大学,2001.

[42] 常玉珍. 钢—混凝土组合肋壳非线性分析[D]. 西安:西安建筑科技大学,2007.

[43] 张远高. 钢筋混凝土结构的本构关系及有限元模式[D]. 北京:清华大学,1990.

[44] 宗周红,郑则群,房贞政,等. 体外预应力钢—混凝土组合连续梁试验研究[J]. 中国公路学报,2002,15(1):44-49.

[45] Jeom Kee Paik, Bong Ju Kim. Ultimate strength formulations for stiffened panels under combined axial load, in-plane bending and lateral pressure : a benchmark study. Thin-Walled

Structures,40(2002):45-83.

[46] 范亮,周志祥.钢箱—混凝土组合构件约束混凝土本构关系[J].公路交通科技,2010,27(004):60-65.

[47] 占玉林.预应力矩形钢箱混凝土梁的结构行为研究[D].成都:西南交通大学,2007.

[48] 占玉林,赵人达,谢邦珠,等.预应力矩形钢箱混凝土梁的弯曲性能[J].西南交通大学学报,2008,43(1):71-76.

[49] 占玉林,赵人达,牟廷敏,等.预应力矩形钢箱混凝土梁的滑移效应研究[J].2012.

[50] 白国良,秦福华.型钢钢筋混凝土原理与设计[M].上海:上海科学技术出版社,2000.

[51] 池田尚治.钢—混凝土组合结构设计手册[M].北京:地震出版社,1992.

[52] 苏联国家建设委员会.苏联劲性钢筋混凝土结构设计指南(СИ3 – 78)[M].柳春圃,译.冶金工业部建筑研究总院技术情报室汇编(冶金建筑参考资料8302),1983.

[53] Johnson R P,Buckby R J. Composite Structures of Steel and Concrete Volume 2 – Bridge, with a Commentary on BS 5400 Part 5[M]. Granada Publishing Limited in Crosby Lockwood Staples,1979.

[54] Collings D. Steel Concrete Composite Bridges[M].Thomas Telford,2005.

[55] Nakamura S. New Structural Forms for Steel/concrete Composite Bridges[J]. Structural engineering international,2000,10(1):45-50.

[56] Zheyuan L I G Z. Creep and Shrinkage Analysis of Composite Steel Concrete Bridge [J]. STRUCTURAL ENGINEERS,1999,1:002.

[57] 元辉.劲性钢筋混凝土构件受力性能研究—抗剪强度、裂缝间距、裂缝宽度、刚度[D].西安:西安建筑科技大学,1989.

[58] 于澎.型钢钢筋混凝土柱正截面承载能力研究[D].西安:西安建筑科技大学,1991.

[59] 潘泰华,岳清瑞.劲性钢筋混凝土偏心受压长柱的试验研究[R].冶金部建筑研究总院研究报告,1988.

[60] 劲性钢筋混凝土结构性能及设计方法课题组.劲性钢筋混凝土结构性能及设计方法综合报告[R],1991.

[61] 孙慧中,沈文都,施昌.劲性钢筋混凝土结构体系研究(综合报告)[R].中国建筑科学研究院科研资料,1990.

[62] 钢—混凝土结构科研组.钢—混凝土组合结构资料[R].郑州工学院土建系,1986.

[63] 陈家夔.反复荷载下劲性钢筋混凝土框架柱的强度和延性分析[R].西南交通大学科研报告,1988.

[64] 赵世春,陈家夔.劲性混凝土构件正截面强度的计算[J].西南交通大学学报,1990,2.

[65] 徐澄.劲性钢筋混凝土梁刚度的试验研究[D].南京:东南大学,1989.

[66] 陈眼云,张学文,王祖华.劲性钢筋混凝土受弯构件正截面承载能力的计算[C].北京:混凝土结构基本理论及应用(第二届学术讨论会论文集):633-640,1990.

[67] 陶忠,韩林海.方形截面钢管混凝土压弯构件承载力设计计算[J].哈尔滨建筑大学学报,2000,33(3):23-27.

[68] 聂建国.钢—混凝土组合梁结构—试验、理论与应用[M].北京:科学出版社,2005.

[69] 李帅. 竖转钢—混凝土组合拱桥结构设计方法研究[D]. 重庆:重庆交通大学,2009.

[70] 田仲初. 大跨径钢箱拱桥的施工控制关键技术与动力特性研究[D]. 湖南:中南大学,2007.

[71] 姚国文,陈生华,周志祥. 竖转施工刚构拱桥转动铰接触应力有限元分析[J]. 重庆建筑大学学报,2008,30(3):59-62.

[72] 朱世峰,周志祥. 钢—混凝土组合拱桥竖转施工体系研究[J]. 施工技术,2009,38(07):64-68.

[73] 朱世峰,吴海军,程振宇. 竖转施工钢—混凝土组合拱桥转动铰力学性能分析[J]. 世界桥梁,2009,3:011.

[74] 李修君. 钢箱—混凝土组合连续刚构桥桥道板设计方法研究[D]. 重庆:重庆交通大学,2012.

[75] 陆晓锦. 钢箱—混凝土组合连续刚构桥的钢箱梁设计原理研究[D]. 重庆:重庆交通大学,2012.

[76] 党栋,贺拴海,高小妮. 基于不同结构形式的钢箱梁锚固区力学行为研究[J]. 西安建筑科技大学学报,2012,44(6).

[77] 李帅,周志祥. 藻渡大桥竖转施工关键技术[J]. 公路,2008,12:78-82.

[78] 蔡景毅. 钢箱混凝土组合拱桥吊装合龙技术研究[D]. 重庆:重庆交通大学,2011.

[79] 周端明. 钢—混凝土混合拱桥接头受力性能研究[D]. 重庆:重庆交通大学,2008.

[80] 韦建刚,陈宝春. 国外大跨度混凝土拱桥的应用与研究进展[J]. 世界桥梁,2009,2:4-8.

[81] 王勇平. 竖转钢—混凝土组合拱桥施工及控制技术研究[D]. 重庆:重庆交通大学,2010.

[82] 陈金州,牛清勇,袁宏波. 钢箱拱桥施工监控数据处理与分析系统的开发[J]. 桥梁建设,2013(1):71-77.

[83] 陈松,周志祥,韦铁. 钢箱拱临时合龙构造措施及力学行为分析[J]. 交通科技与经济,2013,15(2):1-3.

[84] 王隼,杨武. 钢箱—混凝土拱桥拱肋竖转成拱施工技术分析[J]. 中国西部科技,2013,12(2):68-70.

[85] 宰国军. 竖转钢—混凝土组合拱桥结构优化研究[D]. 重庆:重庆交通大学,2010.

索　引